多输入多输出合成孔径雷达原理与应用

梁兴东　王　杰　陈龙永　李焱磊　著

国防工业出版社

·北京·

内 容 简 介

随着近年来新技术的发展和遥感需求的拓展，多输入多输出技术（Multi－Input Multi－Output，MIMO）被引入SAR领域，用以非线性提升系统自由度，突破最小天线面积、二维模糊、功率孔径积等约束，为实现高分辨宽测绘带成像、多模式协同、三维成像等先进对地观测模式提供更为有效的技术途径。然而，MIMO-SAR长期受制于多通道并行发射信号之间的同频干扰，无法走向工程应用。围绕同频干扰的抑制难题，国内外专家从正交信号的设计与分离等角度开展了广泛研究，且现有方法大多基于经典正交信号模型。遗憾的是，从数学上讲，互相关与相关处理框架下的经典正交信号对同频干扰的抑制能力非常有限。因此，需要研究新的正交信号概念、理论和方法，并依此研发MIMO-SAR系统，进而全面、切实提升对地观测效率和能力。本书主要内容有：MIMO-SAR概念，MIMO-SAR成像处理基础，MIMO-SAR信号设计与同频干扰抑制，基于空间维、频率维和编码维的OFDM chirp信号，基于空间维、时间维和编码维的STBC方案，以及机载同时同频MIMO-SAR系统。

本书适合作为大学本科雷达原理相关学科的专业教科书，以及硕士研究生相关学科教学用书；也可以作为从事雷达成像与系统工程技术人员的自学参考用书。

图书在版编目（CIP）数据

多输入多输出合成孔径雷达原理与应用/梁兴东等著．—北京：国防工业出版社，2024.4

ISBN 978－7－118－13148－2

Ⅰ．①多…　Ⅱ．①梁…　Ⅲ．①多变量系统—合成孔径雷达—图像处理　Ⅳ．①TN958

中国国家版本馆CIP数据核字（2024）第065459号

※

国防工业出版社出版发行

（北京市海淀区紫竹院南路23号　邮政编码100048）

三河市天利华印刷装订有限公司印刷

新华书店经售

*

开本 710×1000　1/16　**插页** 22　**印张** 13¾　**字数** 244千字

2024年4月第1版第1次印刷　**印数** 1—1400册　**定价** 119.00元

国防书店：（010）88540777　　书店传真：（010）88540776

发行业务：（010）88540717　　发行传真：（010）88540762

前　言

合成孔径雷达(Synthetic Aperture Radar,SAR)成像是20世纪中叶出现的一种高分辨率微波成像技术,具有全天时、全天候、全极化、多频段、穿透性强等诸多优点,在地质勘查、地形测绘、海洋勘测、农林勘查等领域有着广泛的应用,是人类对地观测不可或缺的最重要手段之一。

应该说,SAR成像理论、技术、系统和应用等已经趋于成熟,而且已经有了很多高水平的SAR著作。那么,我们为何还要编写一本关于SAR成像的书呢?

首先,随着近年来新技术的发展和遥感需求的拓展,SAR领域发生了变化。多波段、多模式、三维成像、微波视觉、轻小型化、智能化等逐步成为热点需求。对更高分辨率、更宽测绘带的追求也是一个不变主题。但经典SAR系统自由度有限、信号形式单一,存在诸多理论和技术瓶颈,无法跟上时代步伐。鉴于此,多输入多输出技术(Multi-Input Multi-Output, MIMO)被引入SAR领域,用以非线性提升系统自由度,突破最小天线面积、二维模糊、功率孔径积等约束,为高分辨率宽测绘带成像、多模式协同、三维成像等提供了更为有效的技术途径。目前,MIMO-SAR概念仍处于探索阶段,诸多技术皆是空白,因此有必要通过一本著作向大家讲述我们在MIMO-SAR方向积累十余年的研究和思考。

其次,依据国内外研究现状和MIMO体制特征可知,MIMO-SAR核心难点在于正交信号的设计与处理。如何在同时、同频、同空域约束下设计理想正交信号,使得多路发射信号之间的互相关为0,是一个非常棘手的问题。遗憾的是,当前MIMO-SAR信号研究已经步入一个误区。正交概念起源于数学中的向量分析且已广泛应用于通信领域。殊不知,通信领域要求多路正交信号之间的零延迟内积为0。雷达正交定义源于互模糊函数,要求多路信号在任意延时下的内积都为0。显然,部分学者将通信正交信号移植于雷达的思路是走不通的。实际上,在帕塞瓦尔定理和传统时频维度的约束下,不存在严格意义上的雷达正交信号。为此,我们提出了"多维正交信号"新思路,以期为未来MIMO-SAR信号的研究指明方向。

最后,经过多年的不懈努力,我们已经在MIMO-SAR信号的研究和机载原理性样机方面取得了一些成果。在我们看来,MIMO仅仅是提升SAR系统自由度的一个工具。所谓有得必有失,为了兑现这个工具的潜在价值,首先需要解决这个工具本身固有的正交信号设计与处理难题。MIMO体制下的多维信号理论、技术和方法将会在一定程度上变革传统的 SAR 成像系统设计思路，不仅为实现高分辨率宽测绘带成像、三维成像、多模式协同等提供条件，甚至使高分辨率 SAR 成像与高速无线通信一体化等新应用成为可能。我们相信本书即将呈现的内容会有助于启发同行专家学者在微波成像新概念、新体制和新方法方向的研究。

本书共分成 6 章，融入了我们在 MIMO 成像领域积累十余年的研究成果和国际最新研究进展。本书的撰著工作获得了“863”计划项目“基于多输入多输出(MIMO)体制的 C 波段微波成像技术研究”和国家自然科学基金“面向雷达通信频谱共享的一体化多维信号研究(62171229)”的资助。在此，我们对所有给予过我们帮助的朋友表示感谢。

为了方便阅读本书，建议读者应具备微积分、概率论、随机过程等课程的预备知识和雷达原理、SAR 成像、雷达系统导论等先修课程知识。

虽然我们在撰著本书时做了很多努力，但由于水平有限和经验不足，难免会有一些缺点和错误，希望读者批评指正。

著 者

2023 年 10 月

目　录

第1章　概　　论

1.1　合成孔径雷达发展概况

合成孔径雷达(Synthetic Aperture Radar,SAR)成像是20世纪中叶出现的一种高分辨率微波成像技术[1-3]。与传统的雷达体制相比,合成孔径雷达利用距离向脉冲压缩及方位向合成孔径,可实现距离向和方位向高分辨率。SAR具有分辨率高、全天时、全天候、多频段、多极化、穿透性强等诸多特点。根据平台可将合成孔径雷达系统分为机载SAR、星载SAR和弹载SAR;根据成像模式可将合成孔径雷达分为条带(Strip-map)、聚束(Spotlight-SAR)、扫描(Scan-SAR)和圆迹(C-SAR)等;根据应用模式可分为干涉SAR、极化SAR、三维SAR等;根据收发通道的数目和布局又可将合成孔径雷达分为单发单收SAR、单发多收SAR、多发多收SAR、单站SAR和双/多站SAR等。现如今,SAR已广泛应用于地形测绘、海洋勘测、农林勘查等众多领域,成为人类对地观测一种不可或缺的重要手段[4]。

近年来,随着应用需求的拓展,多波段、多模态、阵列三维SAR技术逐渐成为热点[5—7],但对更高分辨率、更宽测绘带的追求却是一个不变的主题。如国土资源调查、测绘等应用需要在对大范围区域进行无缝观测的同时,获取高分辨率地物影像,进而实现土地分类、农林作物鉴别等。这就要求SAR具备高分辨率宽测绘带成像能力[8];此外,多模式协同,特别是在实现大范围普查的同时实现对重点区域进行高分辨率详查正成为SAR技术的应用热点,如海洋维权等应用,需要在掌握大范围领海和专属经济区船舶整体分布情况的同时,实现对可疑船只的连续、高分辨率成像,这要求SAR具备多模式协同成像能力[9]。

然而,传统的合成孔径雷达系统自由度受限、信号形式单一,仅依靠增大孔径、功率等来提升性能与威力,在高分辨率宽测绘带成像、多模式协同成像等应用方面存在理论和技术瓶颈,已严重阻碍了SAR对地观测的进一步发展与应用。例如,对于高分辨率宽测绘带成像,单输入单输出(Single-Input Single-Output, SISO)SAR通常利用扫描(Scan-SAR)模式[10]将距离向宽测绘带划分为多个窄测绘带。然而对于每个子测绘带,合成孔径的时间过短,使得方位向分辨率偏低。为了提高方位向分辨率,可以改变波束指向,增加特定区域的合成孔径时间,形成聚束(Spotlight-SAR)模式。然而这又将造成方位向测绘带不连续,错失探测范围内重要目标。虽然滑动扫描(Terrain Observation by Progressive Scan SAR, TOPSAR)模式[11]、滑动聚束(Sliding Spotlight SAR)模式[12]等能在一定程度上缓解上述问题，但本质上仍不能解决高分辨率与宽测绘带之间的矛盾。

单输入多输出(Single-Input Multiple-Output, SIMO)SAR 是 SISO-SAR 系统的进一步发展。若采用多个接收通道提升系统自由度[13]，则可利用方位向空间采样替代时间采样，进而在不损失方位向分辨率的条件下降低系统脉冲重复频率(Pulse Repetition Frequency, PRF)，并依此提高测绘带宽度。目前，SIMO-SAR 主要有方位向单相位中心多波束(Single Phase Center Multiple Azimuth Beam, SPC-MAB)、多相位中心多波束(Displaced Phase Centers Multiple Azimuth Beam, DPC-MAB)以及俯仰向多波束(Multiple Elevation Beam, MEB)等实现手段[14]。但这种 SAR 体制通常需要大幅增加接收通道的数量来保证成像性能。与之矛盾的是，平台的尺寸、载荷、功率等资源受限。在有限的平台上布置庞大阵列的代价是巨大的，甚至是不可实现的[15]。另外，SIMO-SAR 在发射端的自由度非常有限，无法满足多模式协同成像要求。特别地，现有的基于分时切换方式实现的全极化干涉、条带和聚束等多模式协同会进一步提高 SAR 系统的 PRF，进而降低距离向测绘带宽或方位向分辨率等性能。

鉴于此，德国高频物理实验室 J. R. Ender 在 2007 年国际雷达会议上提出了多输入多输出(Multi-Input Multi-Output, MIMO)合成孔径雷达的概念[16]。在现有多接收通道 SAR 基础上引入多路同时同频发射通道，可进一步挖掘发射端潜力，进而全面提升 SAR 系统的自由度。融合 MIMO 技术与 SAR 系统各自特点而构成的多输入多输出合成孔径雷达，不仅能获得远多于实际天线数目的等效观测通道，还可显著提升功率孔径积，为解决传统 SAR 面临的高分辨率与测绘带宽相互矛盾、多模式协同成像等诸多实际问题提供了更为有效的技术途径。

1.2 MIMO-SAR 概念内涵与技术特点

MIMO-SAR 的基本特征是，多路发射通道并行发射正交信号，多路接收通道并行接收回波信号，从每个接收通道的回波中解调、分离、提纯对应于不同发射通道的不混叠回波数据，对分离和提纯后的所有回波数据进行联合处理和成像，并最终获取高分辨率宽测绘带宽或多模式 SAR 图像数据[17]。MIMO-SAR 的核心难点是，如何在模糊函数和帕塞瓦尔定理的约束下设计理想正交信号。

依据多个收发天线之间的布局关系，可将 MIMO-SAR 分为分布式和紧凑式两大类[18]。紧凑式 MIMO-SAR 是指所有收发单元位于同一平台上或相互之间非常靠近(图 1-1(a))。该模式下，SAR 接收的都是目标同一方向的散射信息，因而各收发通道之间的相关性很强。这种模式不仅能够通过顺轨稀疏阵列大幅提高分辨率、测绘带宽、动目标检测等性能，还可以结合交轨向的分布式阵列同时实现大范围普查、局部详查、高精度三维成像等能力。该模式的典型配置有同一平台上的MIMO-SAR系统、分布式小卫星MIMO-SAR系统等。分布式MIMO-SAR是指多个收发天线之间稀疏布阵,各条信道之间近似独立,如图1-1(b)所示。在这种构型下,雷达能获取目标多个方向的散射信息。成倍提高的信息量有助于提高目标解译能力、识别能力和平台的抗打击能力等[19]。

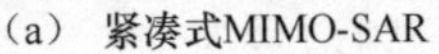

(a) 紧凑式MIMO-SAR

(b) 分布式MIMO-SAR[20]

图1-1 MIMO-SAR分类示意图

依据发射波形的特征,可将MIMO-SAR分为分时同频、同时分频和同时同频三大类。其中,分时同频MIMO-SAR通过时序控制,在不同的脉冲重复周期(Pulse Repetition Interval, PRI)内发射多路同频信号,如乒乓模式下的全极化干涉SAR系统[21-22]和ARTINO下视三维成像系统[23-24]。这类系统利用时间资源换取空间资源,通常会导致系统PRF过高,对星载SAR测绘带宽度构成严重的限制[8];同时分频MIMO-SAR先通过频率分集来隔离同时发射的多路信号[25-26],再利用频率子带拼接实现高分辨率,如德国FGAN-FHR开发的机载PAMIR系统[27-28]。这类系统虽然能降低每个发射端带宽,但仍是全带宽接收,并不能降低系统成本。此外,这类系统可获得的有效相位中心数目并不多于SIMO-SAR系统。因此,同时分频MIMO-SAR性能有限;相比之下,同时同频MIMO-SAR则利用多路天线同时同空域辐射正交的同频信号,能够在成倍提高功率孔径积的同时,获得远多于实际物理阵元数目的等效观测通道。因此,同时同频MIMO-SAR具有分时同频和同时分频MIMO-SAR不可比拟的自由度,是严格意义上的MIMO- SAR,也是国内外学者的研究重点。然而,同时同频MIMO-SAR系统面临严重的同频干扰抑制难题,其性能严重依赖于多路发射信号之间的正交性。

1.3 MIMO-SAR 核心技术问题分析

对于多发多收系统而言,多路并行发射信号之间的隔离是核心技术问题。信号隔离度与信干比密切相关,信干比与大部分技术指标紧密联系。信号隔离度越低,串扰能量越高,雷达检测概率、SAR 图像质量等越差,反之亦然。

目前,信号隔离的手段主要有时分、频分、空分和码分。这四种复用方式均可在零延迟条件下,满足内积为 0 的正交准则约束。考虑到越来越多的应用需要同时、同频、同空域工作,码分复用已逐步成为当前主流的信号隔离手段。例如,在不同的发射通道,甚至同一区域内的多个系统通过正交码来共享时间、频率和空间资源。码分复用技术最先应用于通信领域。典型的码分复用技术是 3G 通信的 CDMA 技术。然而,与通信不同的是,雷达对正交要求更为苛刻,要求任意两路信号在任意延迟下的内积都为 0。从帕塞瓦尔定理的角度看,码分复用无法满足雷达正交约束。下面将以正负线性调频信号为例,对此展开具体分析。

假设调频率绝对值相同、符号相反的两路线性调频信号为

$$s_{\text{down}}(t)=\text{rect}\left(\frac{t}{T_{\text{r}}}\right)\exp(-\text{j}\pi K_{\text{r}}t^2) \tag{1-1}$$

$$s_{\text{up}}(t)=\text{rect}\left(\frac{t}{T_{\text{r}}}\right)\exp(\text{j}\pi K_{\text{r}}t^2) \tag{1-2}$$

式中:K_{r} 为调频率;t 为快时间;T_{r} 为脉冲宽度。

$s_{\text{down}}(t)$ 或 $s_{\text{up}}(t)$ 的自相关为 sinc 函数形式,其能量集中在中心附近:

$$r_{\text{focus}}(\tau)=\exp\left(-\frac{\text{j}\pi}{4}\right)\sqrt{K_{\text{r}}T_{\text{r}}^2}\,\text{sinc}(\pi K_{\text{r}}T_{\text{r}}\tau) \tag{1-3}$$

$s_{\text{down}}(t)$ 与 $s_{\text{up}}(t)$ 的互相关则为幅度衰减、调频率减半、时宽翻倍、带宽不变的线性调频信号:

$$r_{\text{defocus}}(\tau)=\frac{1}{\sqrt{2}}\text{rect}\left(\frac{t}{2T_{\text{r}}}\right)\exp\left(\text{j}\pi\frac{K_{\text{r}}}{2}\tau^2\right) \tag{1-4}$$

由上式可知,对于任意延迟 τ,正负线性调频信号之间的内积幅度都不为 0。两个信号的互相关只是将能量均匀散开到了 $2T_{\text{r}}$ 范围内。对于孤立的点目标,正负线性调频信号之间的隔离度仅与时宽带宽积有关,即为 $\sqrt{2K_{\text{r}}T_{\text{r}}^2}$。然而,对于分布式目标或多目标场景,信号隔离度将出现大幅下降。来自大量散射体的模糊能量势必产生积累效应。积累后的干扰能量甚至会超过微小目标的聚焦能量,进而大幅抬升雷达噪底、淹没微小目标、产生虚假目标等。例如,若 LFM 信号的时宽带宽积约为 5000,则单个点目标的互相关电平约为-40dB。但对于由十个点目标组

成的分布式目标,干扰能量迅速累积到约-30dB。

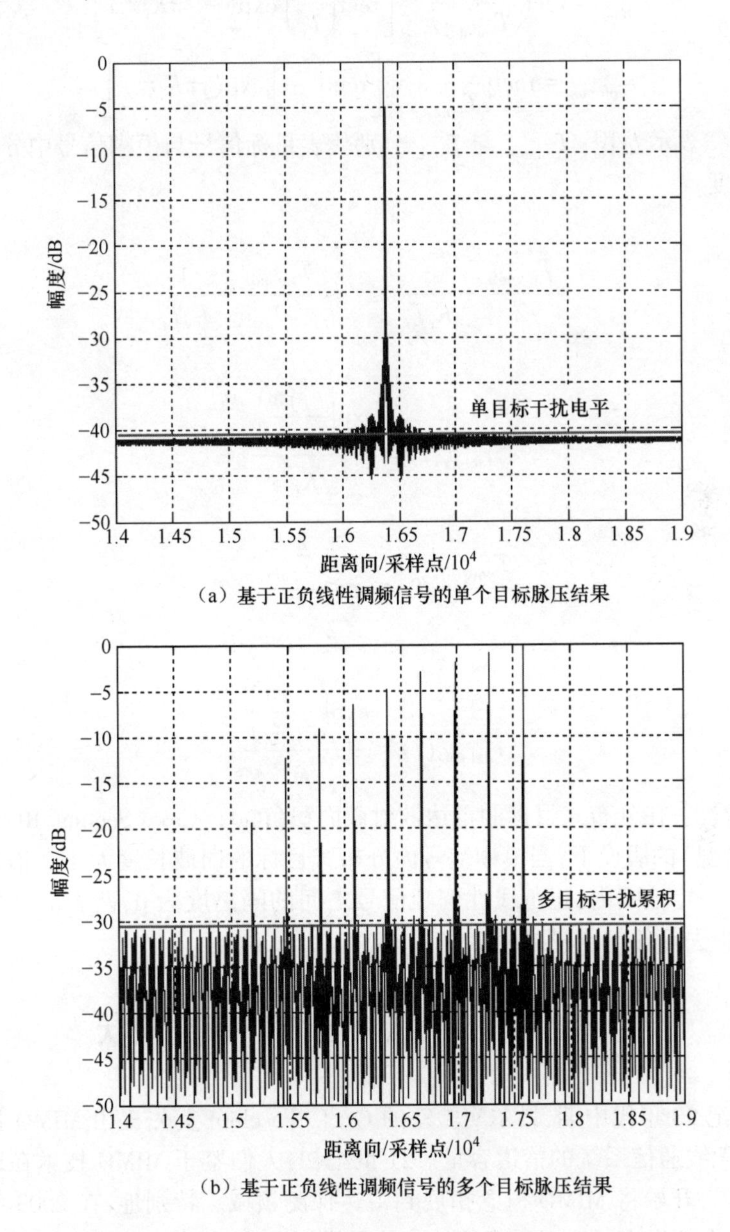

(a) 基于正负线性调频信号的单个目标脉压结果

(b) 基于正负线性调频信号的多个目标脉压结果

图 1-2　正负线性调频信号脉压干扰示意图(见彩图)

假设分布式目标的 RCS 均匀不变,则其回波可以看作矩形脉冲与点目标回波的卷积,即

$$r_{\text{focus}} = \text{rect}\left(\frac{t}{T_{\text{unamb}}}\right) * \left[\text{rect}\left(\frac{t}{T_{\text{r}}}\right)\exp(-\text{j}\pi K_{\text{r}} t^2)\right] \tag{1-5}$$

$$r_{\text{defocus}} = \text{rect}\left(\frac{t}{T_{\text{amb}}}\right) * \left[\text{rect}\left(\frac{t}{T_{\text{r}}}\right)\exp(\text{j}\pi K_{\text{r}} t^2)\right] \tag{1-6}$$

式中:“ * ”表示卷积; T_{unamb} 与 T_{amb} 分别代表目标信号与模糊信号中分布式目标的回波长度。

则当

$$-\frac{T_{\text{unamb}}}{2} + \frac{1}{K_{\text{r}} T_{\text{r}}} \leqslant t \leqslant \frac{T_{\text{unamb}}}{2} - \frac{1}{K_{\text{r}} T_{\text{r}}} \tag{1-7}$$

时,有

$$r_{\text{focus}}(t) = \frac{\exp\left(-\frac{\text{j}\pi}{4}\right)}{\sqrt{K_{\text{r}}}} \tag{1-8}$$

当

$$-\frac{T_{\text{amb}}}{2} + T_{\text{r}} \leqslant t \leqslant \frac{T_{\text{amb}}}{2} - T_{\text{r}} \tag{1-9}$$

时,有

$$r_{\text{defocus}}(t) = \frac{\exp\left(-\frac{\text{j}\pi}{4}\right)}{\sqrt{K_{\text{r}}}} \tag{1-10}$$

可以看出,在分布式目标的雷达散射截面积(Radar Cross Section,RCS)均匀不变(最坏情况)的假设下,当模糊信号内分布式目标的回波长度大于 2 倍发射脉冲长度时,在一定范围内,正负线性调频信号之间的隔离度为 0,两者的互相关并不会在回波中去除任何能量成分。

1.4 MIMO-SAR 国内外研究现状

20 世纪 90 年代中期,贝尔实验室的 G. J. Foschini 首先提出 MIMO 技术[29],用于提升无线通信系统的信道容量。21 世纪初,人们鉴于 MIMO 技术在通信领域取得的成果,开始将 MIMO 概念拓展到雷达探测领域。特别地,在 2003 年国际雷达会议上,人们提出了 MIMO 雷达统一信号模型和体系架构,指明了 MIMO 雷达在波形低截获、强杂波下弱小目标和隐身目标检测、多目标探测和抗饱和攻击等方面具备的潜力[30-32]。在 MIMO 雷达空间分集和虚拟阵元等体制优势的启发下,德国应用科学研究院的 Ender 在 2007 年举行的德国国际雷达会议(International Radar Symposium, IRS)上首次明确提出 MIMO-SAR 的概念和定义。

MIMO-SAR 概念自提出以来便受到欧美强国的广泛关注,日益成为 SAR 领域的研究热点[33-36]。当前主要研究单位包括德国宇航中心[37]、意大利米兰理工大学[38-39]、加拿大国防部研发中心[40]、中国科学院空天信息创新研究院[41]和电子科技大学[42]等。主要研究内容包括紧凑式和分布式体制下的阵列构型优化、系统和正交信号方案设计、运动补偿和成像处理等。然而,作为一种新体制雷达系统,无论是在国外还是在国内,MIMO-SAR 都处于起步研究阶段,现有的研究大多数集中于理论概念和同时分频、分频同时系统的探索性实验。同时同频 MIMO-SAR 的研究进展较为缓慢。但最近几年,正交波形取得了阶段性进展,逐步从传统单维度复用走向多维度联合编码,为 MIMO-SAR 从同时分频、分频同时体制跨越到同时同频体制奠定了一定的基础。其中,德国宇航局 G. Krieger 等人提出的多维波形编码思路[43],北京理工大学许稼等提出的脉间相位编码方案[44],中国科学院空天院陈龙永等人提出的正交频分复用(Orthogonal Frequency Division Multiplexing, OFDM)chirp 信号[45]与空时编码[46](Space Time Coding, STC)等方案在抑制 MIMO-SAR 同频干扰方面表现出一定的潜力。鉴于此,部分单位已经开始研制新体制同时同频 MIMO-SAR 系统,尝试全面提升 SAR 对地观测效率和信息获取能力。例如,中国科学院空天院梁兴东在 2013 年承担的科技部支撑计划“基于多输入多输出(MIMO)体制的先进微波成像技术”,旨在突破多维正交波形、MIMO 天线一体化快速波控、多通道重建成像等关键技术,重点解决制约 MIMO-SAR 实际应用的同频干扰抑制难题,研制机载同时同频 MIMO-SAR 系统,实现高分辨率宽测绘带成像跨越式发展和多模式/功能一体化等新功能。

1.4.1 正交信号研究现状与发展趋势

目前,MIMO-SAR 的信号形式主要有码分信号[47]、频分信号[48]、空时编码信号[49]、短偏移正交(Short-Term Shift-Orthogonal, STSO)信号[50]、OFDM chirp 信号[51]、方位向相位编码信号等[52]。其中,码分信号和频分信号属于传统的单维复用信号,空时编码信号可视为多维正交波形的雏形,STSO 信号、OFDM chirp 信号、方位向相位编码信号属于多维正交波形的范畴。

下面将针对这些信号的优缺点展开具体讨论。

1.4.1.1 传统的单维度复用信号

1) 码分信号

在 MIMO 通信与 MIMO 雷达中,码分信号被广泛使用,并取得了良好效果。因此,部分学者起初建议改善利用传统通信编码信号、传统 MIMO 脉冲多普勒雷达正交信号设计 MIMO-SAR 正交信号。研究最多的当属 OFDM-LFM 信号[42]。该信号方案通过随机二相编码矩阵对 LFM 信号的时频关系进行调制。两路经 16 阶矩阵调制后的发射信号时频关系曲线如图 1-3 所示。从复用的角度看,该方案主要通过"码分"实现复用,仍属于单维度复用方案。

在对分布式场景进行成像时,该信号的性能将出现大幅下降(图 1-4),失配能量与匹配信号能量几乎相同。这类波形仅将失配能量散开到时域,并没有达到滤除效果,导致脉压旁瓣水平过高。来自大量分布式目标的过高旁瓣必然会积累

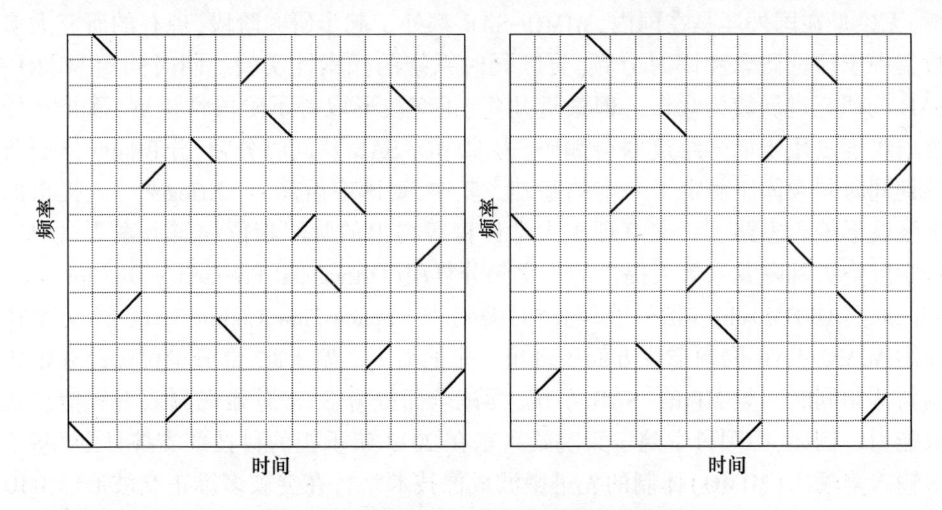

图 1-3　OFDM chirp 信号的时频关系曲线

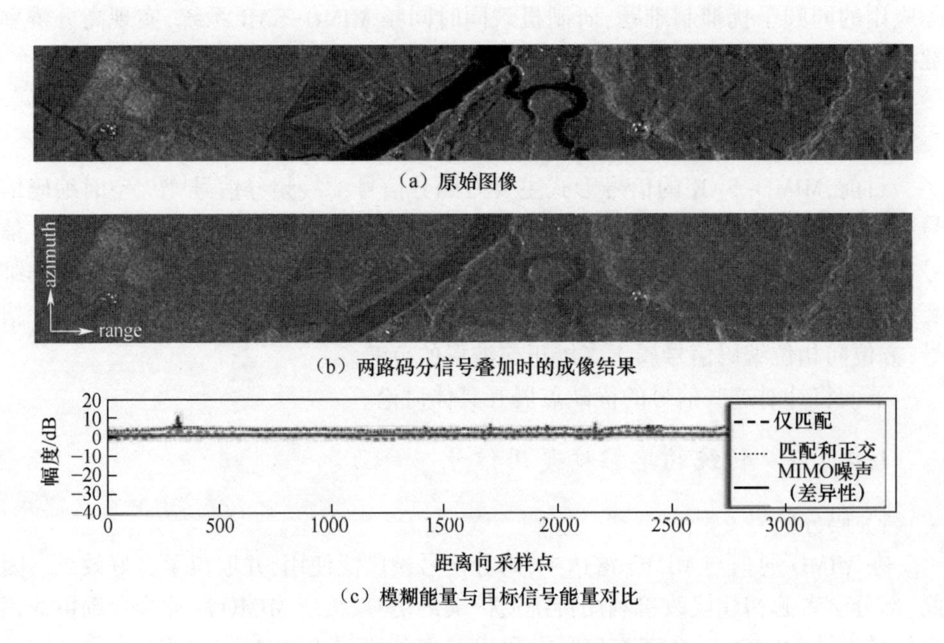

图 1-4　码分信号的大场景成像结果(见彩图)

起来,进而会大幅降低图像的整体质量。因此,该类波形不满足 MIMO-SAR 的成像要求。德国宇航局的 J. Mittermayer 和 J. M. Martinez 曾于 2003 年从理论推导和仿真分析等角度深入探讨了正负线性调频信号的局限性[53]。

针对码分信号引入的模糊能量,王志奇与孟藏珍等研究了相应的抑制算法,分别提出基于 Sequence CLEAN 的模糊能量消除算法与基于辅助变量设计接收滤波器的方法。其中,基于 Sequence CLEAN 的方法能够对分布式目标取得较好的抑制效果,但该算法需要在每个慢时间进行距离向遍历,计算量过大[54]。另外,该类方法会在一定程度上破坏 SAR 图像的相位信息,因而不适用于宽测绘带和干涉等应用场景。基于辅助变量设计接收滤波器的方法对信号间的耦合抑制效果有限[55]。因此,码分信号不适用于 MIMO-SAR 系统[56]。

2）频分信号

频分信号在距离频域内实现分集。由于多路频分信号之间的互相关为 0,这类信号是一种理论上完全正交的信号,可作为 MIMO-SAR 的发射信号。2007 年,宋岳鹏等提出将频分信号用于 MIMO-SAR。其基本思想是,利用不同天线发射中心频率步进的 LFM 信号,并对接收信号进行带通滤波,以分离来自不同发射信号对应的回波。在此基础上依据等效相位中心位置重新排列分离后的回波,可在不改变 PRF 且不引入方位向模糊的条件下提升方位向分辨率,或在相同方位分辨率下增加测绘带宽[57]。然而,不同方位处的信号频率不同,这会导致目标散射特性的改变,使得回波信号的相参度不足,不满足干涉或极化处理要求。因此,井伟等提出了一种多子带并发的 MIMO-SAR 高分辨率大测绘带成像方法。其基本思想是,利用多个天线同时发射和接收步进频率信号,并利用时域合成法对接收回波进行距离向频带合成,使多通道同时发射子带信号的效果与单通道发射全带宽信号相同,进而实现高分辨率宽测绘带成像[58]。该方法在全部方位采样点处的信号中心频率与带宽均相同,进而保证了回波的高相参性。

此外,黄平平、陈倩等人针对时域合成法的大计算量、低效率等缺陷,提出了基于频域合成的 MIMO-SAR 高分辨率成像方法[59](图 1-5)。子带合成后,实现了对距离向点目标的高分辨率,且聚焦效果良好。

然而,在实际系统应用中,该方法易受滤波器非理想滚降特性的影响。各子带频谱经带通滤波后出现重叠,抬升了副瓣电平,甚至产生了栅瓣,降低了图像质量。另外,基于该方法本质上属于同时分频 MIMO-SAR,其性能受限。

1.4.1.2 多维正交波形的雏形——空时编码信号

为了解决传统单维度复用信号的限制,德国宇航局的 J. Kim 于 2007 年提出了用于 MIMO SAR 干涉成像的空时编码方案[49]。其基本思想是,沿俯仰向使用双天线同时发射空时编码正交波形,并在方位向使用多天线接收回波(图 1-6),

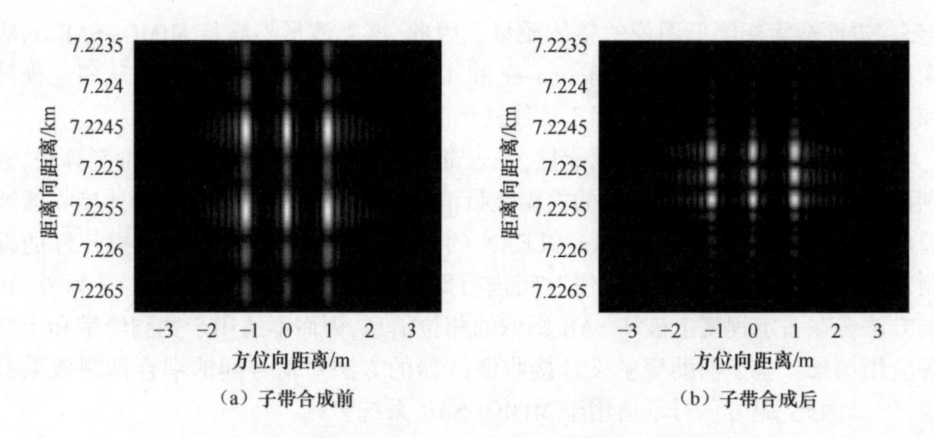

图 1-5　基于子带合成方法的 MIMO-SAR 点阵成像结果[26]

可在保证基线长度和高程精度不变的同时，降低系统 PRF，增大测绘带宽度。Kim 在时频调制的基础上，加入了慢时间维调制，初步体现了多维正交调制思想，为 MIMO-SAR 同频干扰抑制与成像处理开辟了一条新的道路。

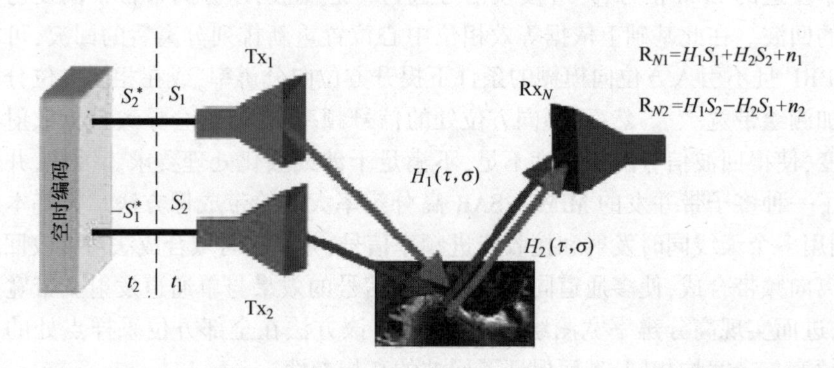

图 1-6　基于 Alamouti 空时编码的 MIMO-SAR 示意图(见彩图)

Alamouti 空时编码与正负调频斜率 LFM 信号的 MIMO-SAR 点目标成像结果对比如图 1-7 所示。依据结果可知，Alamouti 空时编码信号具有良好的正交性，有效地避免了模糊能量。此外，MIMO 阵列增益可使该方案的信噪比相比单通道 SAR 提高 6dB。然而，这种方案严重依赖于雷达信道的时不变性，非匀速飞行、大气扰动和角闪烁等因素都会降低 Alamouti 空时编码信号的正交性能，进而导致模糊能量与“鬼影”目标的出现。因此，该方法很难被应用于实际 SAR 系统。

针对 Alamouti 空时编码的缺陷，中国科学院空天院的陈龙永等提出了一种改进的基于空时编码信号的 MIMO-SAR 信号设计方案。通过指定 Alamouti 编码矩阵中的两路发射信号互为复共轭形式，可使两路信号在距离-多普勒域内处于不同的中心频率处。对接收回波进行多普勒带通滤波来分离正交发射信号，能够有

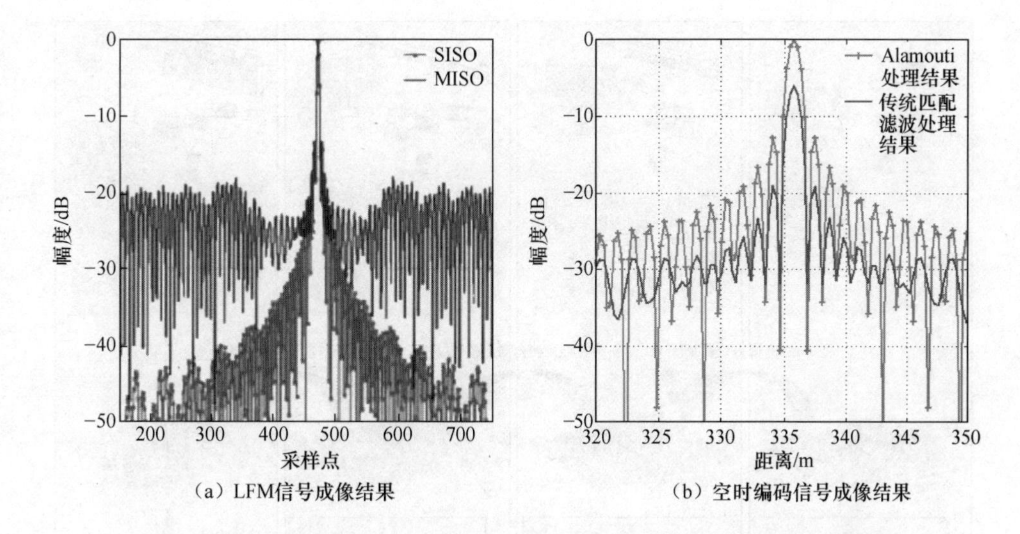

（a）LFM信号成像结果　　（b）空时编码信号成像结果

图 1-7　基于 LFM 信号与空时编码信号的 MIMO-SAR 点目标成像结果对比

效地消除空时编码信号对信道时不变特性的依赖[60]。

1.4.1.3　多维正交信号

2008 年,德国宇航局 G. Krieger 等人在 J. Kim 的基础上进一步提出了“多维波形编码”概念[43],即综合利用空间维、时间维及频率维的调制来抑制并行观测通道模糊能量(图 1-8)。他不仅从信息论角度探讨了 MIMO-SAR 信号的接收过程,分析了多通道 SAR 系统的挑战和常规解决方案,还首次探讨了 MIMO-SAR 系统优化和多模式协同工作的实现方式。G. Krieger 等提出的多维波形编码思想一定程度上指明了 MIMO-SAR 正交信号的设计方向。

近年来,在多维波形编码概念的牵引下,MIMO-SAR 正交波形设计与处理技术取得了阶段性发展。例如,G. Krieger 等人在 2014 年系统分析了截止当年较为典型的正交波形方案[50],细化了多维波形编码思路,并设计了短时移正交 STSO 波形与 OFDM chirp 信号。G. Krieger 指出,通过时频域调制技术将失配能量搬移到扩展函数远端,并结合空域滤波予以去除,可有效地抑制同频干扰。

1) STSO 信号

STSO 信号由 G. Krieger 提出,该信号方案能在较小的时延范围内实现多路信号严格正交,即信号互相关为 0[43]。然而,高分辨率宽测绘带的回波范围很大,通常不满足 STSO 的短时延要求。因此,需要在接收端结合利用俯仰向接收数字波束形成(Digital Beam Forming, DBF)技术,将很宽的测绘带回波划分为多个短时延测绘带回波。通过对子测绘带回波进行成像处理,并合成所有的子测绘带图像,可获得高分宽幅图像。基于 STSO 信号的 MIMO-SAR 处理如图 1-9 所示。

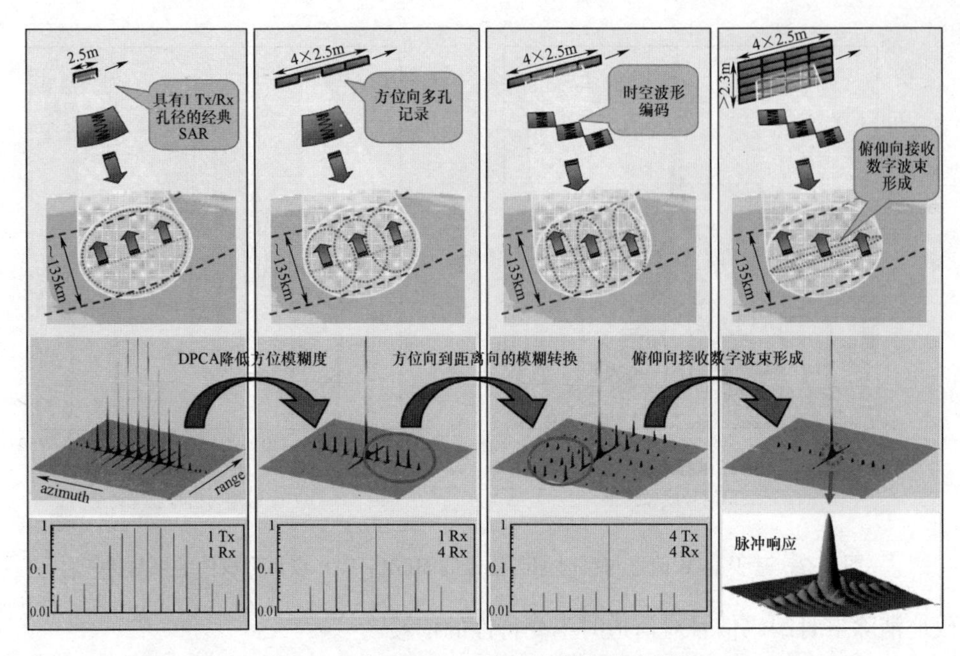

图 1-8　MIMO-SAR 多维波形编码示意图

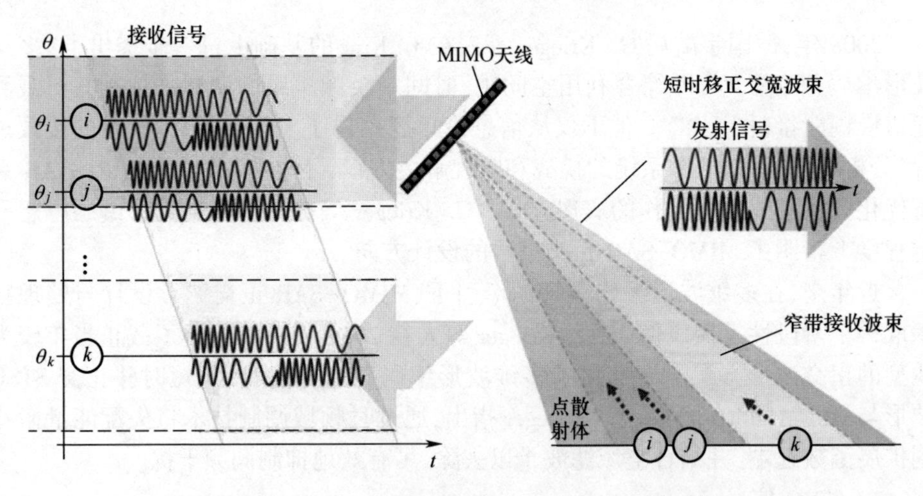

图 1-9　基于 STSO 信号的 MIMO-SAR 处理示意图[49]

2）OFDM chirp 信号

OFDM chirp 信号首先由 Kim 提出[61]，该信号将通信领域中 OFDM 技术与 SAR 领域中 chirp 信号相结合，具有良好的正交性能与恒包络特性，适用于 MIMO-SAR。这里以生成两路信号为例，OFDM chirp 信号子载波频率集的划分方式与信号的时频关系曲线如图 1-10 所示。信号时域形式为 chirp 与其自身的复制信号经时延一个脉宽后相加。在接收端,通过空域滤波将全测绘带切分为多个子测绘带,并对每个子测绘带进行圆周移位与求和,最后利用离散傅里叶逆变换(Inverse Discrete Fourier Transform, IDFT)进行解调,分离各路发射信号对应的回波[51]。

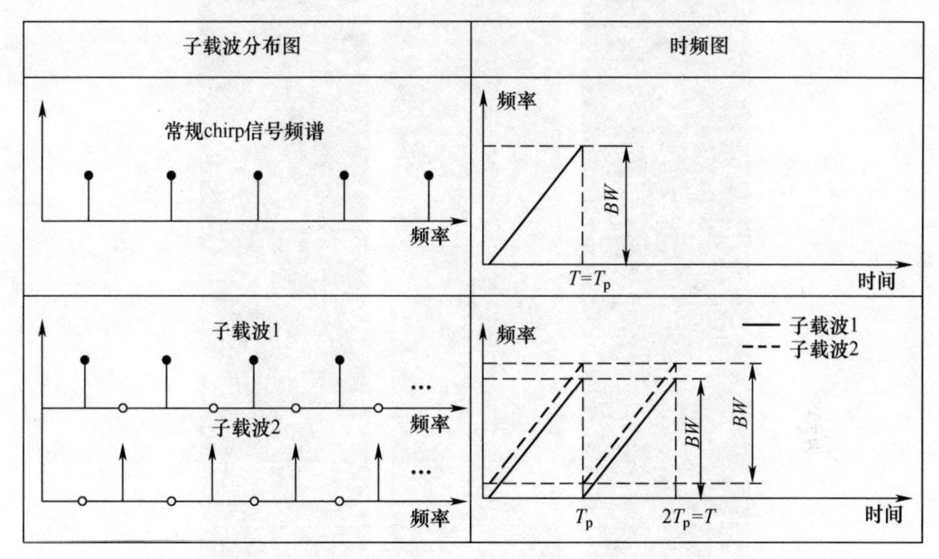

图 1-10　OFDM-chirp 信号子载波频率集的划分与信号时频关系曲线示意图[51]

然而,在该调制方案中,多路信号之间存在微小的频率间隔。为了保证 OFDM chirp 信号之间的正交性,需要频率源具有极高的精度。对此,陈龙永等改进了该信号,去除了频率偏移,并补偿了多普勒偏移和雷达噪声的影响[41]。

从理论上讲, STSO 信号与 OFDM chirp 信号均具有良好的正交性。但鉴于 OFDM 信号固有的距离模糊特性,以及 STSO 信号仅能在较小的延迟范围内严格正交,我们必须利用俯仰向 DBF 技术将测绘带分成多个无距离模糊的窄测绘带,并通过图像拼接技术来获取完整测绘带的成像结果。

3）方位向相位编码信号

方位向相位编码信号由丹麦理工大学的 Dall 和 Kusk 提出,首先被用于抑制传统单通道星载 SAR 中的距离模糊[62-67]。近年来,部分学者提出了将脉间相位编码技术用于 MIMO-SAR 信号设计的思路,典型的如北京理工大学许稼等提出的脉间相位线性编码信号,其成像结果如图 1-11 所示。其基本思想是,在方位向慢时间维度加载线性相位,将不同通道的发射信号调制到不同的多普勒中心频率。此时,若 PRF 高于两倍的多普勒带宽,则各信号的多普勒频谱互不重合,进而能利用距离-多普勒域中的解耦滤波器对多通道回波进行分离,并最终得到每路信号所产生的回波[44]。从本质上讲,该方法与前文的空时编码方案均利用了方位向慢时间,都属于同一范畴。因此,方位向相位编码信号等效于陈龙永等人提出的改进型空时编码方案。

（a）原图　　（b）码分　　（c）脉间相位调制

图 1-11　基于脉间相位调制的 MIMO-SAR 场景仿真结果[44]

综观 MIMO-SAR 正交信号的研究现状可知，MIMO-SAR 正交信号设计与处理逐步从传统单维度复用走向多维联合调制的多维度正交。

1.4.2　紧凑式 MIMO-SAR 研究现状

在紧凑式 MIMO-SAR 方面，国外已经率先开展了系统研制工作，但目前的试验性系统均是传统单维度复用信号体制下的同时分频或分时同频系统，目前还没有同时同频 MIMO-SAR 系统，更没有涉及多维正交波形。

1998 年，美国空军实验室（Air Force Research Laboratory，AFRL）提出 TechSat-21（Technology Satellite of the 21st Century）计划，由位于 7 个轨道平面的 35 个小卫星群组成，每个星群包括 8 颗编队飞行的小卫星。该计划设想通过星间链路协同工作，使每个星群虚拟实现一颗大卫星的功能，即“虚拟卫星”。该计划最早体现了 MIMO-SAR 系统思想。然而，由于技术难度过大以及资金大幅超出预算，AFRL 最终于 2003 年宣布取消了该计划[68-69]。

2006 年，德国 FGAN-FHR 研究所开发了多功能相控阵成像雷达（Phased Array Multi-fultional Imaging Radar，PAMIR）。该雷达采用频率分集与子带合成技术，实现 1.8GHz 信号带宽，具有优于 0.1m 的超高分辨率[70]。图 1-12 为 PAMIR 系统对德国卡尔斯鲁厄地区的 0.1m 分辨率成像结果。需要说明的是，此处并未采用 MIMO 方案，且尚未有公开文献报道 PAMIR 的 MIMO 成像结果。

图 1-12　PAMIR 系统对德国卡尔斯鲁厄地区的 0.1m 分辨率成像结果[70]

2010 年，德国 FGAN-FHR 研究所还研制了 MIRA-CLE X 与 MIRA-CLE Ka 两部地基实孔径 MIMO 成像雷达样机。其基本原理是，通过相控阵天线的波束扫描实现空中目标的分辨与 ISAR 成像。以 MIRA-CLE X 为例，该系统工作在 X 波段，带宽为 1GHz，天线总长 2m，且具有 16 个发射通道和 14 个接收通道[71]。MIRA-CLE X 的系统实物与成像结果如图 1-13 所示。

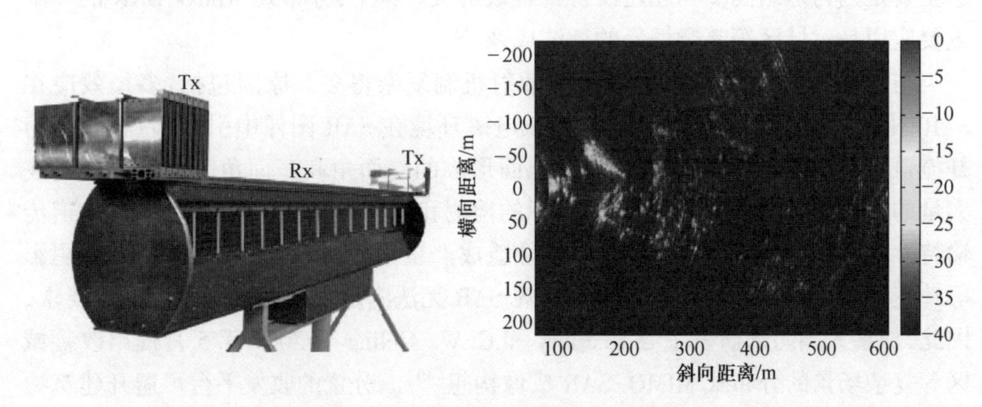

图 1-13　MIRA-CLE X 系统天线及其 BP 算法成像结果[71]（见彩图）

2010 年，FGAN-FHR 研究所研制的机载下视三维成像雷达（Airborne Radar for Three-dimensional Imaging and Nadir Observation，ARTINO）同样采用了多输入多输

出技术。该系统面向无人机平台,以下视调频连续波(Frequency Modulated Continuous Wave, FMCW)体制工作于 Ka 波段。该系统在无人机的机翼上安装了线阵天线。利用天线两端进行发射,中间进行接收,可获得足够宽的不模糊距离,并能实现第三维度的分辨率。2010 年,Weiss 对该系统进行了飞行实验,实验场景为 3 个间隔为 10m 排列的三面角角反射器[72]。系统模型与飞行的实验场景如图 1-14 所示。然而,就目前而言,还未见其三维成像结果的公开报道。

图 1-14　ARTINO 系统数据采集示意图与飞行实验场景[72](见彩图)

1.4.3　分布式 MIMO-SAR 研究现状

目前,分布式 MIMO-SAR 研究相对滞后,正处于理论探索与算法研究层面。这主要是因为多站同步问题还没得到有效解决。其中,分布式 MIMO-SAR 的一个重要应用是对城区等复杂场景的微波成像[40]。

与野外场景相比,城市场景微波散射机制复杂得多。原因包括:多径效应在 SAR 图像中引入很多的虚假目标;复杂电磁环境在 SAR 图像中引入很强的干扰,并掩盖住有用的目标信息;建筑物和地面形成的二面角和三面角等在场景中造成大量的虚假亮斑,进而影响对弱小目标的检测和识别;运动目标不仅会引起信道传输特性随时间的变化,也会对 SAR 图像造成严重干扰;SAR 图像模糊、叠掩、阴影等畸变现象严重,等等(图 1-15)。常规 SAR 无法满足复杂城市场景的成像要求。因此,加拿大国防部研发中心 R. Sabry 和 G. W. Geling 于 2007 年 5 月提出改善城区等复杂场景的分布式 MIMO-SAR 成像构想[40]。分置的收发平台可避开建筑物和地面二面角、三面角效应以及某些强反射目标,避免图像出现过强的虚假目标,大幅降低 SAR 图像的动态范围,进而提高对弱反射目标的检测和识别能力。与此同时,多角度观测可降低复杂结构的影响,增强图像解译性和目标识别能力。文中提出的研究计划,包括 SAR 多径衰落、信道建模、算法设计、仿真和理论分析,均对分布式 MIMO 城区成像具备指导性意义。

图 1-15　城区光学图像和 RAMSES 高分辨率 SAR 成像图(分辨率 12cm)对照[73](见彩图)

庆幸的是,多站同步技术已经得到了一定程度的发展[74—88],这为双/多站 SAR 的发展提供了条件(图 1-16)[89—92]。源于丰富的自由度,MIMO 势必在双/多站 SAR 基础上进一步降低复杂结构的影响,增强图像解译性和目标识别能力。

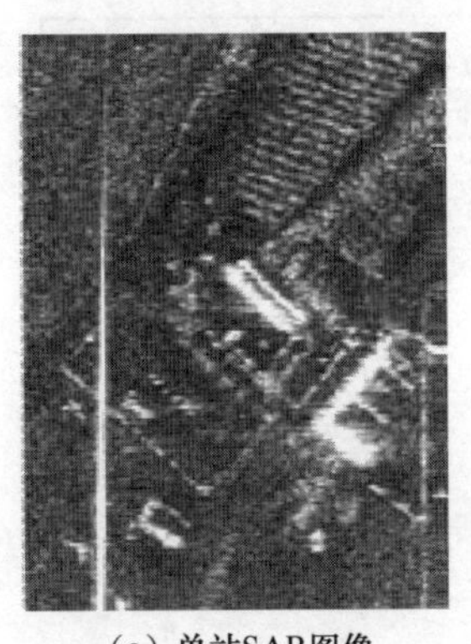

(a) 单站SAR图像

(b) 双站SAR图像

(c) 光学图像

图 1-16　单/双基 SAR 图像明暗关系差异[93]

此外,近年来在分布式 MIMO 的基础上进一步拓展距离尺度而构建的广域 MIMO 雷达也正成为研究热点[94—98]。例如,Bell 实验室提出的收发全分集 MIMO 雷达,各阵元稀疏排布,收发信道相互独立。这种雷达利用时间、空间、频率等多维度分集,获取多个角度、多个频率、多个时间、后向的与非后向的散射信息,进而大幅降低错误检测概率,提高目标的检测能力和角分辨率,尤其是探测隐形目标的能力。又如图 1-17 所示,德国宇航局 G. Krieger 等提出的 MIRROR-SAR 概念,该雷达强调整体最优,极大地降低了单节点发射机或接收机的动态范围、信号带宽、发射机稳定性、相位噪声指标等方面的要求,是未来雷达技术的发展方向。

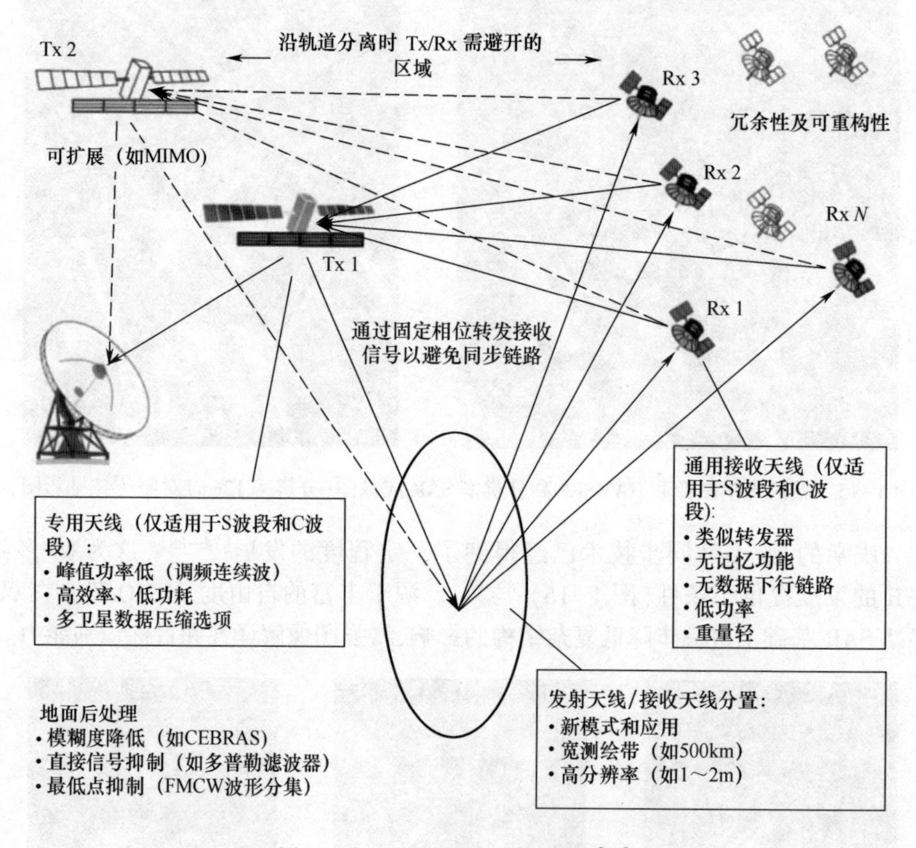

图 1-17　MIRROR-SAR 示意图[99]

1.5　MIMO-SAR 应用前景分析

1.5.1　高分宽幅成像

传统 SAR 的分辨率和测绘带之间是彼此制约的。SAR 系统的分辨率越高,测绘带就越小。这种约束主要体现在受限的功率孔径积和困难的波位设计。高分辨率、宽测绘带 SAR 一方面要求天线宽度和高度都尽可能小,以获取方位向和距离向宽波束,另一方面又要求回波信噪比高,即通过尽可能大的天线辐射大功率信号,显然高分辨率、宽测绘带与功率孔径积之间存在矛盾。单通道 SAR 可采用扫描的方法实现宽测绘带,但付出的代价是提高了 PRF,造成波位设计困难,提高了距离/方位模糊度。多通道 SAR 虽能在一定程度上降低 PRF,解决波位设计难题,但面临严重的功率孔径积限制，不具备实现高分辨率、宽测绘带的能力。

MIMO 技术利用多路收发天线，不仅能够显著提高功率孔径积，还能在方位向虚拟出更多的等效采样点，成倍地降低脉冲重复频率，从而突破波位设计的约束。因此，MIMO-SAR 是实现高分辨率、宽测绘带的最有前景的技术之一。

1.5.2 多模式协同

如图 1-18 所示，多种模式协同工作，特别是在大范围普查的同时实现对重点关注区域进行高分辨率详查，是众多行业用户的迫切需求。例如，海洋维权需要对大范围的领海和专属经济区进行观测，掌握区域内船舶分布的整体情况。同时，对于可疑侵权舰船需要进行连续、高分辨率观测，实现对可疑船只的识别。传统 SAR 技术由于系统自由度有限，无法对系统资源进行灵活分配，不能满足多模式协同成像需求。例如，在普查模式下，传统 SAR 将功率、频谱、增益等资源平均分配给观察区域内的目标，无法同时针对特定目标进行重点观测。而在详查模式下，系统所有的资源都分配给了特定目标，无法同时兼顾全局，进行大范围的观测。

MIMO 技术可利用丰富的系统自由度，灵活调度系统功率、频谱、增益、波形等多种资源，根据目标的重要程度对资源进行动态分配，在保持大范围普查能力的同时兼顾对多个不同位置重点目标的高分辨率成像。此外，MIMO-SAR 还能同时、同频、同空域实现全极化干涉。因此，MIMO-SAR 是实现宽幅成像、聚束成像、全极化干涉、动目标检测等多模式协同工作的最佳解决手段之一。

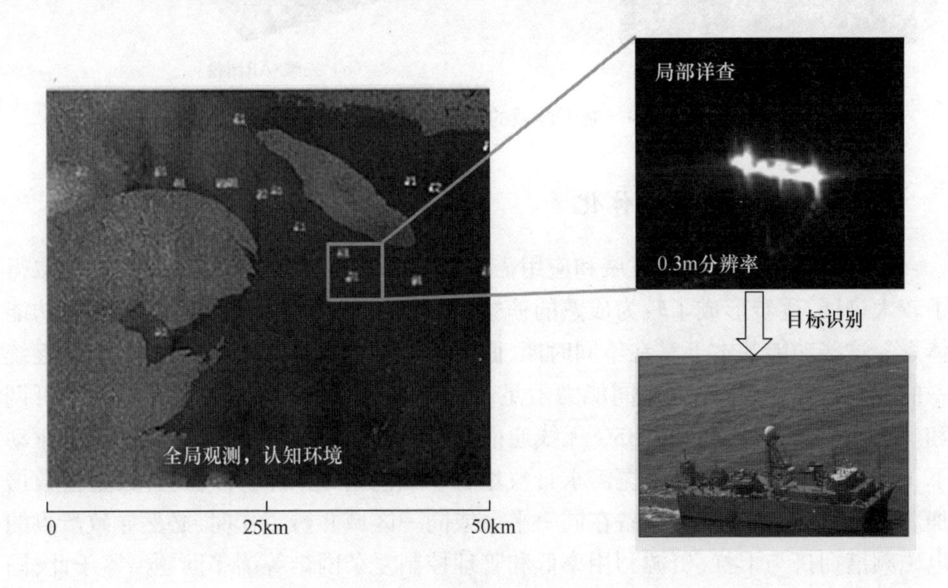

图 1-18 多模式协同示意图

1.5.3 稀疏三维成像

传统 SAR 是对三维场景的二维成像,图像中所有的像素点实际是具有相同距离的所有俯仰向散射体的迭加,因而存在圆柱对称模糊、叠掩现象等问题,难以满足越来越高的成像精度和复杂环境侦察的要求。

MIMO 技术能够在距离向宽带分辨和方位合成孔径分辨的基础上增加俯仰向实孔径的分辨能力[100—103]。通过俯仰向多通道并行收发以及优化布阵,可以获取目标和观测场景的第三维信息,进而避免三维空间到二维平面投影的信息损失。因此,MIMO 技术是实现三维成像的最佳解决手段之一。图 1-19 为对某城市区域的 SAR 三维成像结果。

(a) 谷歌图像

(b) 三维SAR图像

图 1-19 城市区域的 SAR 三维成像结果[100]

1.5.4 探测通信一体化

随着科学技术的高速发展和应用需求的不断拓展,电子信息系统与技术取得了较大进展,逐步形成了较为成熟的侦察、干扰、雷达探测和无线通信等多个功能体系。这些功能基本上是在不同时期、面向不同需求应运而生的,彼此之间缺乏统一的规划设计,导致并行协同能力不足。近年来,这种并行协同矛盾越发不可调和。这主要是因为,在 5G/B5G 无线通信、协同作战等新型民用和军用的需求驱动下,现有电子信息系统的带宽需求日益增长、工作频段不断重合、设备数量指数增加。当若干雷达、通信等设备在同一平台或同一区域并行工作时,必然导致严重的电磁频谱拥挤与干扰、资源利用率低和管理控制复杂困难等诸多问题。鉴于此,国内外专家学者对雷达通信一体化展开了持续数十年的研究和探索。

然而,雷达和通信的应用模式不同、理论基础不同。在实现两者的一体化时,存在诸多理论约束和技术挑战。其中,信号一体化是核心难点。目前,部分欧美强国已在控制显示、处理、通道、孔径等方面初步实现了雷达通信一体化,并逐步将研究重点转移至信号一体化[104—114]。依据香农信息论和经典雷达探测理论可知,雷达和通信对信号的要求是矛盾的。传统的单维度复用信号无法同时同频同空域兼顾雷达和通信性能。但 MIMO 技术和多维信号具备一定的潜力。

基于多维正交信号实现雷达通信一体化的核心思想是,在快时间—频率—空间维度之外拓展新维度,或者在快时间—频率—空间维度内挖掘新维度,并利用拓展、挖掘的新自由度来设计雷达通信一体化信号。在多维信号体制下,雷达与通信对频谱资源的共享等效于两者同时同空域且无干扰地独占频谱资源。拓展、挖掘的新自由度则用于充分抑制两者的相互干扰。从概念上讲,若利用多维信号来实现雷达与通信共享频谱资源,则可同时、同频、同空域兼顾雷达和通信性能。因此,MIMO 与多维信号技术是实现探测通信一体化的最佳解决手段之一。

参 考 文 献

[1] 邓云凯, 赵凤军, 王宇. 星载 SAR 技术的发展趋势及应用浅析[J]. 雷达学报, 2012, 1(1): 1-10.

[2] 张澄波. 综合孔径雷达原理、系统分析与应用[M]. 北京: 科学出版社, 1989.

[3] KOVALY J J. Synthetic aperture radar [M]. Dedham, MA: Artech House, 1976.

[4] 邓云凯, 禹卫东, 张衡, 等. 未来星载 SAR 技术发展趋势[J]. 雷达学报, 2020, 9(01): 1-33.

[5] 王腾, 徐向东, 董云龙, 等. 合成孔径雷达的发展现状和趋势[J]. 舰船电子工程, 2009, 29(5): 5-9.

[6] FORNARO G, SERAFINO F, SOLDOVIERI F. Three-dimensional focusing with multipass SAR data [J]. IEEE Transactions on Geoscience and Remote Sensing, 2003, 41(3): 507-517.

[7] BECKETT K, TYC G, FOX P. Innovative technological advancements in the development and exploitation of a dual-band spaceborne SAR-XL system [C]. IGARSS, FW, USA, 2017: 149-152.

[8] CURRIE A, BROWNA M. Wide-swath SAR [J]. IEE Proceedings F, Radar Signal Process, 1992, 139(2): 122-135.

[9] KIM J H. Multiple-input multiple-output synthetic aperture radar for multimodal operation[D]. Karlsruhe, Germany: Karlsruhe Inst. Technol, 2012.

[10] MOORE R K, CLAASSEN J P, LIN Y H. Scanning spaceborne synthetic aperture radar with integrated radiometer [J]. IEEE Transactions on Aerospace and Electronic Systems, 1981, AES-17(3): 410-421.

[11] DE ZAN F, MONTI-GUARNIERI A. TOPSAR: Terrain observation by progressive scans[J]. IEEE Transactions on Geoscience and Remote Sensing, 2006, 44(9): 2352-2360.

[12] MITTERMAYER J, LORD R, BORNER E. Sliding spotlight SAR processing for TerraSAR-X u-

sing a new formulation of the extended chirp scaling algorithm[C]. IGARSS, Toulouse, France, 2003(3): 1462-1464.
[13] 吕孝雷. 机载多通道 SAR-GMTI 处理方法的研究[D]. 西安：西安电子科技大学, 2008.
[14] 王文钦. 多天线合成孔径雷达成像理论与方法[M]. 北京：国防工业出版社, 2010.
[15] 孟藏珍, 许稼, 谭贤四. MIMO-SAR 成像技术发展机遇与挑战[J]. 太赫兹科学与电子信息学报, 2015, 13(3): 423-430.
[16] ENDER J. MIMO-SAR [C]. International Radar Symposium, Cologne, Germany, 2007: 667-674.
[17] 周伟, 刘永祥, 黎湘. MIMO-SAR 技术发展概况及应用浅析[J]. 雷达学报, 2014, 3(1): 11-18.
[18] LI J, STOICA P. MIMO radar signal processing [M]. New York, US: Wiley-IEEE Press, 2009: 2-10.
[19] MARECHAL R, AMIOT T, ATTIA S, et al. Distributed SAR for performance improvement[C]. IGARSS, Seoul, Korea, 2005: 4077-4079.
[20] MAURICE M, PETE K, STEVE K, et al.TechSat 21 and revolutionizing space missions using microsatellites [C]// Proc. 15th Amer Institute Aeronautics Astronautics Conf. Small Satellites, 2001.
[21] CLOUDE S R, PAPATHANASSIOU K P.Polarimetric SAR interferometry[J]. IEEE Transactions on Geoscience and Remote Sensing, 1998, 36(5): 1551-1565.
[22] PAPATHANASSIOU K P, CLOUDE S R. Single-baseline polarimetric SAR interferometry[J]. IEEE Transactions on Geoscience and Remote Sensing, 2001, 39(11): 2352-2363.
[23] KLARE J,WEIβ M, PETERS O, et al. ARTINO: a new high resolution 3D imaging radar system on an autonomous airborne platform[C]. IGARSS, Denver, USA, 2006: 3842-3845.
[24] KLARE J, BRENNER A, ENDER J.A new airborne radar for 3D imaging-image formation using the ARTINO principle[C]. EUSAR, Dresden, Germany, 2006: 103-107.
[25] 周高杯, 宋红军, 邓云凯. MIMO-SAR 中虚拟孔径相位校正与子带合成方法研究[J]. 电子与信息学报, 2011, 33(2): 484-488.
[26] 邓云凯, 陈倩, 祁海明, 等. 一种基于频域子带合成的多发多收高分辨率 SAR 成像算法[J]. 电子与信息学报, 2011, 33(5): 1082-1087.
[27] ENDER J H G, BRENNER A R. PAMIR-a wideband phased array SAR-MTI system [J]. IEE Proceedings Radar, Sonar and Navigation, 2003, 150(3): 165-172.
[28] BRENNER A R, ENDER J H G. Demonstration of advanced reconnaissance techniques with the airborne SAR/GMTI sensor PAMIR [J]. IEE Proceedings Radar, Sonar and Navigation, 2006, 153(2): 152-162.
[29] FOSCHINI G J. Layered space-time architecture for wireless communication in a fading environment when using multiple antennas [J].BellLabsTech.J, 1996, 1(2): 41-59.
[30] FISHIER E, ALEX H, RICK B, et a1. MIMO radar: an idea whose time has come[C]. Proceeding of the IEEE Radar Conference, Philadelphia, PA, 2004: 71-78.

[31] ROBEY F C, COUTTS S, WEIKLE D,et a1. MIMO radar theory and experimental results[C]. Conference Record of the 38th Asilomar conference on signals, systems and computers, Pacific Grove, CA, USA, 2004: 300-304.

[32] FISHIER E, HAIMOVICH A, BLUM R,et a1. Performance of MIMO radar systems: advantages of angular diversity[C]. Conference record of the 38th Asilomar conference on signals, systems and computers, Pacific Grove, CA, USA, 2004: 305-309.

[33] CRISTALLINI D, PASTINA D, LOMBARDO P. Exploiting MIMO SAR potentialities with efficient cross-track constellation configurations for improved range resolution [J]. IEEE Transactions onGeoscience and Remote Sensing, 2011, 49(1): 38-52.

[34] ZHUGE X, YAROVOY A G. A sparse aperture MIMO-SAR-based UWB imaging system for concealed weapon detection [J]. IEEE Transactions onGeoscience and Remote Sensing, 2011, 49(1): 38-52.

[35] WANG J, CHEN L Y, LIANG X D, et al. Multi-input multi-output frequency-modulated continuous wave synthetic aperture radar system using beat-frequency division waveforms[J]. Measurement Science & Technology, 2013, 24(7): 1-9.

[36] ENDER J, KLARE J. System architectures and algorithms for radar imaging by MIMO-SAR[C]. IEEE Radar Conference, Pasadena, CA, 2009: 1-6.

[37] KRIEGER G, YOUNIS M, HUBER S, et al. MIMO-SAR and the orthogonality confusion[C]. IGARSS, Munich, Germany, 2012: 1533-1536.

[38] MONTI-GUARNIERI A, BROQUETAS A, LÓPEZ-DEKKER F, et al. A geostationary MIMO SAR swarm for Quasi-Continuous observation[C]. IGARSS, Milan, Italy, 2015: 2785-2788.

[39] MONTI-GUARNIERI A, BROQUETAS A, RECCHIA A, et al. Advanced radar geosynchronous observation system:ARGOS[J]. IEEE Geoscience and Remote Sensing Letters, 2015, 12(7): 1406-1410.

[40] SABRY R, GELING G W. A new approach for Radar/SAR target detection and imagery based on MIMO system concept and adaptive Space-Time coding [R]. Ottawa: Defence R&D Canada, 2007.

[41] WANG J, CHEN L Y, LIANG X D, et al. Implementation of the OFDM chirp waveform on MIMO SAR systems[J]. IEEE Transactions on Geoscience and Remote Sensing, 2015, 53(9): 5218-5228.

[42] WANG W Q. MIMO SAR OFDM chirp waveform diversity design with random matrix modulation [J]. IEEE Transactions on Geoscience and Remote Sensing, 2015, 53(3): 1615-1625.

[43] KRIEGER G, GEBERT N, MOREIRA A. Multidimensional waveform encoding: a new digital beamforming technique for synthetic aperture radar remote sensing [J]. IEEE Transactions on Geoscience and Remote Sensing, 2008, 46(1): 31-46.

[44] MENG C Z, XU J, XIA X G, et al. MIMO-SAR waveform separation based on inter-pulse phase modulation and range-Doppler decouple filtering [J]. Electronic Letters, 2013, 49(6): 420-422.

[45] WANG J, LIANG X D, DING C B, et al. An improved OFDM chirp waveform used for MIMO SAR system [J]. Science China: Information Science, 2014, 57(6): 1-9.

[46] WANG J, CHEN L Y, LIANG X D, et al. A novel space-time coding scheme used for MIMO-SAR systems [J]. IEEE Geoscience and Remote Sensing Letters, 2015, 12(7): 1156-1560.

[47] HE H, STOICA P, LI J. Designing unimodular sequence sets with good correlations-including an application to MIMO radar [J]. IEEE Transactions on Signal Processing, 2009, 57(11): 4391-4405.

[48] 李堃. MIMO-SAR 信号设计与成像处理技术研究[D]. 北京：中国科学院大学, 2017.

[49] KIM J H, OSSOWSKA A, WIESBECK W. Investigation of MIMO SAR for Interferometry[C]. Proceedings of European Radar Conference (EuRAD), Munich, Germany, 2007: 51-54.

[50] KRIEGER G. MIMO-SAR: Opportunities and pitfalls [J]. IEEE Transactions on Geoscience and Remote Sensing, 2014, 52(5): 2628-2645.

[51] KIM J H, YOUNIS M, MOREIRA A, et al. A novel OFDM chirp waveform scheme for use of multiple transmitters in SAR [J]. IEEE Geoscience and Remote Sensing Letters, 2013, 10(3): 568-572.

[52] DALL J, KUSK A. Azimuth phase coding for range ambiguity suppression in SAR [C]. IGARSS, Anchorage, AK, USA, 2004, 3: 1734-1737.

[53] MITTERMAYER J, MARTINEZ J M. Analysis of range ambiguity suppression in SAR by up and down chirp modulation for point and distributed targets[C]. IGARSS, Toulouse, France, 2003: 4077-4079.

[54] WANG J, LIANG X D, DING C B, et al. A novel scheme for ambiguous energy suppression in MIMO-SAR systems [J]. IEEE Geoscience and Remote Sensing Letters, 2015, 12(2): 344-348.

[55] 孟藏珍, 许稼, 花良发. 基于接收滤波器设计的 MIMO-SAR 波形耦合抑制[J]. 电波科学学报, 2014, 29(3): 401-407, 423.

[56] ZOU B, DONG Z, LIANG D N. Design and performance analysis of orthogonal coding signal in MIMO-SAR [J]. Science China Information Sciences, 2011, 54(8): 1723-1737.

[57] 宋岳鹏, 杨汝良. 应用多收发孔径实现高分辨率宽测绘带的合成孔径雷达研究[J]. 电子与信息学报, 2007, 29(9): 2110-2113.

[58] 井伟, 武其松, 邢孟道. 多子带并发的 MIMO-SAR 高分辨大测绘带成像[J]. 系统仿真学报, 2008, 20(16): 4373-4378.

[59] 黄平平, 邓云凯, 徐伟. 基于频域合成方法的多发多收 SAR 技术研究[J]. 电子与信息学报, 2011, 33(2): 401-406.

[60] 王杰. 自适应多维波形 SAR 关键技术研究[D]. 北京：中国科学院大学, 2015.

[61] KIM J H, YOUNIS M, MOREIRA A, et al. A novel OFDM waveform for fully polarimetric SAR data acquisition[C]. EUSAR, Aachen, Germany, 2010: 1-4.

[62] CRISTALLINI D, SEDEHI M, LOMBARDO P. SAR imaging solution based on azimuth phase coding[C]. EUSAR, Friedrichshafen, Germany, 2008: 1-4.

[63] BORDONI F, YOUNIS M, KRIEGER G. Ambiguity suppression by azimuth phase coding in Multi-Channel SAR systems[J]. IEEE Transactions on Geoscience and Remote Sensing, 2012, 50(2): 617-629.

[64] BORDONI F, LAUX C, WOLLSTADT S, et al. First demonstration of azimuth phase coding technique by TerraSAR-X[C]. EUSAR, Berlin, Germany, 2014: 1-4.

[65] DALL J, KUSK A. Azimuth phase coding for range ambiguity suppression in SAR[C]. IGARSS 2004, Anchorage, AK, USA, 2004: 1734-1737.

[66] BORDONI F, YOUNIS M, KRIEGER G. Ambiguity suppression by azimuth phase coding in multichannel SAR systems[J]. IEEE Transactions on Geoscience and Remote Sensing, 2012, 50(2): 617-629.

[67] ZHOU F, AI J Q, DONG Z Y, et al. A novel MIMO-SAR solution based on azimuth phase coding waveforms and digital beamforming [J]. Sensors (Basel, Switzerland), 2018, 18 (10): 1-16.

[68] 夏玉立. 分布式小卫星合成孔径雷达成像技术研究[D]. 北京: 中国科学院电子学研究所, 2008.

[69] 赵官华, 付耀文, 聂镭. 多发多收 SAR 波形设计与高分辨成像技术综述[J]. 系统工程与电子技术, 2016, 38(3): 525-531.

[70] ENDER J H G. New possibilities and challenges for imaging radar[C]. International Radar Symposium, Krakow, Poland, 2006: 1-4.

[71] KLARE J, SAALMANN O. MIRA-CLE X: A new imaging MIMO-Radar for Multi-Purpose applications [C]. The 7th European Radar Conference (EuRAD), Paris, France, 2010: 129-132.

[72] WEISS M, GILLES M. Initial ARTINO radar experiment[C]. EUSAR, Aachen, Germany, 2010: 1-4.

[73] CANTALLOUBE H-M J, DUBOIS-FERNANDEZ P, DUPUIS X. Very high resolution SAR images over dense urban area[C]. IEEE International Geoscience and Remote Sensing Symposium, Seoul, Korea(South), 2005: 2799-2802.

[74] KRIEGER G, YOUNIS M. Impact of oscillator noise inbistatic and multistatic SAR[J]. IEEE Geoscience and Remote Sensing Letters, 2006, 3(3): 424-428.

[75] YOUNIS M, METZIG R, KRIEGER G. Performance prediction of a phase synchronization link for bistatic SAR[J]. IEEE Geoscience and Remote Sensing Letters, 2006, 3(3): 429-433.

[76] WANG W Q. Approach of adaptive synchronization forbistatic SAR real-time imaging[J]. IEEE Transactions on Geoscience and Remote Sensing, 2007, 45(9): 2695-2700.

[77] WEIβ M. Synchronization of bistatic radar systems[C]. IEEE International Geoscience and Remote Sensing Symposium, Alaska, USA, 2004: 1000-1003.

[78] WEIβ M. Time and frequency synchronization aspects for bistatic SAR systems[C]. EUSAR, Ulm, Germany, 2004:395-398.

[79] WANG W Q. Clock timing jitter analysis and compensation for bistatic synthetic aperture radar

systems[J]. Fluctuation and Noise Letters, 2007, 7(3): L341-L350.

[80] WANG W Q, DING C B, LIANG X D. Time and phase synchronization via direct-path signal for bistatic synthetic aperture radar systems[J]. IEE Proc. Radar Sonar Navig., 2008, 2(1): 1-11.

[81] WANG W Q. GPS-based time&phase synchronization processing for distributed SAR[J]. IEEE Trans. Aerosp. Electron. Syst., 2009, 45(3): 1040-1051.

[82] GIERULL C, PICK C, PAQUET F. Mitigation of phase noise in bistatic SAR system with extremely large synthetic apertures[C]. EUSAR, Dresden, Germany, 2006: 1-4.

[83] AUTERMAN J L. Phase stability requirements for a bistatic SAR[C]. Proc. of Nat. Radar Conf., Atlanta, 1984: 48-52.

[84] KROUPA V F. Direct digital frequency synthesizers[M]. New York: IEEE Press, 1998.

[85] KROUPA V F. Noise properties of PLL systems[J]. IEEE Transactions on Communications, 1982, 30(10): 2244-2252.

[86] STREMLER F G. Introduction to communication systems[M]. 2nd ed. Reading, Mass: Addison-Wesley, 1982.

[87] KROUPA V F. Jitter and phase noise in frequency dividers[J]. IEEE Transactions on Instrumentation and Measurement, 2001, 50(5): 1241-1243.

[88] WANG W Q. Application of near-space passive radar for homeland security[J]. Sensing and Imaging: An International Journal, 2007, 8(1): 39-52.

[89] 汤子跃，张守融. 双站合成孔径雷达原理[M]. 北京：科学出版社，2003.

[90] 蔡爱民，王燕宇. 双/多基地 SAR 成像研究进展与趋势及其关键技术[J]. 上海航天，2016，33(04)：112-118.

[91] 孙亚飞，江利明，柳林，等. TanDEM-X 双站 SAR 干涉测量及研究进展[J]. 国土资源遥感，2015，27(01)：16-22.

[92] 黄丽佳，仇晓兰，胡东辉，等. 机载双站聚束 SAR 改进 ωK 算法[J]. 电子与信息学报，2013，35(9)：2154-2160.

[93] 杨建宇. 双基地合成孔径雷达技术[J]. 电子科技大学学报，2016，45(4)：482-501.

[94] 何子述，韩春林，刘波. MIMO 雷达概念及其技术特点分析[J]. 电子学报，2005，33(12)：2441-2445.

[95] RABIDEAU D J, PARKER P, RABIDEAU D. Ubiquitous MIMO multifunction digital array radar[Z]. Conference Record of the 37th Asilomar Conference on Signals, Systems and computers, 2003: 1057-1064.

[96] FLETCHER A S, ROBEY F C. Performance bounds for adaptive coherence of sparse array radar [C]// Proceeding of the 11th Conference on Adaptive Sensors Array Processing, 2003.

[97] FISHLER E, HAIMOVICH A, BLUM R, et al. Performance of MIMO radar systems: advantages of angular diversity[C]. Conference record of the 38th Asilomar conference on signals, systems and computers, California, 2004, (1): 305-309.

[98] 李堃，梁兴东，陈龙永，等. 基于 LFMCW 体制的分布式 SAR 高分辨率成像方法研究[J].

电子与信息学报, 2017, 39(2): 437-443.

[99] KRIEGER G, ZONNO M, RODRIGUEZ-CASSOLA M, et al. MIRRORSAR: a fractionated space radar for bistatic, multistatic and high-resolution wide-swath SAR imaging[C]. IGARSS, FW, USA, 2017: 149-152.

[100] 梁兴东, 卜运成, 张福博, 等. 灾害遥感中SAR三维成像技术的研究与应用[J]. 太赫兹科学与电子信息学报, 2019, 17(1): 46-52.

[101] LI L H, WANG Y, DING Z G, et al. Preliminary result of MIMO SAR tomography via 3D FFBP[C]. IGARSS, Waikoloa, HI, USA, 2020: 1901-1904.

[102] KLARE J. Digital beamforming for a 3D MIMO SAR-Improvements through frequency and waveform diversity[C]. IGARSS, Boston, MA, USA, 2008: v-17-v-20.

[103] KLARE J, CERUTTI-MAORI D, BRENNER A, et al. Image quality analysis of the vibrating sparse MIMO antenna array of the airborne 3D imaging radar ARTINO[C]. IGARSS, Barcelona, Spain, 2007: 5310-5314.

[104] PAUL B, CHIRIYATH A R, BLISS D W. Joint communications and radar performance bounds under continuous waveform optimization: the waveform awakens[C]. IEEE Radar Conf, Philadelphia, PA, USA, 2016: 1-6.

[105] 刘永军. 基于OFDM的雷达通信一体化设计方法研究[D]. 西安: 西安电子科技大学, 2019.

[106] 谷亚彬. 雷达-通信共享信号设计与处理方法研究[D]. 西安: 西安电子科技大学, 2019.

[107] 姚誉. 高效调制雷达通信一体化系统相关技术研究[D]. 南京: 东南大学, 2015.

[108] 刘志鹏. 雷达通信一体化波形研究[D]. 北京: 北京理工大学, 2015.

[109] 朱柯弘, 王杰, 梁兴东, 等. 用于SAR与通信一体化系统的滤波器组多载波波形[J]. 雷达学报, 2018, 7(5): 602-612.

[110] 刘凡, 袁伟杰, 原进宏, 等. 雷达通信频谱共享及一体化:综述与展望[J]. 雷达学报, 2021, 10(03): 467-484.

[111] 邓艳红, 张天贤, 贾瑞, 等. 基于互信息的雷达通信频谱复用方法[J]. 信号处理, 2020, 36(10): 1678-1686.

[112] 梁兴东, 李强, 王杰, 等. 雷达通信一体化技术研究综述[J]. 信号处理, 2020, 36(10): 1615-1627.

[113] WANG J, CHEN L Y, LIANG X D, et al. First demonstration of airborne MIMO SAR system for multimodal operation[J]. IEEE Transactions on Geoscience and Remote Sensing, 2022, 60: 1-13.

[114] HAN L, WU K. Joint wireless communication and radar sensing systems-state of the art and future prospects[J]. IET Microw. Antennas Propag., 2013, 7(11): 876-885.

第2章　MIMO-SAR成像处理基础

2.1　卷积与相关

2.1.1　卷积

卷积方法最早的研究可追溯到18世纪至19世纪的数学家欧拉、泊松等。随着信号与系统理论研究的不断深入和计算机技术的高速发展,卷积方法得到了广泛应用,反卷积的问题也越来越受到重视。卷积与反卷积技术在现代地震勘探、超声诊断、雷达成像、系统辨识以及其他诸多信号处理领域中无处不在。本节将具体介绍卷积的原理、性质和运算方法[1-2]。

首先,任意信号可以用冲击信号的组合表示:

$$e(t)=\int_{-\infty}^{\infty}e(\tau)\delta(t-\tau)\mathrm{d}\tau \tag{2-1}$$

若将 $e(t)$ 作用到冲击响应为 $h(t)$ 的线性时不变系统,则系统响应为

$$\begin{aligned}r(t)=H[e(t)]&=H\left[\int_{-\infty}^{\infty}e(\tau)\delta(t-\tau)\mathrm{d}\tau\right]\\&=\int_{-\infty}^{\infty}e(\tau)H[\delta(t-\tau)]\mathrm{d}\tau=\int_{-\infty}^{\infty}e(\tau)h(t-\tau)\mathrm{d}\tau\end{aligned} \tag{2-2}$$

卷积方法的原理是将信号分解为冲击信号之和,借助系统的冲击响应 $h(t)$,求解系统对任意激励信号的零状态响应。

由于合成孔径雷达对目标的成像可以看成是一个测量仪器对一个物理现象的观测过程,即SAR成像本质上是一个卷积过程,发射信号为激励信号,场景的等效噪声散射系数和雷达系统测量误差为冲击响应,雷达的记录回波为零状态响应,因此,卷积和反卷积运算在SAR成像处理中占有重要地位。

可依据式(2-2),定义两个任意信号 $f_1(t)$ 和 $f_2(t)$ 的卷积运算为

$$f(t)=\int_{-\infty}^{\infty}f_1(\tau)f_2(t-\tau)\mathrm{d}\tau \tag{2-3}$$

式(2-3)中的$f_1(t)$和$f_2(t)$可以互换,即

$$f(t)=\int_{-\infty}^{\infty}f_2(\tau)f_1(t-\tau)\mathrm{d}\tau \tag{2-4}$$

若使用简单的记号 * ,则可把卷积式(2-3)和式(2-4)写成

$$f(t)=f_1(t)*f_2(t)=f_2(t)*f_1(t) \tag{2-5}$$

从卷积运算来看,$f_1(t)$和$f_2(t)$是等同的,都可以称为卷积因子。若$f_1(t)$和$f_2(t)$的傅里叶变换分别为$F_1(\omega)$和$F_2(\omega)$,ω为角频率,则有卷积定理如下:

$$\begin{aligned}&\mathrm{F}[f(t)]=F_1(\omega)\cdot F_2(\omega)\\&\mathrm{F}[f_1(t)\cdot f_2(t)]=\frac{1}{2\pi}F_1(\omega)*F_2(\omega)\end{aligned} \tag{2-6}$$

式中:F[·]表示傅里叶变换。关于卷积的下列性质成立,更多性质可在关于信号与系统的书籍中找到,此处从略。

$$f_1(t)*[f_2(t)*f_3(t)]=[f_1(t)*f_2(t)]*f_3(t) \tag{2-7}$$

$$f_1(t)*[f_2(t)+f_3(t)]=f_1(t)*f_2(t)+f_1(t)*f_3(t) \tag{2-8}$$

若$f(t)$、$f_1(t)$和$f_2(t)$的采样序列分别为$f(n)$、$f_1(n)$和$f_2(n)$,则与式(2-5)相应的离散卷积公式为

$$f(n)=\sum_{k=-\infty}^{\infty}f_1(k)f_2(n-k)=\sum_{k=-\infty}^{\infty}f_2(k)f_1(n-k) \tag{2-9}$$

在实际处理中,序列长度往往是有限的,因而我们对有限离散卷积更为感兴趣。若给定序列$f_1(n)$,$n=0,1,2,\cdots,N-1$和$f_2(n)$,$n=0,1,2,\cdots,M-1$,N和M是整数,则卷积公式(2-9)变为

$$f(n)=\sum_{k=0}^{N-1}f_1(k)f_2(n-k)=\sum_{k=0}^{M-1}f_2(k)f_1(n-k) \tag{2-10}$$

式中:$L=M+N-1$是序列$f(n)$的长度。

下面将具体介绍有限离散卷积式(2-10)的计算[3]。按照对卷积式的常规理解,将序列相卷积时,必须先将其中一个序列卷折(将序列元素的顺序颠倒),然后进行移动,求积和累加。图2-1中,$\{f_1(n)\}=\{0.3,0.5,0.6\}$,$\{f_2(n)\}=\{0.2,0.4\}$,图中示出了卷积计算过程,结果是$\{f(n)\}=\{0.06,0.22,0.32,0.24\}$。

应该说明,这种“常规”计算方法来自对式(2-10)的一种数学理解。这种数学理解往往会误导对卷积物理意义的理解。当给一个线性时不变系统输入一个激励信号时,人们会误以为激励信号和系统冲击响应在物理上的相互作用会产生卷折过程。其实不然,我们可用另外一种数学理解来表达卷积的物理概念,且计算上也显得容易:将序列$f_2(n)$偏移(不卷折)成$f_2(n-k)$并乘以权值$f_1(k)$。对取遍所有k值的这种结果序列进行叠加,就得到卷积序列。相应的计算过程如图2-2所示。这种计算方法与两个多位数相乘的格式完全相同。

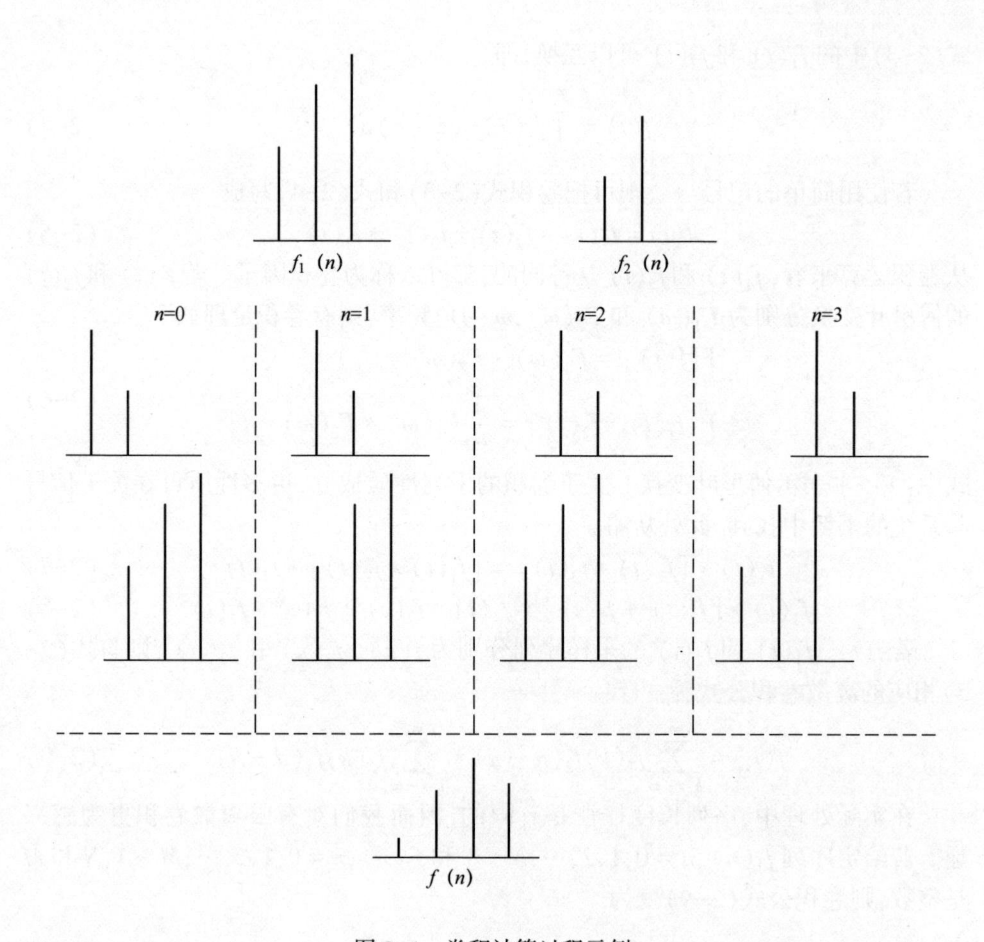

图 2-1　卷积计算过程示例

	$\{f_1(n)\}$	0.3	0.5	0.6	
×	$\{f_2(n)\}$		0.2	0.4	
		0.06	0.10	0.12	
+			0.12	0.20	0.24
	$\{f(n)\}$	0.06	0.22	0.32	0.24

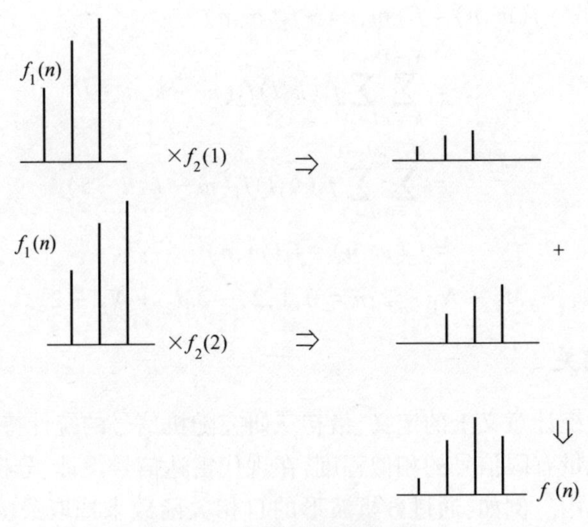

图 2-2　卷积计算过程示例 2

在此不妨以雷达为例,再次认识卷积的物理概念。若将 $f_1(k)$ 看成是斜距为 $R=(k\cdot\Delta T+T_{\mathrm{s}})c/2$ 的雷达分辨单元内的目标后向散射系数,其中 ΔT 为时间采样间隔, T_{s} 为起始采样时间, c 为光速,并将 $f_2(n-k)$ 看成发射信号对应于 R 的延迟波形,则 $f_1(k)f_2(n-k)$ 为第 k 个散射单元的回波。由于雷达的回波 $f(n)$ 可表述为若干分辨单元回波的叠加,因此,式(2-10)成立,叠加积分比卷折更加贴近卷积的物理意义。

卷积积分还可以推广到二维,其定义为

$$
\begin{aligned}
f(t_1,t_2) &= f_1(t_1,t_2) * f_2(t_1,t_2) \\
&= \int_{-\infty}^{\infty}\int_{-\infty}^{\infty} f_1(\tau_1,\tau_2) f_2(t_1-\tau_1,t_2-\tau_2)\,\mathrm{d}\tau_1\mathrm{d}\tau_2 \\
&= \int_{-\infty}^{\infty}\int_{-\infty}^{\infty} f_2(\tau_1,\tau_2) f_1(t_1-\tau_1,t_2-\tau_2)\,\mathrm{d}\tau_1\mathrm{d}\tau_2 \\
&= f_2(t_1,t_2) * f_1(t_1,t_2)
\end{aligned}
\tag{2-11}
$$

假设 $f_1(t_1,t_2)$ 和 $f_2(t_1,t_2)$ 的采样序列 $f_1(m,n)$ 和 $f_2(m,n)$ 分别定义于有限的栅点集,其中, z^2 是二维平面上的整数栅点构成的集合,则

$$
\mathbf{Z}_{f_1} = \{(m,n) \in z^2 \mid 0 \leqslant m \leqslant N_1-1, 0 \leqslant n \leqslant N_2-1\}
$$

和

$$
\mathbf{Z}_{f_2} = \{(m,n) \in z^2 \mid 0 \leqslant m \leqslant M_1-1, 0 \leqslant n \leqslant M_2-1\}
$$

则二维卷积式(2-11)的离散形式可表示如下:

$$
\begin{aligned}
f(m,n) &= f_1(m,n) * f_2(m,n) \\
&= \sum_{k=0}^{N_1-1}\sum_{l=0}^{N_2-1} f_1(k,l) f_2(m-k,n-l) \\
&= \sum_{k=0}^{M_1-1}\sum_{l=0}^{M_2-1} f_2(k,l) f_1(m-k,n-l) \\
&= f_2(m,n) * f_1(m,n)
\end{aligned}
\tag{2-12}
$$

式中：$m=0,1,2,\cdots,M_1+N_1-2$；$n=0,1,2,\cdots,M_2+N_2-2$。

2.1.2 相关

相关是一种统计意义上的定义，最初从研究随机信号的统计特性而引入，主要用于衡量两个能量有限信号的相似程度，在现代雷达信号设计、分析与处理问题中发挥着重要的作用。例如，通过分析波形的自相关函数来选取最优的雷达发射信号。又如，利用互相关为0的约束来设计MIMO雷达正交信号。本节将围绕相关系数和相关函数展开具体说明。

假定$f_1(t)$和$f_2(t)$是能量有限的实信号，则其相关系数定义为

$$
\rho_{12} = \frac{\int_{-\infty}^{\infty} f_1(t) f_2(t)\,\mathrm{d}t}{\left[\int_{-\infty}^{\infty} f_1^2(t)\,\mathrm{d}t \int_{-\infty}^{\infty} f_2^2(t)\,\mathrm{d}t\right]^{\frac{1}{2}}} = \frac{\langle f_1(t), f_2(t)\rangle}{\| f_1(t) \|_2 \, \| f_2(t) \|_2}
\tag{2-13}
$$

由上式可知，相关系数由两个信号的零延迟内积决定。与此对应的是，相关函数则是两个信号$f_1(t)$，$f_2(t)$在任意延迟下的内积函数：

$$
R_{12}(\tau) = \int_{-\infty}^{\infty} f_1(t) f_2(t-\tau)\,\mathrm{d}t = \int_{-\infty}^{\infty} f_1(t+\tau) f_2(t)\,\mathrm{d}t
\tag{2-14}
$$

$$
R_{21}(\tau) = \int_{-\infty}^{\infty} f_1(t-\tau) f_2(t)\,\mathrm{d}t = \int_{-\infty}^{\infty} f_1(t) f_2(t+\tau)\,\mathrm{d}t
\tag{2-15}
$$

读者需要重点区分对比式(2-13)和式(2-14)。关于延迟、内积、正交和MIMO-SAR波形的关系，将在下一章展开详细论述。

对于式(2-14)和式(2-15)，可知

$$
R_{12}(\tau) = R_{21}(-\tau)
\tag{2-16}
$$

若$f_1(t)$和$f_2(t)$是同一信号，则相关函数又称“自相关函数”，即

$$
R(\tau) = \int_{-\infty}^{\infty} f(t) f(t-\tau)\,\mathrm{d}t = \int_{-\infty}^{\infty} f(t+\tau) f(t)\,\mathrm{d}t
\tag{2-17}
$$

显然,自相关函数有如下性质:

$$R(\tau)=R(-\tau)\ ,R(\tau)\leqslant R(0) \tag{2-18}$$

若 $f_1(t)$ 和 $f_2(t)$ 都是复信号,则互相关函数定义如下:

$$R_{12}(\tau)=\int_{-\infty}^{\infty}f_1(t)f_2^*(t-\tau)\mathrm{d}t=\int_{-\infty}^{\infty}f_2^*(t)f_1(t+\tau)\mathrm{d}t \tag{2-19}$$

$$R_{21}(\tau)=\int_{-\infty}^{\infty}f_2(t)f_1^*(t-\tau)\mathrm{d}t=\int_{-\infty}^{\infty}f_1^*(t)f_2(t+\tau)\mathrm{d}t \tag{2-20}$$

$$R(\tau)=\int_{-\infty}^{\infty}f(t)f^*(t-\tau)\mathrm{d}t=\int_{-\infty}^{\infty}f^*(t)f(t+\tau)\mathrm{d}t \tag{2-21}$$

同时具有以下性质:

$$R_{12}(\tau)=R_{21}^*(-\tau),R(\tau)=R^*(-\tau) \tag{2-22}$$

互相关函数的傅里叶变换为互功率谱,自相关函数的傅里叶变换通常称为功率谱,表示如下:

$$S_{12}(f)=\mathbf{F}[R_{12}(\tau)]=F_1(f)F_2^*(f) \tag{2-23}$$

$$S(f)=\mathbf{F}[R(\tau)]=F(f)F^*(f)=|F(f)|^2 \tag{2-24}$$

式中:$F_1(f)$、$F_2(f)$ 和 $F(f)$ 分别表示 $f_1(t)$、$f_2(t)$ 和 $f(t)$ 的频谱。

相关函数也可以扩展到二维变量的形式,即

$$R_{12}(\tau_1,\tau_2)=\int_{-\infty}^{\infty}\int_{-\infty}^{\infty}f_1(t_1,t_2)f_2^*(t_1-\tau_1,t_2-\tau_2)\mathrm{d}t_1\mathrm{d}t_2 \tag{2-25}$$

$$F_{12}(f_1,f_2)=\mathbf{F}[R_{12}(\tau_1,\tau_2)]=F_1(f_1,f_2)F_2^*(f_1,f_2) \tag{2-26}$$

2.1.3 卷积与相关的关系

从数学角度来看,比较式(2-3)和式(2-19),卷积和相关有如下关系:

$$R_{12}(t)=f_1(t)*f_2^*(-t) \tag{2-27}$$

将 $f_2(t)$ 共轭卷折,并与 $f_1(t)$ 卷积可得两者的互相关函数 $R_{12}(t)$。需要说明的是,式(2-27)仅仅表述了卷积和相关的数学关系。实际上,在物理概念上,两者仅在匹配滤波时能联系在一起,对于其他情况,相关和卷积没有任何关系。该问题将在 2.3.3 节详细讨论。

2.2 采样与插值

2.2.1 采样

数字和计算机技术在 SAR 系统中发挥着越来越重要的作用。本节主要围绕对模拟信号的数字采样展开说明[4]。

所谓“采样”,就是利用采样序列 $p(t)$ 从连续信号 $f(t)$ 中“抽取”一系列的离散样值,这种离散信号称为“采样信号”,以 $f_s(t)$ 表示。采样序列 $p(t)$ 一般为矩形脉冲序列。但实际情况中,矩形脉冲的宽度很小,可近似为冲激函数。因此,本节只考虑冲激采样,即采样序列为

$$p(t) = \sum_{n=-\infty}^{\infty} \delta(t - nT_s) \tag{2-28}$$

式中:$\delta(t)$ 为冲激函数;T_s 为冲激序列时间间隔。则此时的采样信号为

$$f_s(t) = f(t)p(t) = \sum_{n=-\infty}^{\infty} f(nT_s)\delta(t - nT_s) \tag{2-29}$$

由式(2-29)可见,采样信号由一系列冲激函数构成,每个冲激函数的权值为连续信号的采样值 $f(nT_s)$。问题是,连续信号被采样后,是否保留了原信号的全部信息?另外,冲激序列的时间间隔可疏可密,那么到底什么样的 T_s 可以保证采样信号能恢复出原连续信号?

我们可从采样信号的频谱角度回答上述问题。

首先,鉴于采样序列的周期性,可知采样序列 $p(t)$ 的傅里叶变换为

$$P(\omega) = 2\pi \sum_{n=-\infty}^{\infty} P_n \delta(\omega - n\omega_s) \tag{2-30}$$

式中:P_n 为 $p(t)$ 的傅里叶级数的系数,即

$$P_n = \frac{1}{T_s}\int_{-\frac{T_s}{2}}^{+\frac{T_s}{2}} p(t)e^{-jn\omega_s t}dt = \frac{1}{T_s}\int_{-\frac{T_s}{2}}^{+\frac{T_s}{2}} \delta(t - nT_s)e^{-jn\omega_s t}dt = \frac{1}{T_s} \tag{2-31}$$

其次,根据频域卷积定理可知

$$F_s(\omega) = \frac{1}{2\pi}F(\omega) * P(\omega) = \frac{1}{T_s}\sum_{n=-\infty}^{\infty} F(\omega - n\omega_s) \tag{2-32}$$

因此,采样信号频谱 $F_s(\omega)$ 是模拟信号频谱 $F(\omega)$ 的周期重复,如图 2-3 所示。若 $F(\omega)$ 在重复过程中没有混叠,即采样频率 ω_s 大于两倍原模拟信号最大截频 ω_m,则采样信号保留了原信号的全部信息。此时,采样间隔满足以下条件:

$$T_s \leqslant \frac{\pi}{\omega_m} \tag{2-33}$$

这就是著名的 Nyquist 采样定理。通常把最低允许的采样率 $2\omega_m$ 称为 Nyquist 采样率,把最大允许的采样间隔 π/ω_m 称为 Nyquist 采样间隔。Nyquist 采样定理说明,一个带宽为 B、时宽为 T 的实信号有 $2BT$ 个自由度,即可以独立选取的信号采样点数目为 $2BT$,这些特定值就决定了整个信号。

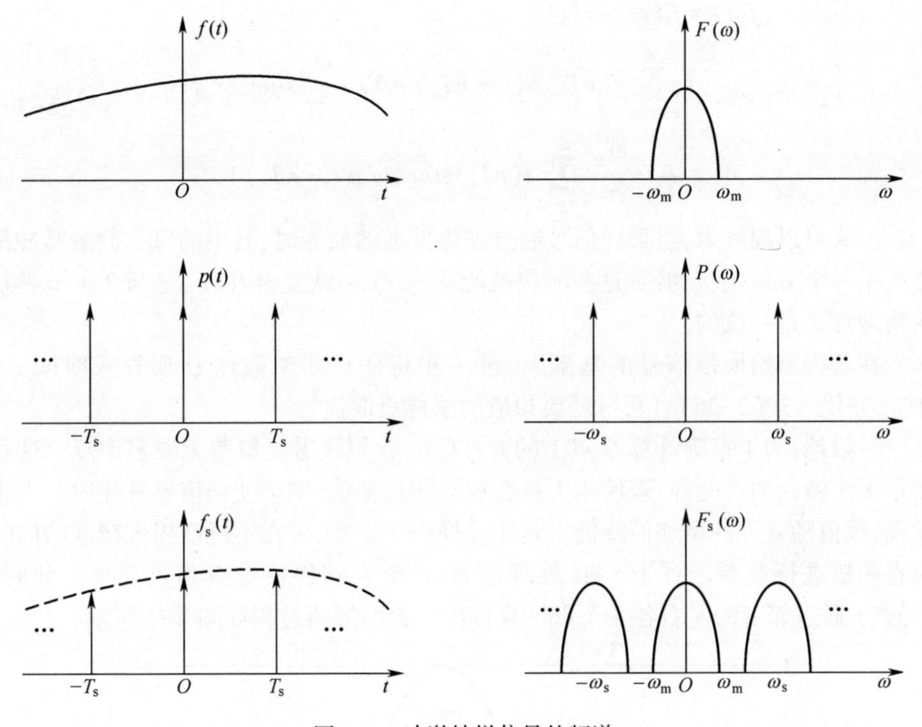

图 2-3　冲激抽样信号的频谱

2.2.2　插值

从式(2-29)可以看出,采样信号只能给出整数采样点上的信号取值。实际上,在 SAR 信号处理的若干问题中,相比这些整数点 n 上的采样值,我们经常需要知道非整数点上的信号值,如目标距离徙动量往往位于采样单元中间。利用整数采样点重建非整数点上的信号取值过程即为插值。

为了理解方便,将插值分为两个子操作。

首先是从整数采样点恢复模拟信号。鉴于采样信号频谱是原模拟信号频谱的周期重复,可通过低通滤波器滤出采样信号的基带成分,重建原始模拟信号。假设理想低通滤波器的频域特性为

$$H(\mathrm{j}\omega)=\begin{cases}T_{\mathrm{s}}, & |\omega|\leqslant\omega_{\mathrm{m}}\\0, & |\omega|>\omega_{\mathrm{m}}\end{cases}\tag{2-34}$$

对应的滤波器传输函数,即插值核或插值因子,为

$$h(t)=T_{\mathrm{s}}\cdot\frac{\omega_{\mathrm{m}}}{\pi}\mathrm{sinc}(\omega_{\mathrm{m}}t)\tag{2-35}$$

则滤波器输出为

$$
\begin{aligned}
f(t) &= f_s(t) * h(t) \\
&= \sum_{n=-\infty}^{\infty} f(nT_s)\delta(t - nT_s) * T_s \cdot \frac{\omega_m}{\pi}\operatorname{sinc}(\omega_m t) \\
&= T_s \cdot \frac{\omega_m}{\pi}\sum_{n=-\infty}^{\infty} f(nT_s)\operatorname{sinc}(\omega_m(t - nT_s))
\end{aligned}
\tag{2-36}
$$

上式可以理解为,当采样信号通过理想低通滤波器时,其中的每个冲激脉冲都会产生一个 sinc 响应,叠加这些响应就能从 $f_s(t)$ 中恢复出 $f(t)$,这与 2.1 节卷积的物理意义是一致的。

在获得原始模拟信号的基础上,进一步将任意非整数点 Q 换算成时间 $t = QT_s$,并代入式(2-36)可获得需要知道的采样点取值。

一般地,为了精确计算 Q 点上的 $f(QT_s)$,卷积核需要覆盖无限多个点。这显然是无法做到的。此外,若使用大量数据点实现插值,则会使插值异常耗时。不难发现,核值随着 n 的增加而降低。基于这样一个事实,可在不过度损失精度的同时对卷积核进行截断。对于 SAR 处理而言,8 个点卷积核足以满足要求。此时, $f(QT_s)$ 通过邻近的左右各 4 个点计算得出。典型插值过程如图 2-4 所示。

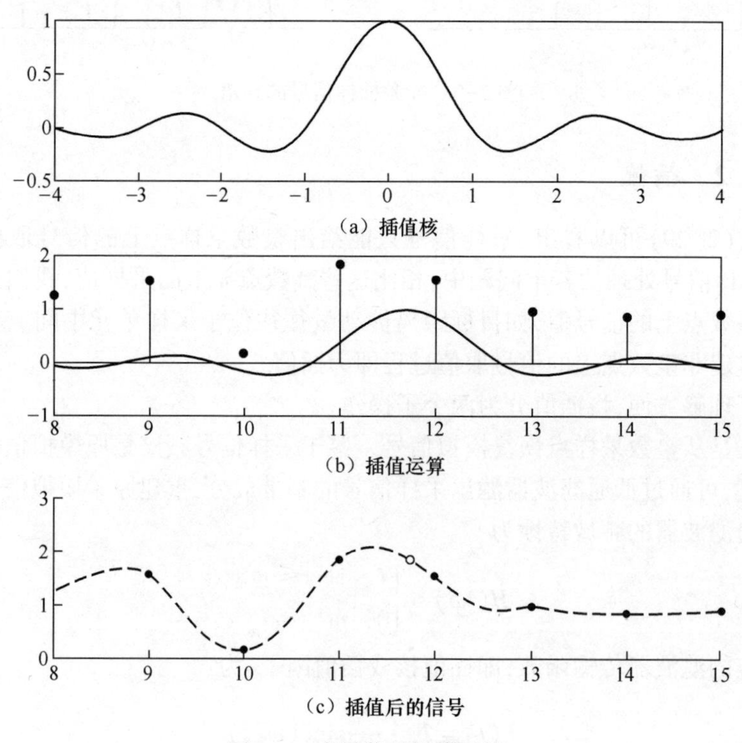

图 2-4　离散信号插值示例

2.3 线性调频与匹配滤波

本节主要回答两个问题。首先,为什么雷达,特别是 SAR,采用线性调频信号(LFM)?其次,为什么雷达一直采用匹配滤波方式处理回波?对于第一个问题,还需从雷达的测量精度说起。

2.3.1 克拉美-罗界

克拉美-罗界(CRLB)给出了无偏估计量的最小方差,确定了加性噪声下的测量精度极限。本小节将从克拉美-罗界的角度给出雷达时延(距离)、频率(速度)测量精度与信号带宽和时宽的关系。

若雷达接收信号为

$$s(t) = u(t;\Theta) + n(t) \tag{2-37}$$

式中:$u(t;\Theta)$ 为包含待估计量 Θ 的关于目标的信号;Θ 可以是时延或频率;$n(t)$ 为加性高斯白噪声且方差为 N_0。

当信号和噪声都是复数时,CRLB 如下

$$\mathrm{CRLB} \equiv \langle (\hat{\Theta} - \Theta)^2 \rangle = \frac{N_0}{\int_{-\infty}^{\infty} \frac{\partial u(t;\Theta)}{\partial \Theta} \left[\frac{\partial u(t;\Theta)}{\partial \Theta}\right]^* \mathrm{d}t} \tag{2-38}$$

对于 $\Theta=f$ 的频率估计,则有

$$\begin{aligned}\int_{-\infty}^{\infty} \frac{\partial u(t)}{\partial f} \left[\frac{\partial u(t)}{\partial f}\right]^* \mathrm{d}t &= \int_{-\infty}^{\infty} [\mathrm{j}2\pi t u(t)] [-\mathrm{j}2\pi t u(t)]^* \mathrm{d}t \\ &= (2\pi)^2 \int_{-\infty}^{\infty} t^2 |u(t)|^2 \mathrm{d}t\end{aligned} \tag{2-39}$$

定义等效时宽 α 如下

$$\alpha \equiv \sqrt{4\pi^2 \frac{\int_{-\infty}^{\infty} t^2 |u(t)|^2 \mathrm{d}t}{\int_{-\infty}^{\infty} |u(t)|^2 \mathrm{d}t}} \tag{2-40}$$

考虑到 $2E = \int_{-\infty}^{\infty} |u(t)|^2 \mathrm{d}t$,$E$ 为信号能量,则频率估计方差满足下述条件:

$$\sigma_{\mathrm{f}}^{2} \geqslant \mathrm{CRLB}_{\mathrm{f}} = \frac{1}{2\alpha^{2}(E/N_{0})} \tag{2-41}$$

对于 $\Theta = \tau$ 的时延估计,可经过一个类似的推导,得到如下方差

$$\sigma_{\tau}^{2} \geqslant \mathrm{CRLB}_{\tau} = \frac{1}{2\beta^{2}(E/N_{0})} \tag{2-42}$$

其中,等效带宽 β 为

$$\beta \equiv \sqrt{4\pi^{2}\frac{\int_{-\infty}^{\infty} f^{2}\ |U(f)|^{2}\mathrm{d}f}{\int_{-\infty}^{\infty}|U(f)|^{2}\mathrm{d}f}} \tag{2-43}$$

式中:$U(f)$ 为 $u(t)$ 的傅里叶变换。

至此可以看出,测距精度主要取决于信号频谱结构和信噪比,为了提高测距精度,要求信号具有较大的带宽和发射能量。而测速精度取决于信号时间结构和信噪比,为了提高测速精度,要求信号具有较大的时宽和发射能量。鉴于分辨率和测量精度对信号形式的要求是一致的,可得出如下结论:为了提高雷达系统的性能,要求雷达信号具有较大的时宽和带宽乘积。然而,单载频脉冲信号的时宽和带宽乘积接近于1,较大的时宽和带宽不可兼得。因此,对于这种信号,测距精度和距离分辨率与测速精度和速度分辨率存在不可调和的矛盾。

2.3.2 线性调频信号

为了缓解单载频脉冲信号的时宽和带宽矛盾,往往在宽脉冲内附加线性调频,以扩展信号频带,构成时宽带宽积远高于1的线性调频信号。在介绍LFM之前,先给出线性调频信号可以同时实现大时宽和大带宽的理论依据。

首先,依据傅里叶变换的微分特性,可知

$$\begin{aligned} &F\left[u(t)\right] = U(f) \\ &F\left[u^{(m)}(t)\right] = (\mathrm{j}2\pi)^{m} f^{m} U(f) \\ &F\left[(-\mathrm{j}2\pi)^{n} t^{n} u(t)\right] = U^{(n)}(f) \end{aligned} \tag{2-44}$$

式中:m 和 n 为互不相关的自然数。

依据帕塞瓦尔定理可知

$$\int_{-\infty}^{\infty}\left[(-\mathrm{j}2\pi)^{n} t^{n} u(t)\right]^{*}\left[u^{(m)}(t)\right]\mathrm{d}t = \int_{-\infty}^{\infty}\left[U^{(n)}(f)\right]^{*}\left[(\mathrm{j}2\pi)^{m} f^{m} U(f)\right]\mathrm{d}f \tag{2-45}$$

整理式(2-45)可得如下矩关系式:

$$(\mathrm{j}2\pi)^n \int_{-\infty}^{\infty} t^n u^*(t) u^{(m)}(t)\mathrm{d}t = (\mathrm{j}2\pi)^m \int_{-\infty}^{\infty} f^m U(f) U^{*(n)}(f)\mathrm{d}f \tag{2-46}$$

当 $m = 0, n = 2$ 时,式(2-46)简化如下

$$-4\pi^2 \int_{-\infty}^{\infty} t^2 |u(t)|^2 \mathrm{d}t = \int_{-\infty}^{\infty} U(f) U^{*(2)}(f)\mathrm{d}f \tag{2-47}$$

对式(2-47)中的右侧积分项进行分部积分,可得

$$\int_{-\infty}^{\infty} U(f) U^{*(2)}(f)\mathrm{d}f = -\int_{-\infty}^{\infty} [U^{(1)}(f)]^2 \mathrm{d}f \tag{2-48}$$

因此,式(2-47)可化简为

$$-4\pi^2 \int_{-\infty}^{\infty} t^2 |u(t)|^2 \mathrm{d}t = -\int_{-\infty}^{\infty} [U^{(1)}(f)]^2 \mathrm{d}f \tag{2-49}$$

对比式(2-40)和式(2-49),可将信号的等效时宽表述为

$$\alpha = \sqrt{\frac{\int_{-\infty}^{\infty} [U^{(1)}(f)]^2 \mathrm{d}f}{2E}} \tag{2-50}$$

同理,取 $m = 2, n = 0$,可将信号的等效带宽表述为

$$\beta = \sqrt{\frac{\int_{-\infty}^{\infty} [u^{(1)}(t)]^2 \mathrm{d}t}{2E}} \tag{2-51}$$

若信号的复包络和频谱函数可分别写成

$$\begin{aligned} u(t) &= a(t)\exp[\mathrm{j}\varphi(t)] \\ U(f) &= A(f)\exp[\mathrm{j}\Psi(f)] \end{aligned} \tag{2-52}$$

则信号的等效时宽和等效带宽为

$$\begin{cases} \alpha = \sqrt{\dfrac{1}{2E}\left\{\displaystyle\int_{-\infty}^{\infty} [A^{(1)}(f)]^2 \exp[\mathrm{j}2\Psi(f)]\mathrm{d}f + \int_{-\infty}^{\infty} A^2(f)\exp[\mathrm{j}2\Psi(f)][\Psi^{(1)}(f)]^2 \mathrm{d}f\right\}} \\ \beta = \sqrt{\dfrac{1}{2E}\left\{\displaystyle\int_{-\infty}^{\infty} [a^{(1)}(t)]^2 \exp[\mathrm{j}2\varphi(t)]\mathrm{d}t + \int_{-\infty}^{\infty} a^2(t)\exp[\mathrm{j}2\varphi(t)][\varphi^{(1)}(t)]^2 \mathrm{d}t\right\}} \end{cases} \tag{2-53}$$

由上式可知,在频域对幅谱或相谱进行调制时,可以增大信号的等效时宽,在时域对信号进行调幅或调相时,可以增大信号的等效带宽。为了充分利用发射机的平均功率,往往采用相位调制方法,如线性调频、非线性调频、相位编码、频率编

码等,这种思路类似于通信中的扩频。而线性调频信号是通过非线性相位调制获得大时宽带宽的典型例子。鉴于 LFM 易实现、多普勒频移不敏感、旁瓣水平较低等优点,该信号研究最早,应用最广,一直被用作 SAR 系统的发射信号。

理想的基带线性调频信号可在时域表示如下

$$u(t)=\mathrm{rect}\left[\frac{t}{T}\right]\exp(\mathrm{j}\pi k_{\mathrm{r}}t^{2}) \tag{2-54}$$

式中：rect[·]为矩形窗函数；T 为脉冲宽度；k_{r} 为调频率。

式(2-54)对时间求导,可得瞬时频率为

$$f=\frac{1}{2\pi}\frac{\mathrm{d}}{\mathrm{d}t}(\pi k_{\mathrm{r}}t^{2})=k_{\mathrm{r}}t,\ |t|\leqslant\frac{T}{2} \tag{2-55}$$

可见,LFM 信号的频率是时间的线性函数。图 2-5 给出正线性调频信号和负线性调频信号的时频关系示意图。

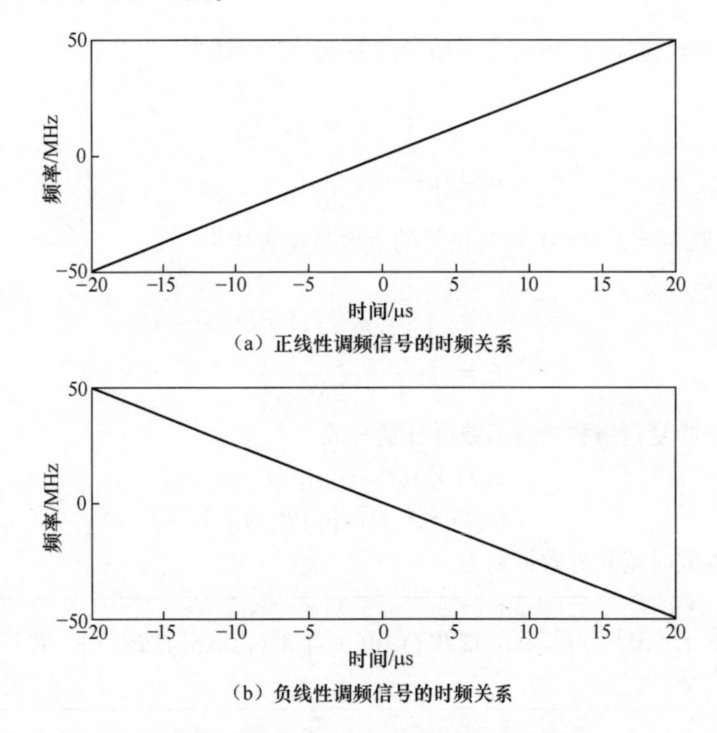

图 2-5 线性调频信号的时频关系示意图

下面将依据驻定相位原理(POSP)求解 LFM 信号的近似频谱。

将 LFM 时域信号变换至频域信号可得

$$U(f)=\int_{-\infty}^{\infty}\mathrm{rect}\left[\frac{t}{T}\right]\exp(\mathrm{j}\pi k_{\mathrm{r}}t^{2})\exp(-\mathrm{j}2\pi ft)\,\mathrm{d}t \tag{2-56}$$

式中的被积相位为

$$\varphi(t)=\pi k_{\mathrm{r}}t^2-2\pi ft \tag{2-57}$$

令 $\mathrm{d}\varphi(t)/\mathrm{d}t=0$,可得与式(2-54)一致的时频关系:

$$f=k_{\mathrm{r}}t,t=\frac{f}{k_{\mathrm{r}}} \tag{2-58}$$

利用驻定相位原理(POSP)可知频域相位为

$$\Psi(f)=\varphi\left(t=\frac{f}{k_{\mathrm{r}}}\right)=-\pi\frac{f^2}{k_{\mathrm{r}}} \tag{2-59}$$

且频域包络为

$$A(f)=a\left(t=\frac{f}{k_{\mathrm{r}}}\right)=\mathrm{rect}\left[\frac{f}{|k_{\mathrm{r}}|T}\right] \tag{2-60}$$

因此,LFM 信号的频域形式可近似为

$$U(f)\approx\mathrm{rect}\left[\frac{f}{|k_{\mathrm{r}}|T}\right]\exp\left(-\mathrm{j}\pi\frac{f^2}{k_{\mathrm{r}}}\right) \tag{2-61}$$

上式的近似精度与 LFM 信号的时宽带宽积(TBP)有关。一般地,当 TBP>100 时,基于 POSP 求解的 LFM 信号频谱是相当准确的,如图 2-6 所示。

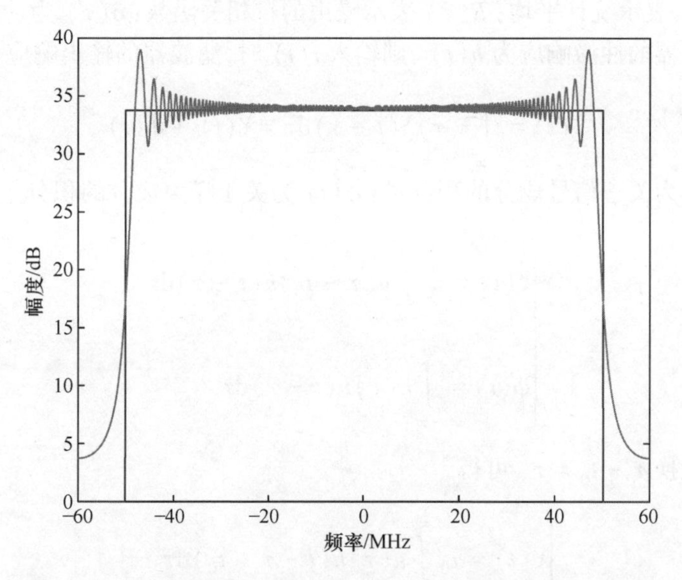

图 2-6 POSP 与傅里叶变换的 LFM 信号频谱对比图(见彩图)

至此,我们已经解释了为什么雷达,特别是 SAR,更倾向于采用线性调频信号作为发射波形。下面依然从克拉美-罗界的角度解释为什么雷达会采用匹配滤波的方式处理回波信号数据。

2.3.3 匹配滤波

依据 2.3.1 节的结论可知，雷达测距、测速精度与信号的时频结构和信噪比密切相关。虽然 LFM 信号能实现大时宽带宽积时频结构，但是有没有一种处理滤波器，可在不提高雷达发射功率的基础上实现信噪比的提高，从而进一步提高雷达测距、测速精度呢？

假设单点目标条件下的雷达接收信号为

$$r(t) = a_0 u(t - t_0) + n(t) \tag{2-62}$$

式中：a_0 为目标的散射系数；t_0 为目标的时延；$n(t)$ 为干扰信号；$u(t)$ 为归一化雷达发射信号的复数形式，即

$$\int_{-\infty}^{\infty} |u(t)|^2 \mathrm{d}t = 1, \int_{-\infty}^{\infty} |a_0 u(t)|^2 \mathrm{d}t = E \tag{2-63}$$

式(2-63)中的 E 代表目标反射信号的能量。

假定干扰信号是与信号无关的高斯白噪声，且功率谱密度为 N_0，于是有

$$\begin{aligned} &\boldsymbol{E}[n(t)] = 0 \\ &R(\tau) = \boldsymbol{E}[n(t)n^*(t-\tau)] = N_0 \delta(\tau) \end{aligned} \tag{2-64}$$

式中：$\boldsymbol{E}[\cdot]$ 表示统计平均；$R(\tau)$ 表示噪声的自相关函数；$\delta(\tau)$ 为冲激函数。

若滤波器的冲激响应为 $h(t)$，则输入 $r(t)$ 时，滤波器的输出响应可表示为

$$y(t) = \int_{-\infty}^{\infty} r(\tau) h(t-\tau) \mathrm{d}\tau = \chi(t) + \phi(t) \tag{2-65}$$

式中：$\chi(t)$ 为关于信号成分的积分量；$\phi(t)$ 为关于噪声成分的积分量，即

$$\begin{cases} \chi(t) = a_0 \displaystyle\int_{-\infty}^{\infty} u(\tau - t_0) h(t-\tau) \mathrm{d}\tau \\ \phi(t) = \displaystyle\int_{-\infty}^{\infty} n(\tau) h(t-\tau) \mathrm{d}\tau \end{cases} \tag{2-66}$$

通过变量置换 $\tau - t_0 = \tau$，可得

$$\begin{cases} \chi(t) = a_0 \displaystyle\int_{-\infty}^{\infty} u(\tau) h(t-\tau-t_0) \mathrm{d}\tau \\ \phi(t) = \displaystyle\int_{-\infty}^{\infty} n(\tau + t_0) h(t-\tau-t_0) \mathrm{d}\tau \end{cases} \tag{2-67}$$

在任意时刻 t，输出噪声成分的统计平均功率为

$$E[\,|\phi(t)|^2\,] = E\left[\left|\int_{-\infty}^{\infty} n(\tau + t_0)h(t - \tau - t_0)\mathrm{d}\tau\right|^2\right]$$

$$= E\left[\int_{-\infty}^{\infty}\int_{-\infty}^{\infty} n(\tau + t_0)n^*(\tau' + t_0)h(t - \tau - t_0)h^*(t - \tau' - t_0)\mathrm{d}\tau\mathrm{d}\tau'\right]$$

$$= \int_{-\infty}^{\infty}\int_{-\infty}^{\infty} E[n(\tau + t_0)n^*(\tau' + t_0)]h(t - \tau - t_0)h^*(t - \tau' - t_0)\mathrm{d}\tau\mathrm{d}\tau'$$

$$= N_0\int_{-\infty}^{\infty}\int_{-\infty}^{\infty} \delta(\tau' - \tau)h(t - \tau - t_0)h^*(t - \tau' - t_0)\mathrm{d}\tau\mathrm{d}\tau'$$

$$= N_0\int_{-\infty}^{\infty} |h(t - \tau - t_0)|^2\mathrm{d}\tau \tag{2-68}$$

在 $t = t_0$ 时刻,输出信号成分的瞬时功率为

$$|a_0\chi(t_0)|^2 = |a_0|^2\left|\int_{-\infty}^{\infty} u(\tau)h(t - \tau - t_0)\mathrm{d}\tau\right|^2 = |a_0|^2\left|\int_{-\infty}^{\infty} u(\tau)h(-\tau)\mathrm{d}\tau\right|^2 \tag{2-69}$$

则滤波器的输出信噪比为

$$\mathrm{SNR}_{\mathrm{out}} = \frac{|a_0\chi(t_0)|^2}{E[\,|\phi(t_0)|^2\,]} = \frac{|a_0|^2\left|\int_{-\infty}^{\infty} u(\tau)h(-\tau)\mathrm{d}\tau\right|^2}{N_0\int_{-\infty}^{\infty} |h(-\tau)|^2\mathrm{d}\tau} \tag{2-70}$$

应用柯西-施瓦兹不等式可得

$$\left|\int_{-\infty}^{\infty} u(\tau)h(-\tau)\mathrm{d}\tau\right|^2 \leqslant \int_{-\infty}^{\infty} |u(\tau)|^2\mathrm{d}\tau \cdot \int_{-\infty}^{\infty} |h(-\tau)|^2\mathrm{d}\tau \tag{2-71}$$

当且仅当 $h(-t) = cu^*(t)$,即 $h(t) = cu^*(-t)$,c 为任意常数时,式(2-70)中的等式成立。此时输出信噪比最大,式(2-70)可重写为

$$\mathrm{SNR}_{\max} = \frac{|a_0|^2}{N_0} \cdot \int_{-\infty}^{\infty} |u(\tau)|^2\mathrm{d}\tau = \frac{E}{N_0} \tag{2-72}$$

对应的滤波器称为匹配滤波器,其输出信号为

$$
\begin{aligned}
y(t) &= c\int_{-\infty}^{\infty} r(\tau)h(t-\tau)\mathrm{d}\tau \\
&= ca_0\int_{-\infty}^{\infty} u(\tau-t_0)u^*(\tau-t)\mathrm{d}\tau + c\int_{-\infty}^{\infty} n(\tau)u^*(\tau-t)\mathrm{d}\tau \\
&= ca_0R_{uu}(t-t_0) + cR_{nu}(t)
\end{aligned} \tag{2-73}
$$

式中：$R_{uu}(t)$ 表示发射信号 $u(t)$ 的自相关函数；$R_{nu}(t)$ 为噪声 $n(t)$ 与发射信号 $u(t)$ 的互相关函数。依据自相关函数特性 $R(\tau) \leqslant R(0)$ 可知，匹配滤波器的输出信号在目标存在时刻 $t=t_0$ 形成峰值，信噪比最大。与此同时，可从上式看出，匹配滤波等效于相关处理，这就解释了 2.1.3 节中的卷积和相关的关系。

若雷达回波的每个时刻都存在目标（如 SAR 观测模型中的每个分辨单元都有目标），则式(2-62)为

$$
r(t) = \sum_{i=0}^{N} a_i u(t-t_i) + n(t) \tag{2-74}
$$

式中：a_i 表示第 i 个目标的散射系数；N 为测绘带总的目标数目（分辨单元数目）。则可依据匹配滤波器的线性特征，推得输出信号为

$$
y(t) = c\sum_{i=0}^{N}[a_i R_{uu}(t-t_i)] + cR_{nu}n(t) \tag{2-75}
$$

此时，每个分辨单元都会形成峰值，对应的回波信噪比也是最大的。因此可以得出结论：匹配滤波是一种最优线性处理过程，其目的是让输出信噪比最大化，且高斯白噪声条件下的最大信噪比只与信号能量有关，与波形形式无关。鉴于信噪比与目标检测性能、距离和速度测量精度、雷达作用距离以及图像质量等指标密切相关，则匹配滤波一直是雷达的最佳处理方式。但需要注意，此处的条件是白噪声干扰，对于同频干扰而言，特别是 MIMO-SAR 非理想正交信号，上述结论是不成立的。该问题将在第 3 章展开讨论。

匹配滤波器的优势不仅限于最大化输出信噪比，还可以实现大时宽带宽信号的脉冲压缩，从而大幅提高雷达分辨率。下面将以线性调频（LFM）信号为例，从频域的角度对此进行说明。

若雷达发射信号 $u(t)$ 为 LFM 信号，则接收回波的时域和频域形式分别为

$$
\begin{cases}
r(t) = \mathrm{rect}\left[\dfrac{t-t_0}{T}\right]\exp[\mathrm{j}\pi k_\mathrm{r}(t-t_0)^2] + n(t) \\
R(f) = \mathrm{rect}\left[\dfrac{f}{|k_\mathrm{r}|T}\right]\exp\left[-\mathrm{j}\pi\left(2ft_0 + \dfrac{f^2}{k_\mathrm{r}}\right)\right] + N(f)
\end{cases} \tag{2-76}
$$

匹配滤波器的冲激响应时域和频域形式分别为

$$
\begin{cases}
h(t) = \text{rect}\left[\dfrac{t}{T}\right]\exp(-\text{j}\pi k_r t^2) \\
H(f) = \text{rect}\left[\dfrac{f}{|k_r|T}\right]\exp\left(\text{j}\pi\dfrac{f^2}{k_r}\right)
\end{cases}
\tag{2-77}
$$

则依据卷积定理可知滤波器输出信号的频域形式为

$$
\begin{aligned}
Y(f) &= \left\{\text{rect}\left[\frac{f}{|k_r|T}\right]\exp\left[-\text{j}\pi\left(2ft_0 + \frac{f^2}{k_r}\right)\right] + N(f)\right\}\cdot H(f) \\
&= \text{rect}\left[\frac{f}{|k_r|T}\right]\exp(-\text{j}2\pi f t_0) + N(f)\cdot H(f)
\end{aligned}
\tag{2-78}
$$

将上式变换至时域,可得

$$
y(t) = |k_r|T\text{sinc}(|k_r|T(t-t_0)) + R_{un}(t) \tag{2-79}
$$

由上式可知,雷达分辨率由 T 压缩到了 $1/|k_r|T^2$。因此,匹配滤波器将发射脉冲合成到了极短时间内,这一时间只有实际脉冲长度的 $1/|k_r|T^2$。典型线性调频信号的匹配滤波结果如图 2-7 所示。

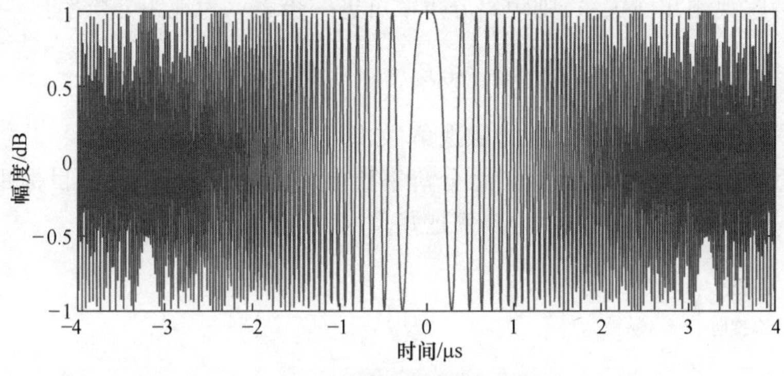

(a) 线性调频信号实部图

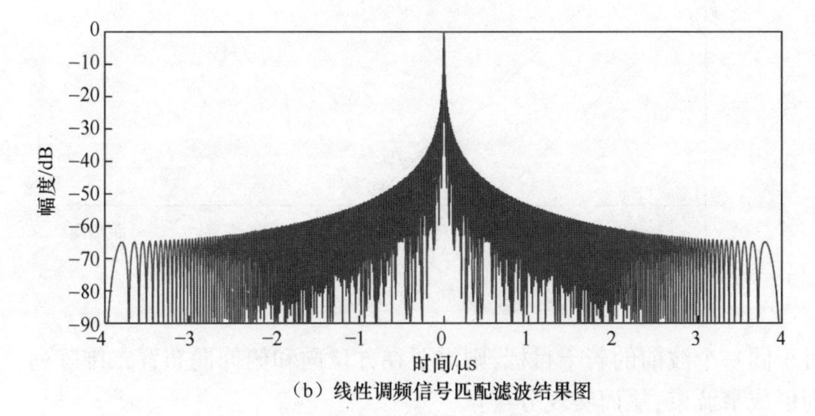

(b) 线性调频信号匹配滤波结果图

图 2-7 线性调频信号匹配滤波示意图

2.4 技术指标

合成孔径雷达以成像为目的,它所有的性能指标都与图像质量有关,如散射点的空间分辨率,测绘带宽,信噪比等[5]。下面将围绕这些性能指标展开讨论。

2.4.1 分辨率

雷达分辨率是指多目标环境下系统能否将两个或两个以上的临近目标区分开来的能力,通常可以按目标位置参数(距离、方位、仰角)或运动参数(速度、加速度)来区分目标。在此重点讨论基于位置参数分辨目标的原理和方法。

众所周知,雷达可以看成是一种利用电磁波对目标或场景进行观测的系统。源于这种电磁波承载信息的物理本质,来自不同距离、方位和俯仰的目标会混叠在一起。对于不同波前的目标而言,可以通过宽带信号的脉冲压缩来实现高精度的分辨率,如线性调频信号的距离分辨率为 $\rho_{\mathrm{r}}=c/(2B)$,其中 c 为光速, B 为带宽。

若考虑观测几何关系,则距离分辨率可进一步表示为地距分辨率:

$$\rho_{\mathrm{g}}=\rho_{\mathrm{r}}/\sin\beta_{\mathrm{t}}=c/(2B\sin\beta_{\mathrm{t}}) \tag{2-80}$$

式中: β_{t} 为雷达相对地面目标的侧视角,如图 2-8 所示。

依据式(2-80)可知,目标斜距分辨率始终优于地距分辨率,且目标距离雷达越远,侧视角 β_{t} 越大,则地距分辨率越好。因而,雷达是“远视眼”。

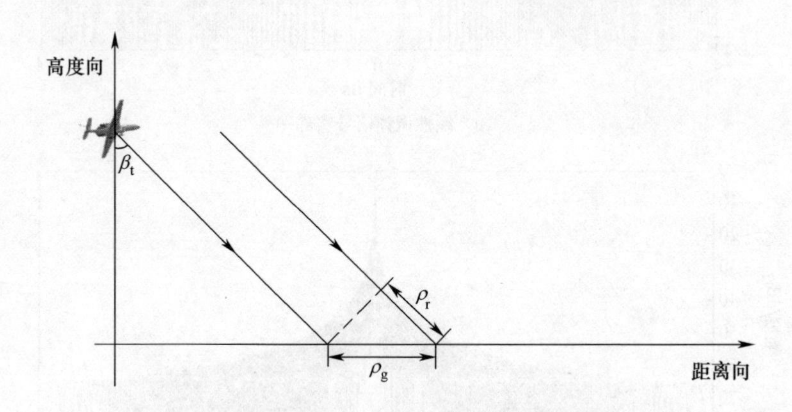

图 2-8 斜距分辨率与地距分辨率的关系

对于同一个波前的若干目标,则需要在方位向和俯仰向布置二维阵列,通过接收阵列形成窄波束,从而实现分辨:

$$
\begin{cases}
\rho_{\mathrm{a}} = R \cdot \theta_{\mathrm{a}} = \dfrac{R\lambda}{L_{\mathrm{a}}} \\
\rho_{\mathrm{e}} = R \cdot \theta_{\mathrm{e}} = \dfrac{R\lambda}{L_{\mathrm{e}}}
\end{cases}
\tag{2-81}
$$

式中：ρ_{a} 为方位向分辨率；R 为波束指向的斜距；λ 为波长；θ_{a} 为方位向 3dB 波束宽度；L_{a} 为方位向孔径长度；ρ_{e} 为俯仰向分辨率；θ_{e} 为俯仰向波束宽度；L_{e} 为俯仰向孔径长度。一般地，式(2-81)在机载情况下的分辨率为数百米，而星载情况下则会达到数千米。为了获得米级或亚米级方位向和俯仰向分辨率，需要布置数万甚至数百万平方米的超大规模二维阵列，但显然这是不切实际的。因此，我们通常利用平台的运动，结合收发信号的相干处理，来合成虚拟的孔径，达到锐化波束的目的，从而形成方位向的高分辨率，这就是合成孔径雷达的概念。

考虑如图 2-9 所示的方位平面几何关系，目标最短斜距为 R_0，方位向慢时间为 η，距离向快时间为 t_{r}，平台速度为 V。

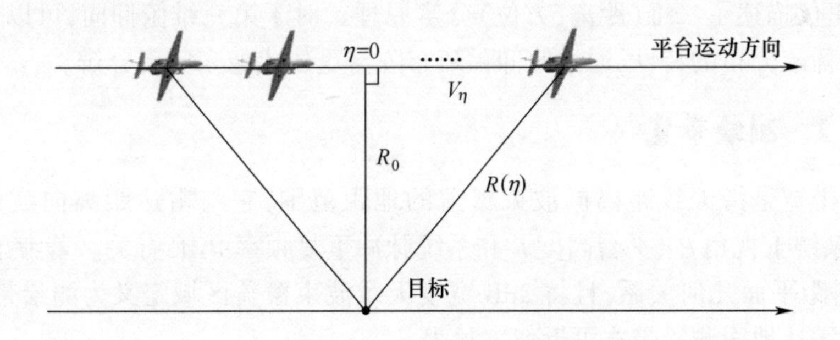

图 2-9　SAR 方位平面几何观测模型

为了方便分析，假设正侧视雷达波束中心照射到目标时的慢时间为 0，则可依据勾股定理得到目标斜距：

$$
R(\eta, t_{\mathrm{r}}) = \sqrt{R_0^2 + [V(\eta + t_{\mathrm{r}})]^2}
\tag{2-82}
$$

若进一步假设合成孔径长度较小，则可将上式关于 η 作泰勒展开，并忽略二次以上的高阶项，得到如下近似：

$$
R(\eta, t_{\mathrm{r}}) \approx R_0 + \frac{[V(\eta + t_{\mathrm{r}})]^2}{2R_0}
\tag{2-83}
$$

由于雷达逼近目标的方位时间为负，则多普勒频率为

$$
f_\eta = -\frac{2}{\lambda}\frac{\mathrm{d}R(\eta, t_{\mathrm{r}})}{\mathrm{d}t_{\mathrm{r}}} = -\frac{2V^2}{\lambda R_0}(\eta + t_{\mathrm{r}})
\tag{2-84}
$$

对于工作在“走—停”模式的脉冲雷达，式(2-84)可重写如下

$$f_\eta = -\frac{2V^2}{\lambda R_0}\eta \tag{2-85}$$

因此,合成孔径雷达的方位向信号也是负线性调频信号,且调频率为

$$k_\eta = \frac{\mathrm{d}f_\eta}{\mathrm{d}\eta} = -\frac{2V^2}{\lambda R_0} \tag{2-86}$$

若天线方位向长度为 D_a ,则方位向波束宽度为 $\theta_a = \lambda/D_a$,合成孔径长度为 $L_a = \theta_a R_0$,合成孔径长度时间为 $T_a = L_a/V = \lambda R_0/D_a V$,则方位向的带宽为 $B_a = |k_\eta| T_a = 2V/D_a$,则方位向分辨率为

$$\rho_a = V/B_a = D_a/2 \tag{2-87}$$

因此,SAR 方位向分辨率仅取决于天线的方位向长度,与平台速度、目标斜距和波长无关。这可理解为天线越短,物理波束越宽,目标被照射的时间越长,则方位向带宽越高,分辨率越高。需要注意的是,上述推论做了正侧视角和较小合成孔径假设,对于大斜视角或者大合成孔径时间,相关结论同样成立。另外,需要说明的是,这里仅描述了二维(距离、方位)分辨原理。对于第三维俯仰向,可以基于该方向目标稀疏分布的特性,通过俯仰稀疏布阵与重建成像来实现分辨。

2.4.2 测绘带宽

测绘带宽是指天线距离向波束覆盖的地距范围,它与雷达距离向波束宽度 θ_r 、雷达系统下视角 β 、平台高度 h 和系统脉冲重复频率 PRF 有关。若考虑图 2-10 所示斜距平面几何关系,且将 3dB 宽度天线波束覆盖区域定义为测绘带宽,则合成孔径雷达地面测绘带宽可近似表示为

$$W_s = \frac{\theta_r R_1}{\cos\beta} = \frac{\lambda R_1}{D_r \cos\beta} \tag{2-88}$$

式中: D_r 为天线距离向长度; R_1 为距离波束中心对应的斜距。

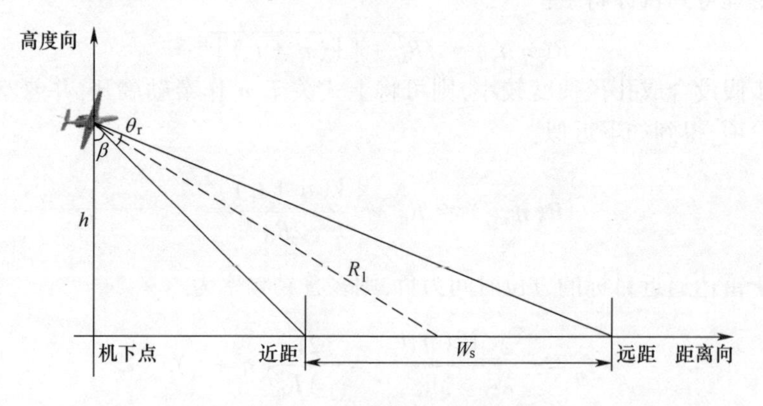

图 2-10 SAR 斜距平面几何观测模型

对于飞机高度较低的机载 SAR,往往利用更为精确的表达式:

$$W_s = h[\tan(\beta + \theta_r) - \tan\beta] \tag{2-89}$$

由上式可知,若雷达距离向波束越宽,侧视角越大,平台越高,那么测绘带越宽。但实际上,测绘带宽不仅由观测几何关系决定,还受限于雷达的快时间采样窗口。由于采样窗口时间上限为 1/PRF - T(s),测绘带宽上限为 $(1/\mathrm{PRF} - T)c/(2\sin\beta)$(m)。因此,为了保证波束照射范围内的所有近距和远距回波信号都落在接收窗内,PRF 必须足够低。否则,不同慢时间发射脉冲的回波会在接收窗口内重叠在一起,产生距离模糊。该问题将在 2.4.4 节详细讨论。

2.4.3 信噪比

一般地,相干匹配的发射—接收雷达系统的信噪比方程为

$$\mathrm{SNR} = \frac{\overline{P} G^2 \lambda^2 \sigma T_i}{(4\pi)^3 R_0^4 K T_n F_n L_{\mathrm{loss}}} \tag{2-90}$$

式中:$\overline{P}$ 为平均功率;σ 为目标雷达截面积;T_i 为目标驻留时间;K 为玻耳兹曼常数;T_n 为系统的噪声温度;R_0 为目标最短斜距,与图 2-9 中的定义一致;L_{loss} 为系统损耗;F_n 为系统噪声系数,天线增益 G 与天线面积 A 有如下关系:

$$G = \frac{4\pi A}{\lambda^2} \tag{2-91}$$

将上式代入式(2-90),可得

$$\mathrm{SNR} = \frac{\overline{P} A^2 \sigma T_i}{(4\pi) \lambda^2 R_0^4 K T_n F_n L_{\mathrm{loss}}} \tag{2-92}$$

由于 SAR 的观测目标为场景(雷达目标即为杂波),则地面分辨单元(相当于目标)的雷达截面积为

$$\sigma = \sigma_0 \rho_a \rho_g = \sigma_0 \frac{D_a}{2} \frac{\rho_r}{\sin\beta_t}, \quad \beta \leqslant \beta_t \leqslant \beta + \theta_r \tag{2-93}$$

式中:σ_0 为地面后向散射系数。

考虑到 SAR 目标驻留时间 T_i 为合成孔径时间 T_a,即

$$T_i = T_a = L_a / V = \lambda R_0 / D_a V \tag{2-94}$$

则将式(2-93)和式(2-94)代入式(2-92)可得

$$\mathrm{SNR} = \frac{\overline{P} A^2 \rho_r \sigma_0}{(8\pi) V \lambda R_0^3 K T_n F_n L_{\mathrm{loss}} \sin\beta_t}, \quad \beta \leqslant \beta_t \leqslant \beta + \theta_r \tag{2-95}$$

由式(2-95)可见,回波的信噪比与方位向分辨率无关,与平台飞行速度、目标侧视角、分辨率成反比,与发射功率和天线面积成正比。因此,飞行速度相对较慢

的机载 SAR 对发射功率要求更低。但即便如此,机载 SAR 也难以实现高分辨率宽测绘带成像,这主要是因为该模式下的侧视角过大、斜距分辨率较小,飞行速度对发射功率的贡献不足以抵消侧视角和分辨率的要求。

在此需要说明的是,在工程实践中,往往以噪声等效后向散射系数 NESZ,而非 SNR,作为 SAR 系统设计的准则。这主要是因为,地面分辨单元的雷达截面积 σ 是服从一定分布的随机变量,且分布特性与地面粗糙程度和介电常数以及植被情况有关。因此,地面后向散射系数 σ_0 的变化范围很大,式(2-95)所示的 SNR 对强散射单元和弱散射单元的差异明显。为了量化表征 SAR 的成像能力,往往以弱目标为参考,将某系统参数下 SNR 为零的后向散射系数定义为 NESZ:

$$\text{NESZ}=\frac{(8\pi)V\lambda R_0^3 KT_{\text{n}}F_{\text{n}}L_{\text{loss}}\sin\beta_{\text{t}}}{\overline{P}A^2\rho_{\text{r}}},\ \beta\leqslant\beta_{\text{t}}\leqslant\beta+\theta_{\text{r}} \tag{2-96}$$

一般地,若 NESZ 优于-20dB,则 SAR 系统参数可满足成像要求。

2.4.4 指标关系

对于传统的单通道 SAR,测绘带宽、分辨率和信噪比是彼此制约的,这就使得高分辨率宽测绘带成像只能通过多次飞行来获取完整观测区域的多个条带数据,进而导致时效性差、成本高、数据处理过程烦琐等问题。

首先,为了避免方位向出现模糊问题,必须使系统脉冲重复频率 PRF 满足复信号的奈奎斯特采样定理,即

$$\text{PRF}>B_{\text{a}} \tag{2-97}$$

其中:B_{a} 为系统的多普勒带宽,可表示为

$$B_{\text{a}}=\frac{4V\sin\dfrac{\theta_{\text{a}}}{2}}{\lambda}\approx\frac{4V}{\lambda}\cdot\frac{\theta_{\text{a}}}{2}=\frac{2V\theta_{\text{a}}}{\lambda} \tag{2-98}$$

式中:V 为平台运动速度;θ_{a} 为方位向波束宽度,且有

$$\theta_{\text{a}}=\frac{\lambda}{D_{\text{a}}} \tag{2-99}$$

式中:D_{a} 为方位向天线长度。

将式(2-98)和式(2-99)代入式(2-97)可得

$$\text{PRF}>\frac{2V}{D_{\text{a}}}=\frac{V}{\rho_{\text{a}}} \tag{2-100}$$

由上式可知,在避免方位向模糊的条件下,方位向分辨率越高,要求 PRF 越高。

而对于距离向,为了避免模糊,须使最近斜距 R_{n} 的目标对当前发射脉冲的反射回波晚于最远斜距 R_{f} 的目标对前一发射脉冲的反射回波到达接收天线,即系统

脉冲重复周期 PRT 必须大于回波散布时间 T_W：

$$\mathrm{PRT} > T_W = \frac{2(R_f - R_n)}{c} \tag{2-101}$$

考虑图 2-10 所示的斜距平面几何关系,则 $(R_f - R_n) = W_s \sin\beta$,且有

$$\mathrm{PRF} < \frac{c}{2(R_f - R_n)} = \frac{c}{2W_s \sin\beta} \tag{2-102}$$

由上式可知,在避免距离向模糊的条件下,测绘带越宽,要求 PRF 越低。

因此,方位向分辨率和距离向测绘带宽通过 PRF 构成约束[6-7]。当方位向分辨率提高时,系统多普勒带宽 B_a 增大,此时须提高 PRF 以避免出现方位向模糊,但这使得距离向能够实现的最大无模糊测绘带宽减小;反之,当测绘带宽增大时,测绘带回波散布时间 T_W 增加,此时须减小 PRF 以避免产生距离向模糊,但这使得方位向分辨率降低。方位向高分辨率和距离向宽测绘带是相互矛盾的。

若进一步将式(2-100)重写如下

$$D_a > \frac{2V}{\mathrm{PRF}} \tag{2-103}$$

且将式(2-88)代入式(2-102):

$$D_r > \frac{2R_1 \lambda \tan\beta \cdot \mathrm{PRF}}{c} \tag{2-104}$$

则联合式(2-103)和式(2-104)可得如下最小天线面积限制:

$$A_{\min} > \frac{4VR_1 \lambda \tan\beta}{c} \tag{2-105}$$

可依据上式对方位向分辨率和距离向测绘带的矛盾作如下理解:方位向高分辨率要求天线横向尺寸尽量小(式(2-87)),距离向宽测绘带要求天线纵向尺寸尽量小(式(2-88))。天线总尺寸越小,就越能够实现方位向高分辨率与距离向宽测绘带成像。然而一旦确定了 SAR 的平台高度、运动速度、工作波长与下视角,其天线面积的下限就确定了,这就使得横向和纵向天线尺寸不能取值都很小,所以方位向高分辨率和距离向宽测绘带彼此制约,且 $A_{\min}$ 的取值越大,约束越明显。事实上,高分辨率宽测绘带成像的约束不仅于此,还会受限于信噪比。虽然,从避免二维模糊的角度来讲,我们希望用更小但不大于 $A_{\min}$ 的天线,但当给定发射功率时,又希望用更大的天线来保证回波信噪比。因此,信噪比也对高分辨率和宽测绘带构成了约束。

需要说明的是,对于星载 SAR 系统,方位向高分辨率与距离向宽测绘带的矛盾比信噪比对高分辨率和宽测绘带的矛盾更为突出,这主要是因为,卫星的飞行速度过快,最小天线面积限制 $A_{\min}$ 过大,虽然此时的信噪比能够得到保证,但在不出现二维模糊条件下兼顾方位向高分辨率与距离向宽测绘带的能力有限。而对于机

载 SAR,飞行速度相对较慢,最小天线面积限制 $A_{\min}$ 较小,虽然方位向高分辨率与距离向宽测绘带约束不明显,但信噪比不足。与此同时,飞机的飞行高度较低,宽测绘带远端的侧视角 β_t 过大,这就进一步降低了回波信噪比(式(2-94)),因而信噪比约束了机载 SAR 高分辨率宽测绘带成像。鉴于功率孔径积的提高方式较多,本节重点关注星载 SAR 矛盾约束。

针对方位向高分辨率与距离向宽测绘带之间的矛盾,前人提出利用扫描模式与滑动扫描模式在天线高度不变的情况下增大测绘带宽。但是每个子测绘带的照射时间缩短,系统的方位向分辨率较低,因此,该技术相当于以牺牲方位向分辨率为代价换取测绘带宽的增大。此外,前人还提出了聚束模式与滑动聚束模式,在不改变天线长度的情况下提高方位向分辨率与信噪比。但改变方位向波束指向来延长照射时间的方式将造成测绘区域的不连续,进而使得该模式只能观测部分地物,且容易错失重要目标。因此,传统单通道 SAR 系统的各种模式均不能从根本上解决方位向高分辨率与距离向宽测绘带之间的矛盾,只能在给定信噪比的条件下通过牺牲某项指标来换取另一项指标性能的提升。

但是,MIMO-SAR 却可以通过空间采样替代慢时间采样的思路来突破上述限制。相对传统 SAR 而言,方位向多路并行收发通道获得更多的等效相位中心,如图 2-11 所示。一方面,可在保证等效 PRF 不低于多普勒带宽的基础上,成倍地降低系统的实际 PRF,从而提升距离向测绘带宽;另一方面,可在不改变实际 PRF 的基础上,成倍地提升等效 PRF,从而避免高方位向分辨率引入方位向模糊问题。

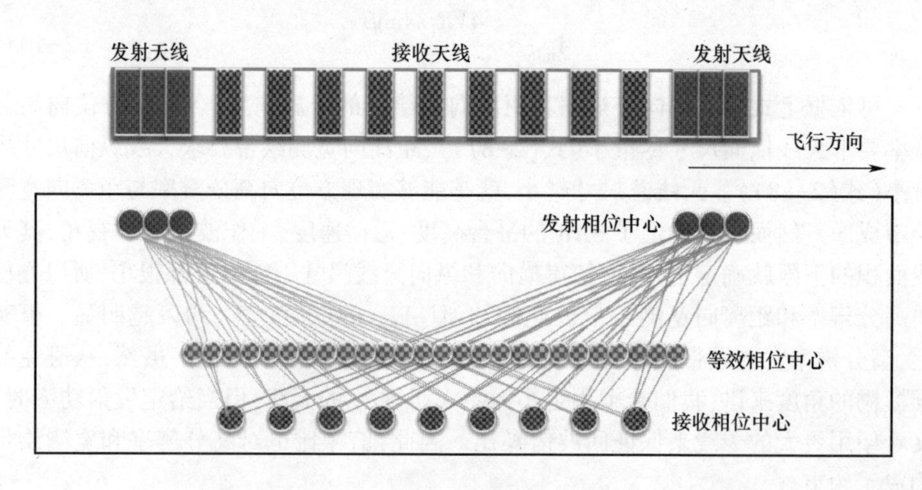

图 2-11　MIMO-SAR 等效相位中心分布示意图(见彩图)

若传统 SAR 的方位向分辨率为 ρ_a,天线横向尺寸为 D_a,测绘带宽为 W_s,平台每次移动的距离 $\Delta d < D_a/2$,且设计 MIMO-SAR 方位向高分辨率为 $\rho'_a=\rho_a/Q$,对应子天线横向尺寸为 $D'_a=D_a/Q$,测绘带宽为 W'_s,发射天线的数目为 M,接收天

线的数目为 N，每个慢时间点有 $M \times N$ 等效相位中心，平台每次移动的距离为 $M \times N \times \Delta d'$，其中 $\Delta d' < D'_a/2$ 为等效相位中心之间的间隔。则 MIMO-SAR 等效PRF'_e 是传统 SAR 系统 PRF 的 Q 倍。

$$\mathrm{PRF}'_e = \frac{V}{\Delta d} > \frac{2V}{D'_a} = \frac{2VQ}{D_a} = Q\mathrm{PRF} \tag{2-106}$$

且 MIMO-SAR 实际 PRF 为

$$\mathrm{PRF}' = \frac{V}{M \times N \times \Delta d} = \frac{\mathrm{PRF}'_e}{M \times N} = \frac{Q}{M \times N}\mathrm{PRF} \tag{2-107}$$

相应地，MIMO-SAR 距离向测绘带宽满足以下条件：

$$W'_s < \frac{c}{2\mathrm{PRF}'\sin\beta} = (M \times N)\frac{c}{2\mathrm{PRF}'_e\sin\beta} = \frac{M \times N}{Q}\frac{c}{2\mathrm{PRF}\sin\beta} \tag{2-108}$$

对比式(2-101)可知，W'_s 的最大取值为 $W_s(M \times N)/Q$。因此，M 发 N 收的 MIMO-SAR 可在提高方位向分辨率 Q 倍的同时，扩展测绘带宽 $(M \times N)/Q$ 倍。

若从最小天线面积限制的角度来分析，通过简单的移项推导，我们不难发现 MIMO-SAR 与传统 SAR 满足如下关系：

$$A'_{\min} > \frac{1}{M \times N}\frac{4VR_1\lambda\tan\beta}{c} = \frac{1}{M \times N}A_{\min} \tag{2-109}$$

因此，星载 SAR 系统的最小天线面积限制可以达到或远低于机载 SAR 水平，这为同时实现方位向高分辨率和距离向宽测绘带的非模糊成像提供了可能。

2.5 成像算法

合成孔径雷达成像本质是二维压缩，其原理是简单的[8]。若平台运动理想，则通过距离向和方位向的二维匹配滤波，即可重建场景的图像。但实际上飞行平台的姿态、速度、轨迹等参数都是非理想的，甚至是无法彻底补偿的，这些因素都会对雷达回波数据的稳定性构成影响，因而，精确实现空变的二维匹配滤波是比较复杂的。鉴于距离徙动校正方式不同，适用场景不同，处理精度不同，实现难易程度不同，目前 SAR 成像算法主要有距离多普勒(Range-Doppler, RD)、线性调频变标(Chirp Scaling, CS)和距离徙动等算法。

距离多普勒算法是最为基本的 SAR 成像算法，基本假设是距离向和方位向不具有耦合性或耦合性较小，从而将二维匹配滤波的成像过程简化为距离向和方位向两个分立的一维脉冲压缩过程。但若合成孔径时间较长或斜视角较大，二维耦合较大，上述假设不成立时，RD 算法往往依据耦合量调整距离和方位匹配滤波器参数，但仍存在一定程度的残余误差。该算法通过时域插值实现距离徙动校正，因而简单易实现，但运算量过大，且长孔径和大斜视角的处理精度不足。

与 RD 算法相比,线性调频变标算法则在频域实现徙动校正。其基本思想是,通过 CS 变换实现不同斜距处距离徙动曲线的一致化,并在二维频域内对一致化后的距离徙动曲线进行统一校正。由于避免了时域插值,该算法运算量较小,但它忽略了距离向空变问题,因而在大斜视角、大场景成像时,存在很大的散焦问题。虽然非线性调频变标算法能够在一定程度上解决大斜视角成像问题,但在大场景成像的空变问题上仍存在限制。

一种更为精确且适用范围更广的算法是距离徙动(ωk)算法,该算法源于地震信号处理,是一种频域处理算法:在二维频域中实现参考距离处的目标聚焦,并用 Stolt 插值实现非参考距离处的目标残余聚焦。ωk 算法能够很好地处理长孔径和大斜视角 SAR 数据,但该算法的运算量较大。综上所述,现有的各种成像算法各有优缺点。我们通常依据具体应用情况,综合考虑处理精度、效率等因素,来选取实际的算法。

对于 MIMO-SAR 成像而言,成像算法与传统一致,唯一的不同点在于 MIMO 利用了方位向空间采样等效慢时间采样的原理。因而在成像之前,需要利用等效相位中心原理对空间采样点进行重排和相位补偿。

2.5.1 距离多普勒成像算法

发射信号和接收回波的差异主要在于时延和目标散射系数 σ_0,这两个参数所蕴含的信息量是极为丰富的,传统单通道 SAR 的单点目标复数形式如下:

$$
\begin{aligned}
s(t_r,\eta) &= \sigma_0 w_r\left(t_r - \frac{2R(\eta)}{c}\right) w_a(\eta-\eta_c)\cdot \\
&\quad \exp\left\{\mathrm{j}2\pi f_c\left[t_r - \frac{2R(\eta)}{c}\right]\right\}\exp\left\{\mathrm{j}\pi k_r\left[t_r - \frac{2R(\eta)}{c}\right]^2\right\} \\
&= \sigma_0 w_r\left[t_r - \frac{2R(\eta)}{c}\right] w_a(\eta-\eta_c)\exp(\mathrm{j}2\pi f_c t_r)\cdot \\
&\quad \exp\left[-\mathrm{j}\frac{4\pi R(\eta)}{\lambda}\right]\exp\left\{\mathrm{j}\pi k_r\left[t_r - \frac{2R(\eta)}{c}\right]^2\right\}
\end{aligned}
\tag{2-110}
$$

式中:w_r 为距离向包络,一般为矩形窗函数且持续时间为 LFM 的脉冲宽度 T_p;$R(\eta)$ 为目标在慢时间 η 的瞬时斜距;w_a 为方位向包络,一般为双程天线方向图,且持续时间为合成孔径时间 T_a;f_c 为载频;λ 为波长;k_r 为调频率;η_c 为方位波束中心穿越目标的方位时刻。

假设斜视角较小,合成孔径时间较短,且工作于"走—停"模式,则目标的瞬时斜距可表示如下

$$
R(\eta,t_r) = \sqrt{R_0^2 + (V\eta)^2} \approx R_0 + \frac{(V\eta)^2}{2R_0} \tag{2-111}
$$

将式(2-110)去载频,距离向脉冲压缩,并代入上式可得

$$s_1(t_r,\eta)=\sigma_0\text{sinc}\left[t_r-\frac{2R(\eta)}{c}\right]w_a(\eta-\eta_c)\exp\left(-j\frac{4\pi R_0}{\lambda}\right)\exp\left(-j\pi\frac{2V^2}{\lambda R_0}\eta^2\right) \tag{2-112}$$

利用驻定相位原理,将上式变换至距离多普勒域,可得

$$\begin{aligned}S_1(t_r,f_\eta)=\sigma_0|k_r|T_p\text{sinc}\left[|k_r|T_p\left(t_r-\frac{2R_{rd}(f_\eta)}{c}\right)\right]\\ W_a(f_\eta-f_{\eta_c})\exp\left(-j\frac{4\pi R_0}{\lambda}\right)\exp\left(j\pi\frac{f_\eta^2}{k_\eta}\right)\end{aligned} \tag{2-113}$$

式中:$W_a(f_\eta-f_{\eta_c})$ 为方位天线方向图 $w_a(\eta-\eta_c)$ 的频域形式;$R_{rd}(f_\eta)$ 为距离多普勒域中的徙动量:

$$R_{rd}(f_\eta)\approx R_0+\frac{V^2}{2R_0}\left(\frac{f_\eta}{k_\eta}\right)^2=R_0+\frac{\lambda^2R_0f_\eta^2}{8V^2} \tag{2-114}$$

因此,需要校正的徙动量为

$$\Delta R(f_\eta)=\frac{\lambda^2R_0f_\eta^2}{8V^2} \tag{2-115}$$

为了能够实现方位向匹配滤波,需要将这些不同的徙动量校正为相同的量,从而使得同一目标的不同慢时间回波对齐到一条直线上,以方便实现傅里叶变换,这就是“距离徙动校正”。需要说明的是,距离徙动量往往不是整数,通常需要通过插值或变换等操作,找到这些位于距离门之间的真值,并平移。可通过距离多普勒域的 sinc 插值来获得非整数徙动位置的回波真值,并将该真值校正到 R_0 位置。距离徙动校正后的回波数据可表示如下:

$$\begin{aligned}S_2(t_r,f_\eta)=\sigma_0|k_r|T_p\text{sinc}\left[|k_r|T_p\left(t_r-\frac{2R_0}{c}\right)\right]\\ W_a(f_\eta-f_{\eta_c})\exp\left(-j\frac{4\pi R_0}{\lambda}\right)\exp\left(j\pi\frac{f_\eta^2}{k_\eta}\right)\end{aligned} \tag{2-116}$$

此时,构建方位向匹配滤波器 $H_a(f_\eta)$ 如下:

$$H_a(f_\eta)=\exp\left(-j\pi\frac{f_\eta^2}{k_\eta}\right) \tag{2-117}$$

将方位向匹配滤波器与距离徙动校正后的距离多普勒数据相乘可得

$$\begin{aligned}S_3(t_r,f_\eta)=\sigma_0|k_r|T_p\text{sinc}\left[|k_r|T_p\left(t_r-\frac{2R_0}{c}\right)\right]\\ W_a(f_\eta-f_{\eta_c})\exp\left(-j\frac{4\pi R_0}{\lambda}\right)\end{aligned} \tag{2-118}$$

将上式变换至二维时域,可得二维压缩后的回波如下:

$$s_3(t_r,\eta)=\sigma_0|k_r|T_p|k_\eta|T_a\operatorname{sinc}\left[|k_r|T_p\left(t_r-\frac{2R_0}{c}\right)\right]$$
$$\operatorname{sinc}(|k_\eta|T_a\eta)\exp\left(-j\frac{4\pi R_0}{\lambda}\right)\exp(j2\pi f_{\eta_c}\eta) \tag{2-119}$$

至此,完成了小斜视角假设下的 SAR 成像过程,其中上式第 1 个相位项是目标的固有相位,与图像强度无关,但却是干涉、极化等应用的基础。

对于大斜视角的情况,式(2-111)的抛物线距离等式假设不成立。虽然需要利用严格的双曲线等式模型,但"距离匹配滤波—距离徙动校正—方位匹配滤波"的处理流程基本不变。不同的是,此时需要考虑二维耦合,在脉压时依据耦合量调节距离和方位匹配滤波器参数。可将距离脉压前的距离多普勒回波表达如下:

$$S_1(t_r,f_\eta)=\sigma_0\operatorname{rect}\left[t_r-\frac{2R_{rd}(f_\eta)}{c}\right]W_a(f_\eta-f_{\eta_c})$$
$$\exp\left[-j\frac{4\pi R_0D(f_\eta,V)}{\lambda}\right]\exp\left\{j\pi k_m\left[t_r-\frac{2R_{rd}(f_\eta)}{c}\right]^2\right\} \tag{2-120}$$

其中,$D(f_\eta,V)$ 为徙动因子:

$$D(f_\eta,V)=\sqrt{1-\frac{\lambda^2f_\eta^2}{4V^2}} \tag{2-121}$$

且有

$$\begin{cases}k_m=\dfrac{k_r}{1-k_r/k_{src}},\\ k_{src}=\dfrac{2V^2f_c^3D^3(f_\eta,V)}{cR_0f_\eta^2}\end{cases} \tag{2-122}$$

此时,距离向匹配滤波器为

$$H_m(f_\eta)=\exp\left(j\pi\frac{f_{t_r}}{k_m}\right) \tag{2-123}$$

距离徙动量为

$$R_{rd}(f_\eta)=\frac{R_0}{D(f_\eta,V)} \tag{2-124}$$

需要校正的徙动量为

$$\Delta R_{rd}(f_\eta)=R_{rd}(f_\eta)-R_0=R_0\left[\frac{1-D(f_\eta,V)}{D(f_\eta,V)}\right] \tag{2-125}$$

相应的方位向匹配滤波器为

$$H_{\mathrm{a}}(f_\eta)=\exp\left[\mathrm{j}\frac{4\pi R_0 D(f_\eta,V)}{\lambda}\right] \tag{2-126}$$

二维脉冲压缩完的回波形式仍为式(2-119)所示。正侧视和大斜视角下的点目标的 RD 成像结果如图 2-12 所示。

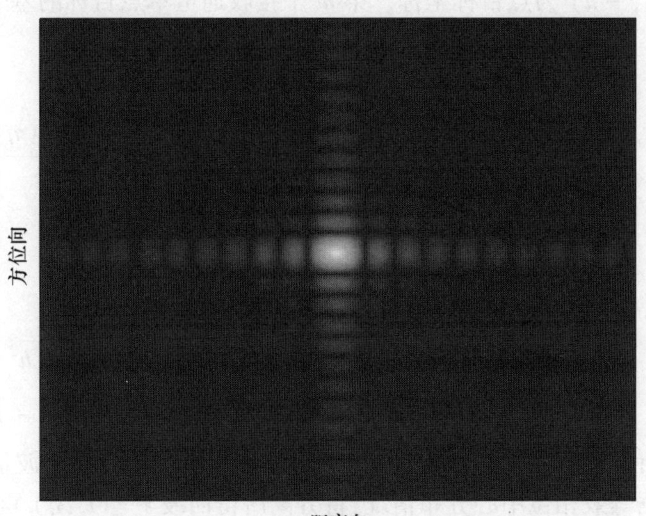

（a）正侧视条件下的RD成像结果

（b）大斜视条件下的RD成像结果

图 2-12　点目标的 RD 成像结果图

2.5.2 MIMO-SAR 成像

如图 2-13 所示的 MIMO-SAR 模型,第一个和最后一个子天线用于发射信号,所有天线用于接收信号。天线阵列的方位向中心点位置为 0,子天线方位向长度为 D_a,$(x_0, y_0, -h)$ 为点目标坐标。第 m 个接收通道单点目标的基带复数形式为

$$s_m(t_r,\eta)=\sigma_0\sum_{n=1}^{N}\left\{\begin{array}{l}w_r\left[t_r-\dfrac{R_{n,m}(\eta)}{c}\right]w_a(\eta)\exp(j2\pi f_c t_r)\cdot\\ \exp\left[-j\dfrac{2\pi R_{n,m}(\eta)}{\lambda}\right]\exp\left\{j\pi k_r\left[t_r-\dfrac{R_{n,m}(\eta)}{c}\right]^2\right\}\end{array}\right\} \tag{2-127}$$

其中

$$\begin{aligned}R_{n,m}(\eta)&=R_n(\eta)+R_m(\eta)\\&=\sqrt{\{x_0-V\eta-[n-[N+1)/2]D_a]^2+y_0^2+h^2}\\&\quad+\sqrt{\{x_0-V\eta-[m-(N+1)/2]D_a\}^2+y_0^2+h^2}\end{aligned} \tag{2-128}$$

假设并行发射信号之间理想正交,则可将每个接收天线的回波信号分离为两路回波。依据等效相位中心分布情况,将分离所得回波 $s_{n,m}(t_r,\eta)$ 重新排列如下

$$\begin{aligned}s_{n,m}(t_r,\eta)=s_{\frac{n+m}{2}}(t_r,\eta)=\sigma_0 w_r\left[t-\frac{2R_{\frac{n+m}{2}}(\eta)}{c}\right]w_a(\eta)\exp(j2\pi f_c t)\cdot\\ \exp\left[-j\frac{4\pi R_{\frac{n+m}{2}}(\eta)}{\lambda}\right]\exp\left\{j\pi k_r\left[t-\frac{2R_{\frac{n+m}{2}}(\eta)}{c}\right]^2\right\}\end{aligned} \tag{2-129}$$

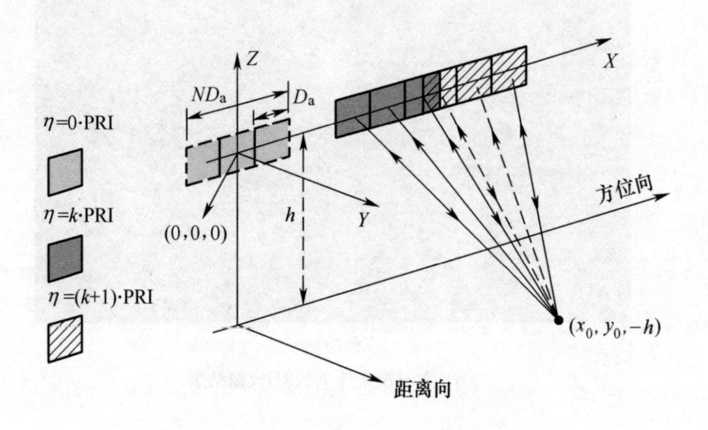

图 2-13 MIMO-SAR 天线收发构型

其中

$$R_{\frac{n+m}{2}}(\eta)=\sqrt{\{x_0-V\eta-[(n+m)/2-(N+1)/2]D_{\mathrm{a}}\}^2+y_0^2+h^2} \tag{2-130}$$

式(2-130)表示第 n 个天线收到的第 m 个天线的信号等效为第 $(n+m)/2$ 个天线自发自收的信号。若每个 PRT 的平台运动距离为 $(2N-1)D_{\mathrm{a}}/2$,如图 2-14 所示,则可将所有分离信号按等效相位中心的次序重新排列,得到与单通道 SAR 一样的方位均匀采样数据。此时,采用传统成像方法就能得到非模糊的点目标图像。

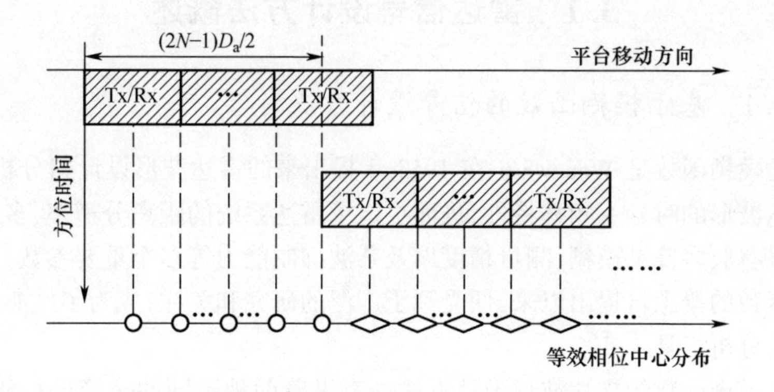

图 2-14 MIMO-SAR 等效相位中心分布图

参 考 文 献

[1] 郑君里, 应启珩, 杨为理. 信号与系统[M]. 北京:高等教育出版社, 2000.

[2] 刘树棠译. 信号与系统[M]. 2 版. 北京:电子工业出版社, 2013.

[3] 邹谋炎. 反卷积和信号复原[M]. 北京: 国防工业出版社, 2004.

[4] Manolakis D G, Proakis J G. Digital signal processing [M]. New York:Prentice Hall, 2006.

[5] 洪文, 胡东辉等译. 合成孔径雷达成像——算法和实现[M]. 北京:电子工业出版社, 2007.

[6] 王文钦. 多天线合成孔径雷达成像理论与方法[M]. 北京:国防工业出版社, 2010.

[7] Currie A, Brown A M. Wide-swath SAR [J]. IEE Proceedings F, Radar Signal Process, 1992, 139(2): 122-135.

[8] 保铮, 刑孟道, 王彤. 雷达成像技术[M]. 北京:电子工业出版社, 2005.

第3章　MIMO-SAR信号设计与同频干扰抑制

3.1　雷达信号设计方法概述

3.1.1　基于模糊函数的信号设计方法

雷达模糊函数是 Woodward 在 1953 年提出来的雷达波形设计与分析工具，反映了雷达波形的时延—频移特性，进而决定了雷达系统的距离分辨率、多普勒分辨率、距离模糊、多普勒模糊、测量精度以及杂波抑制能力等多个重要参数。因此，雷达模糊函数的概念自提出以来，便受到了广泛的研究和关注，成为了经典的雷达信号设计与分析工具[1—5]。

基于模糊函数的雷达波形设计方法一直沿着两种不同的途径进行研究，一种是萨斯曼(Sussman)等所走的波形综合道路。其基本思想是，通过模糊函数最优综合的方法来获取所需的最优波形。遗憾的是，这不仅会遇到数学上的困难，而且综合得到的复杂调制波形往往是技术上难以实现的。另外一种是里海涅克(Rihaczek)提出的“简便的波形选择途径”。其基本思想是，根据目标环境图和信号模糊图匹配的原则选择合适的信号类型，进而在兼顾技术实现难易程度的同时，选择合适的信号形式和波形参数[6]。

本节首先说明模糊函数的定义及物理意义，其次分析了典型雷达信号的模糊函数的表示形式，最后介绍了基于模糊函数的波形设计方法，并分析了优点与不足。

3.1.1.1　模糊函数的定义与性质

若不考虑目标的散射系数、距离衰减、天线方向特性等因素，即雷达回波 $r(t)$ 与发射信号 $u(t)$ 的区别仅限于时延 τ 和多普勒频移 ξ，则雷达模糊函数定义为

$$|\chi(\tau,\xi)|^2 = \left| \int_{-\infty}^{\infty} u(t)u^*(t-\tau)\exp(\mathrm{j}2\pi\xi t)\,\mathrm{d}t \right|^2 \tag{3-1}$$

应用帕塞瓦尔定理和傅里叶变换，上式可重写如下：

$$|\chi(\tau,\xi)|^2 = \left|\int_{-\infty}^{\infty} U(f-\xi)U^*(f)\exp(-\mathrm{j}2\pi f\tau)\,\mathrm{d}f\right|^2 \tag{3-2}$$

由式(3-1)可知,当$\xi=0$时,$\chi(\tau,\xi)$为发射信号$u(t)$关于变量t的自相关函数,则模糊函数沿τ轴方向在零点附近体现为一个峰值。当$\tau=0$时,$\chi(\tau,\xi)$的共轭为发射信号频谱$U(f)$关于变量f的自相关函数,则模糊函数沿ξ轴方向在零点附近体现为一个峰值。因此,模糊函数在$\tau-\xi$平面的原点处有一个尖峰,尖峰在平面覆盖的部分称为模糊区,尖峰以外的剩余平面体现为相关函数旁瓣。而由$|\chi(\tau,\xi)|^2$绘成的三维空间图形则称为雷达模糊图,其物理意义在于全面表达了相邻目标的模糊度以及波形的距离和多普勒分辨能力。应该说,理想雷达模糊函数在原点处的尖峰是一个冲激(模糊区为0),此时可在提供完美距离和多普勒分辨率的同时,不对临近目标构成模糊。但实际上,理想模糊函数是不存在的,因为模糊函数必须有有限的峰值和体积。为了逼近理想情况,雷达设计者往往以图钉形状的模糊函数作为理想模糊函数的逼近。

依据模糊函数的定义,可推广得到互模糊函数如下:

$$|\chi_{uv}(\tau,\xi)|^2 = \left|\int_{-\infty}^{\infty} u(t)v^*(t-\tau)\exp(\mathrm{j}2\pi\xi t)\,\mathrm{d}t\right|^2 \tag{3-3}$$

应用帕塞瓦尔定理和傅里叶变换,上式可重写如下:

$$|\chi_{uv}(\tau,\xi)|^2 = \left|\int_{-\infty}^{\infty} U(f-\xi)V^*(f)\exp(-\mathrm{j}2\pi f\tau)\,\mathrm{d}f\right|^2 \tag{3-4}$$

雷达模糊函数主要有以下性质:

(1) 模糊函数关于原点对称:

$$|\chi(\tau,\xi)|^2 = |\chi(-\tau,-\xi)|^2 \tag{3-5}$$

(2) 模糊函数在原点处的取值最大:

$$|\chi(\tau,\xi)|^2 \leqslant |\chi(0,0)|^2 \tag{3-6}$$

(3) 模糊函数的总体积不变性:

$$\int_{-\infty}^{\infty}\int_{-\infty}^{\infty} |\chi(\tau,\xi)|^2\mathrm{d}\tau\mathrm{d}\xi = \left(\int_{-\infty}^{\infty} |u(t)|^2\mathrm{d}t\right)^2 \tag{3-7}$$

(4) 模糊函数的乘法规则:

若$W(f)=U(f)V(f)$或$\omega(t)=u(t)*v(t)$,则

$$\chi_\omega(\tau,\xi) = \int_{-\infty}^{\infty} \chi_u(p,\xi)\chi_v(\tau-p,\xi)\,\mathrm{d}p \tag{3-8}$$

若$\omega(t)=u(t)v(t)$或$W(f)=U(f)*V(f)$,则

$$\chi_{\omega}(\tau,\xi)=\int_{-\infty}^{\infty}\chi_{u}(\tau,q)\chi_{v}(\tau,\xi-q)\mathrm{d}p \tag{3-9}$$

3.1.1.2 典型信号的模糊函数

1) 二相编码信号的模糊函数

可根据相移的取值数目来分类伪随机相位编码信号。若相移只有 0 和 π 两个数值,则称为二相编码或倒相编码信号。若相移可取两个以上的数值,则称为多相编码信号。二相编码信号形式可具体表示如下:

$$u(t)=v(t)*\frac{1}{\sqrt{N}}\sum_{n=0}^{N-1}c_{n}\delta(t-nT) \tag{3-10}$$

其中

$$v(t)=\begin{cases}\dfrac{1}{\sqrt{T}}, 0<t<T\\ 0,\text{其他}\end{cases} \tag{3-11}$$

式中: $v(t)$ 为子脉冲函数; T 为子脉冲宽度; N 为码长; $\{c_n\}$ 为二进制序列,其取值为±1,对应的相位值为 0 和 π。

二相编码信号形式还可表示如下:

$$u(t)=[u_{1}(t)*u_{2}(t)]u_{3}(t) \tag{3-12}$$

其中,

$$\begin{cases}u_{1}(t)=\begin{cases}\dfrac{1}{\sqrt{T}},0<t<T\\ 0,\text{其他}\end{cases},\\ u_{2}(t)=\dfrac{1}{\sqrt{N}}\displaystyle\sum_{n=0}^{N-1}c_{n}\delta(t-nT),-\infty<t<+\infty\end{cases} \tag{3-13}$$

$$u_{3}(t)=\begin{cases}1,0<t<NT\\ 0,\text{其他}\end{cases} \tag{3-14}$$

依据式(3-12),可得二相编码信号的模糊函数如下:

$$\chi(\tau,\xi)=[\chi_{1}(\tau,\xi)*_{\tau}\chi_{2}(\tau,\xi)]*_{\xi}\chi_{3}(\tau,\xi) \tag{3-15}$$

式中: $*_{\tau}$ 表示针对变量 τ 进行卷积; $*_{\xi}$ 表示针对变量 ξ 进行卷积。

由于 $\chi_1(\tau,\xi)$ 与 $\chi_3(\tau,\xi)$ 是确知的,则二相编码信号的模糊函数主要由 $\chi_2(\tau,\xi)$ 决定,且有

$$\chi_{2}(\tau,\xi)=\sum_{K=-\infty}^{\infty}\sum_{S=-\infty}^{\infty}b_{KS}\delta(\tau-KT)\delta\left(\xi-\frac{S}{T}\right) \tag{3-16}$$

式中: b_{KS} 是二进制序列 $\{c_n\}$ 的 χ 函数,即

$$b_{KS} = \sum_n c_n c_{n+K}^* \mathrm{e}^{\mathrm{j}\frac{2\pi}{P}nS} \tag{3-17}$$

因此,二相编码信号的模糊函数由二进制序列 $\{c_n\}$ 决定。为了获得理想图钉型模糊函数,序列必须具备各向均匀的模糊函数,即

$$A_{KS} = |b_{KS}|^2 = \begin{cases} A_{00}, \text{当} K,S \equiv (0,0) \bmod N \\ \dfrac{A_{00}}{N+1}, \text{其他} \end{cases} \tag{3-18}$$

其中,mod 表示取余。

2) 脉冲串信号的模糊函数

脉冲串信号可在不减小信号带宽的条件下增加信号时宽,进而提高信号的速度分辨率。均匀脉冲串信号可表示为

$$u(t) = \frac{1}{\sqrt{N}} \sum_{n=0}^{N-1} u_1(t - nT_{\mathrm{r}}) \tag{3-19}$$

式中:N 为子脉冲的数目;T_{r} 为子脉冲间的时域间隔,且有

$$u_1(t) = \begin{cases} \dfrac{1}{\sqrt{T}}, & 0 < t < T \\ 0, & \text{其他} \end{cases} \tag{3-20}$$

式中:T 为子脉冲的时宽。

均匀脉冲串信号的模糊函数可表示如下:

$$\begin{aligned} \chi(\tau,\xi) = & \frac{1}{N} \sum_{p=-(N-1)}^{0} \sum_{n=0}^{N-1-|p|} \mathrm{e}^{\mathrm{j}2\pi\xi(nT_{\mathrm{r}}+\Delta T_n)} \chi_1(\tau - pT_{\mathrm{r}} - \Delta T_{n+|p|} + \Delta T_n, \xi) \\ & + \frac{1}{N} \sum_{p=1}^{N-1} \sum_{n=0}^{N-1-p} \mathrm{e}^{\mathrm{j}2\pi\xi[(n+p)T_{\mathrm{r}}+\Delta T_{n+p}]} \chi_1(\tau - pT_{\mathrm{r}} - \Delta T_n + \Delta T_{n+|p|}, \xi) \end{aligned} \tag{3-21}$$

从式(3-21)可以看出,均匀脉冲串信号模糊函数的 ξ 轴旁瓣较高,这是由脉冲串的矩形包络引起的,可对脉冲串信号进行适当加权处理,用以得到较好的多普勒旁瓣抑制模糊图。加权脉冲串可表示为

$$u_{\mathrm{s}}(t) = \frac{1}{\sqrt{N}} \sum_{n=0}^{N-1} a_n u_1(t - nT_{\mathrm{r}}) \tag{3-22}$$

式中:a_n 为子脉冲的权值。

则加权后的模糊函数可表示为

$$\chi(\tau,\xi)=\frac{1}{N}\sum_{p=-(N-1)}^{0}|\chi_1(\tau-pT_r,\xi)|\left|\sum_{m=0}^{N-1-|p|}a_{m+|p|}b_m^*\mathrm{e}^{\mathrm{j}2\pi\xi mT_r}\right| + \frac{1}{N}\sum_{p=1}^{N-1}|\chi_1(\tau-pT_r,\xi)|\left|\sum_{n=0}^{N-1-p}a_n b_{n+p}^*\mathrm{e}^{\mathrm{j}2\pi\xi nT_r}\right| \tag{3-23}$$

其中,

$$\sum_{m=0}^{N-1-|p|}a_{m+|p|}b_m^*\mathrm{e}^{\mathrm{j}2\pi\xi mT_r}=\mathrm{IFFT}[a(t+|p|T_r)b^*(t)]\otimes\left[\frac{1}{T_r}\sum_{n=-\infty}^{\infty}\delta\left(\xi+\frac{m}{T_r}\right)\right] \tag{3-24}$$

由式(3-23)可知,脉冲串信号模糊图由$(2N-1)$个平行于ξ轴的模糊带组成。该信号模糊函数将大部分的模糊体积移至远离原点的模糊瓣里,进而使原点处的主瓣变得尖窄。因此,该信号模糊函数同时具备较高的距离分辨率和速度分辨率。

3) 线性调频信号的模糊函数

考虑基带线性调频信号:

$$u(t)=\mathrm{rect}\left[\frac{t}{T}\right]\exp(\mathrm{j}\pi k_r t^2) \tag{3-25}$$

则代入式(3-1)可得模糊函数如下:

$$|\chi(\tau,\xi)|^2=\begin{cases}\left|(T-|\tau|)\dfrac{\sin[\pi(k_r\tau+\xi)(T-|\tau|)]}{\pi(k_r\tau+\xi)(T-|\tau|)}\right|^2, & |\tau|\leqslant T\\ 0, & |\tau|>T\end{cases} \tag{3-26}$$

典型参数下的线性调频信号模糊函数如图3-1所示。

3.1.1.3 基于模糊函数的信号设计流程

由前面的叙述可知,基于模糊函数的波形设计方法分为波形综合方法和波形选择方法。对于波形综合法而言,如何使模糊函数与雷达工作任务以及环境达到最优匹配是波形综合与设计的基本途径。例如,若需要测量目标的距离信息,则波形设计任务归结为按照$\chi(\tau,0)$设计大时宽带宽积的雷达信号,且经常要求信号包络为矩形,以充分利用发射机的平均功率;若需要测量目标的速度信息,则波形设计任务可归结为按照$\chi(0,\xi)$设计大时宽带宽积的雷达信号;若需要测量的是距离及速度信息,则波形设计任务可归结为,在消除联合估计时延和频移耦合误差的基础上,按照$\chi(\tau,\xi)$来设计大时宽带宽积的脉冲压缩信号。

现以距离测量为例,按照$\chi(\tau,0)$的波形设计流程如下:

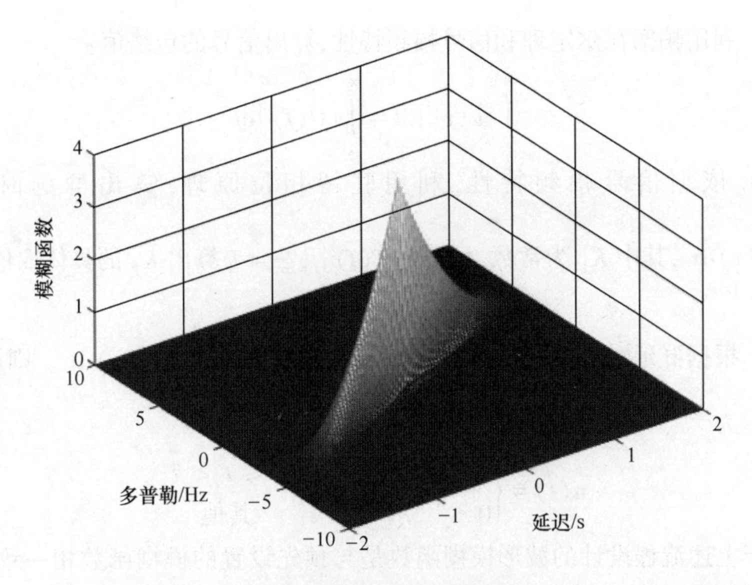

(a) 线性调频信号模糊函数三维图

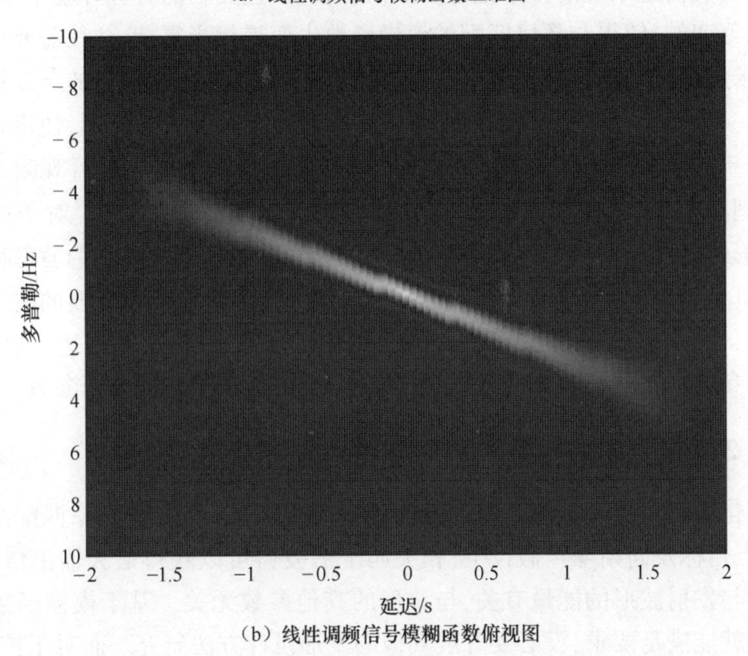

(b) 线性调频信号模糊函数俯视图

图 3-1 线性调频信号的模糊函数图(见彩图)

(1) 根据给定的$\chi(\tau,0)$ 算出信号幅频特性 $|U(f)|$:

$$|U(f)|=\sqrt{\int_{\infty}^{\infty}\chi(\tau,0)\mathrm{e}^{\mathrm{j}2\pi f\tau}\mathrm{d}\tau} \tag{3-27}$$

（2）利用帕塞瓦尔定理和信号幅频特性，算出信号的包络值：

$$\int_{\infty}^{\infty} |u(t)| \mathrm{d}t = \int_{\infty}^{\infty} |U(f)| \mathrm{d}f \tag{3-28}$$

（3）依据信号幅频特性，利用驻留相位原理，算出群延时 $T(f) = K_1 \int_{-\infty}^{f} U^2(x) \mathrm{d}x$，其中 K_1 为常数，可根据 $T(f)|_{f=\infty} = T$ 算出 K_1 的具体取值；

（4）根据群延时 $T(f)$，算出信号的相位 $\varphi(t) = 2\pi \int_{-\infty}^{t} T^{-1}(x) \mathrm{d}x$。则设计的信号可表示为

$$u(t) = \begin{cases} |u(t)| \cdot \mathrm{e}^{\mathrm{j}\varphi(t)}, & 0 \leqslant t < T \\ 0, & \text{其他} \end{cases} \tag{3-29}$$

基于上述流程设计的波形模糊函数是与预先设置的模糊函数相一致的，因此可以有效实现雷达系统的参数配置。然而，现代雷达面临的目标环境不仅复杂，而且是瞬息万变的，使得与环境匹配的模糊函数也变得相当复杂，往往需要结合最优化方法，求解最优的雷达波形[7-8]。例如，当观测场景中存在强烈的杂波且已知杂波的时延—频移分布特性时，需要根据杂波分布情况设计雷达波形，使得杂波最强的地方处于波形模糊函数的凹口[9]。又如，若 MIMO 雷达要求并行观测通道的干扰最小，则必须基于互模糊函数最小化准则设计雷达波形[10-13]。对于这类问题而言，波形综合设计方法不仅会遇到数学上的困难，而且综合得到的波形往往过于复杂，不具备物理可实现性。因此，可使用波形选择方法设计所需要的波形。其基本思想是，依据典型信号模糊函数的特征和环境信息，初步选取雷达波形，并以波形的部分参数和雷达的具体任务构建优化准则，进而求得最优波形参数。

3.1.2 基于信噪比最大化的信号设计方法

最大化输出信噪比一直是雷达设计者追求的目标。依据第 2 章匹配滤波原理可知，在点目标及高斯噪声假设下，相关匹配滤波器可以获得最大输出信噪比，且信噪比仅与发射波形的能量有关，与波形的其他参数无关。基于模糊函数的波形设计方法就能满足要求，没必要开展其他的波形设计方法研究。而对于扩展目标、非高斯噪声和 MIMO 同频干扰模型，输出信（杂）噪比与发射波形的参数有直接关系。此时，传统的匹配滤波处理并不是最优的。

本节以扩展目标为例，分析了发射波形与输出信噪比的关系，论述了利用最大输出信噪比准则设计波形的必要性，介绍了基于最大信噪比准则的波形设计流程。对于 MIMO-SAR 同频干扰下的信噪比关系，将在 3.3 节展开说明。

3.1.2.1 发射波形与输出信噪比的关系

假设扩展目标的冲激响应为 $g(t)$,则回波可表示如下：

$$x(t)=s(t)*g(t)+n(t) \tag{3-30}$$

匹配滤波后的结果如下：

$$y(t)=h(t)*x(t)=h(t)*s(t)*g(t)+h(t)*n(t) \tag{3-31}$$

式中：$h(t)$ 为匹配滤波器的响应。

在 t_0 时刻,目标的输出能量可表示为

$$|y_{\text{target}}(t_0)|^2=|h(t)*s(t)*g(t)|_{t_0}^2=\left|\frac{1}{2\pi}\int_{-\infty}^{\infty}S(f)G(f)H(f)\mathrm{e}^{\mathrm{j}2\pi f t_0}\mathrm{d}f\right|^2 \tag{3-32}$$

依据信噪比的定义,可知

$$\mathrm{SNR}_{t_0}=\frac{|y_{\text{target}}(t_0)|^2}{E\{|y_{\text{noise}}(t_0)|^2\}}=\frac{\left|\frac{1}{2\pi}\int_{-\infty}^{\infty}S(f)G(f)H(f)\mathrm{e}^{\mathrm{j}2\pi f t_0}\mathrm{d}f\right|^2}{\frac{N_0}{2}\frac{1}{2\pi}\int_{-\infty}^{\infty}|H(f)|^2\mathrm{d}f} \tag{3-33}$$

利用柯西—施瓦兹不等式,可得

$$\begin{aligned}\mathrm{SNR}_{t_0}&=\frac{\left|\frac{1}{2\pi}\int_{-\infty}^{\infty}S(f)G(f)H(f)\mathrm{e}^{\mathrm{j}2\pi f t_0}\mathrm{d}f\right|^2}{\frac{N_0}{2}\frac{1}{2\pi}\int_{-\infty}^{\infty}|H(f)|^2\mathrm{d}f}\\&\leqslant\frac{\int_{-\infty}^{\infty}|S(f)G(f)|^2\mathrm{d}f\int_{-\infty}^{\infty}|H(f)|^2\mathrm{d}f}{\frac{N_0}{2}\cdot\frac{1}{2\pi}\int_{-\infty}^{\infty}|H(f)|^2\mathrm{d}f}\\&=\frac{N_0}{\pi}\int_{-\infty}^{\infty}|S(f)G(f)|^2\mathrm{d}f\end{aligned} \tag{3-34}$$

其中

$$H(f)=\alpha\,[S(f)G(f)\mathrm{e}^{\mathrm{j}2\pi f t_0}]^* \tag{3-35}$$

由上式可知,在扩展目标模型下,输出信噪比由发射波形的频谱和目标冲激响应决定。当目标冲激响应已知时,需要基于最大信噪比准则来设计发射波形,以获

得最大输出信噪比。

3.1.2.2 基于最大信噪比准则的信号设计流程

依据信噪比与发射波形频谱、目标冲激响应的关系,构建输出信噪比最大化准则,结合最优化求解方法,可求取对应于最大输出信噪比的发射波形和滤波器形式[14]。具体而言,基于最大信噪比准则的波形设计算法如下:

(1)依据回波模型及信噪比的定义,求解信噪比 SNR 和匹配滤波器 $H(f)$ 的数学形式;

(2)以信噪比 SNR 最大化为准则,构建恒包络、有限能量等约束,其中,发射信号幅度谱、目标谱、噪声及干扰特性是优化准则中的变量;

(3)利用最优化方法,求解发射波形的幅度谱,并结合相关的相位调制技术,获取最优发射波形。

下面同样以扩展目标为例,说明上述波形设计算法的流程。由式(3-34)和式(3-35)可知,扩展目标背景下的信噪比与匹配滤波器的形式为

$$
\begin{aligned}
&\mathrm{SNR}=\frac{N_0}{\pi}\int_{-\infty}^{\infty}|S(f)G(f)|^2\mathrm{d}f,\\
&H(f)=\alpha\left[S(f)G(f)\mathrm{e}^{\mathrm{j}2\pi f t_0}\right]^*
\end{aligned}
\tag{3-36}
$$

基于式(3-36),构建基于信噪比最大化的优化准则如下:

$$
\begin{aligned}
&\max\left\{\mathrm{SNR}=\frac{N_0}{\pi}\int_{-\infty}^{\infty}|S(f)G(f)|^2\mathrm{d}f\right\}\\
&s.t.\ S(f)\ \text{恒包络},S(f)\ \text{能量有限}
\end{aligned}
\tag{3-37}
$$

需要说明的是,SNR 是大于零的实数,又可以表示为

$$
\mathrm{SNR}=\frac{N_0}{\pi}\sqrt{\left|\int_{-\infty}^{\infty}|S(f)G(f)|^2\mathrm{d}f\right|^2}
\tag{3-38}
$$

利用柯西—施瓦兹不等式,可得

$$
\mathrm{SNR}=\frac{N_0}{\pi}\sqrt{\left|\int_{-\infty}^{\infty}|S(f)G(f)|^2\mathrm{d}f\right|^2}\leqslant\frac{N_0}{\pi}\sqrt{\int_{-\infty}^{\infty}|S(f)|^4\mathrm{d}f\int_{-\infty}^{\infty}|G(f)|^4\mathrm{d}f}
\tag{3-39}
$$

其中

$$
|S(f)|^2=\alpha\,|G(f)|^2
\tag{3-40}
$$

依据上式可知,当输出信噪比达到最大时,发射波形的幅度谱与目标谱成正比。换言之,若发射信号的幅度谱与目标谱形状一致,则输出信噪比最大,且取值为

$$\mathrm{SNR}_{\max}=\frac{\alpha N_0}{\pi}\int_{-\infty}^{\infty}|G(f)|^4\mathrm{d}f=\frac{\alpha N_0}{\pi}\int_{-\infty}^{\infty}|S(f)|^4\mathrm{d}f \tag{3-41}$$

若已知目标谱,则可依据式(3-40)求解发射信号幅度谱,并对求解的幅度谱进行相位调制,可得到扩展目标模型下的最大输出信噪比发射波形。

综上所述,基于最大信噪比准则的波形设计算法可在扩展目标、非高斯噪声及干扰模型下获得最大信噪比,这种优势是基于模糊函数的波形设计方法所无法比拟的。然而,该方法需要知道目标谱、噪声及干扰等先验知识。

3.1.3 基于通信波形的雷达信号设计方法

雷达系统与通信系统存在很多共同点,都是基于电磁波承载信息的科学本质,其技术演进具有同构化趋势,本节首先介绍通信系统的波形设计技术,其次在讨论雷达与通信内在联系的基础之上,研究了基于通信波形的雷达波形设计方法。

近年来,随着科学技术高速发展和应用需求的不断拓展,雷达传感和无线通信在收发通道、信号与数据处理、管理与控制等方面的差异正逐步缩小,已呈现出"一体化"趋势。两者在波形设计方面也存在交集。因此,近年来,很多专家学者都尝试把先进的通信波形用于雷达系统,甚至提出了雷达通信一体化的波形设计概念[15-22]。雷达和通信的本质是一致的,都是利用电磁波获取信息。不同的是,雷达系统是为了获取信道信息,且信道中的目标往往都是非合作式的。通信系统则是为了获取信源信息(图 3-2),且信源和信宿通常是合作式的。虽然,雷达系统与通信系统的框架存在一定的差异性,但两者总体结构是一致的。因此,在电磁波信号的产生和传输过程中,这两个系统面临许多共性问题,如信号产生难易程度、多径衰落、频谱利用率和干扰等问题。可依据雷达系统对波形的特殊要求,对已经解决了这些共性问题的通信波形进行针对性的改进和优化,进而实现先进通信波形对雷达波形的指导设计。

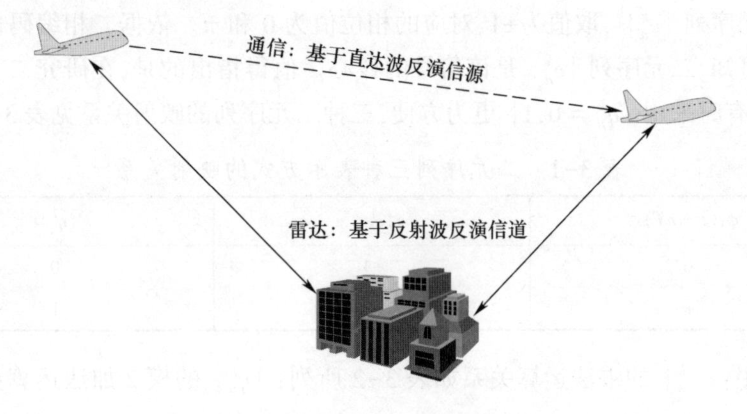

图 3-2 通信与雷达的应用区别

鉴于多输入多输出技术在无线通信中取得的突出成果，现有的 MIMO-SAR 信号基本都是基于通信波形改进设计的。然而，现有的成像效果都不理想。究其本质，部分学者没有透析雷达（特别是合成孔径雷达）与通信的异同点，从而导致了 MIMO-SAR 正交波形的设计误区，这种误区将在 3.3 节详述。

3.2 典型正交信号概述

正交概念最早出现于三维空间中的向量分析。在三维空间中，若两个向量的内积是 0，则可认为这两个向量是正交的[23]。工程上，若两个带宽都为 B 的时间有限信号 $s_1(t)$ 和 $s_2(t)$，自相关函数是能量集中的尖锐函数，互相关函数是均匀发散的，则称这两路信号是相互正交的信号[24]。满足这一条件的波形集很多，如调频率绝对值相等符号相反的 LFM[25]，m-序列[26-29] 和 Barker 码[30-32] 等二元相位编码信号。其中，正负线性调频信号形式及应用于 MIMO-SAR 的限制已在第 1 章给出，这里不再说明。本节着重介绍几种典型的二元伪随机编码相位信号。

二元伪随机编码相位信号是一种恒包络均分相位的编码信号。假设正交信号集有 K 个信号，且每个信号都包含 N 个子脉冲，则恒包络均分相位编码信号集可表示为

$$\left\{s_k(t) = \frac{1}{\sqrt{NT}}\sum_{n=0}^{N-1}\operatorname{rect}\left(\frac{t-nT}{T}\right)\exp[\mathrm{j}\cdot\phi_k(t-nT)],0 \leqslant t \leqslant NT\right\},$$

$$k = 1,2,\cdots,K \tag{3-42}$$

$$\phi_k(t-nT) \in \left\{0,\frac{2\pi}{M},2\,\frac{2\pi}{M},\cdots,(M-1)\,\frac{2\pi}{M}\right\}$$

当 $M=2$ 时，式(3-42)即为二相编码信号。此时，相位项 $\exp[\mathrm{j}\cdot\phi_k(t-nT)]$ 变为二元序列 $\{c_n^k\}$，取值为±1，对应的相位值为 0 和 π。依据二相编码信号的模糊函数可知，二元序列 $\{c_n^k\}$ 是该信号的核心。值得指出的是，在研究二元序列的特性时，有时采用 $\{q_n^k=0,1\}$ 更为方便，三种二元序列的映射关系见表 3-1。

表 3-1　二元序列三种表示方式的映射关系

$\phi_k(t-nT)$	$\{c_n^k\}$	$\{q_n^k\}$
0	+1	0
π	−1	1

表 3-1 中：$\{c_n^k\}$ 的乘法运算关系如表 3-2 所列；$\{q_n^k\}$ 的模 2 加法运算如表 3-3 所列。

表 3-2　$\{c_n^k\}$ 的乘法运算关系

×	+1	-1
+1	+1	-1
-1	-1	+1

表 3-3　$\{q_n^k\}$ 的模 2 加法运算关系

⊕	0	1
0	0	1
1	1	0

理论上讲,随机的二元序列具备点函数型周期自相关函数,且多路序列间的周期互相关函数为0,曾被视为理想的正交信号调制手段,主要有以下性质:

(1) 平衡特性:在每个码字周期内,"+1"码元数与"-1"码元数相等,即 $\sum_{n=0}^{N-1} c_n^k = 0$。

(2) 游程特性:"+1"或"-1"连续出现的状态称为游程,而其中"+1"或"-1"的个数称为游程长度。在每个码字周期内,长度为 p 的游程数占游程总数的 $1/2^p$ 。

(3) 相关特性:若 $k,\kappa = 1,2,\cdots,K$,且 $k \neq \kappa$,则码 $\{c_n^k\}$ 和码 $\{c_n^\kappa\}$ 的周期互相关为0,即 $\sum_{n=0}^{N-1} c_n^k c_{n+m}^\kappa = 0$。周期自相关函数呈点函数型,即

$$\sum_{n=0}^{N-1} c_n^k c_{n+m}^k = \begin{cases} N, m \equiv 0(\bmod N) \\ 0, \text{其他} \end{cases} \tag{3-43}$$

然而,二元随机序列是一种二进噪声码,难以重复产生和处理。因此工程上往往采用具有类似于随机噪声的某些统计特性,同时可重复产生的二元伪随机序列。该序列具备以下性质:

(1) 平衡特性:在每个码字周期内,"+1"码元数只比"-1"码元数少一个,即 $\sum_{n=0}^{N-1} c_n^k = -1$。

(2) 游程特性:在每个码字周期内,长度为 p 的游程数占游程总数的 $1/2^p$ 。

(3) 相关特性:具有两电平周期自相关特性,即

$$\sum_{n=0}^{N-1} c_n^k c_{n+m}^k = \begin{cases} N, m \equiv 0(\bmod N) \\ -1, \text{其他} \end{cases} \tag{3-44}$$

如果把伪噪声码的条件放宽,着重考虑码的相关特性,则有以下定义:

(1) 凡具有两电平周期自相关特性

$$\sum_{n=0}^{N-1} c_n^k c_{n+m}^k = \begin{cases} N, m \equiv 0(\bmod N) \\ -1, \text{其他} \end{cases} \tag{3-45}$$

的码称为狭义伪噪声码。

(2) 凡周期自相关函数具有

$$\sum_{n=0}^{N-1} c_n^k c_{n+m}^k = \begin{cases} N, m \equiv 0(\bmod N) \\ a < N, \text{其他} \end{cases} \tag{3-46}$$

形式的码称为第一类广义伪噪声码。

(3) 凡周期互相关函数具有

$$\sum_{n=0}^{N-1} c_n^k c_{n+m}^\kappa \ll 1 \tag{3-47}$$

形式的码称为第二类广义伪噪声码。显然,本书更为关注第二类广义伪噪声码,该码即为前面所述工程正交信号的特例。

3.2.1 m 序列

m 序列是一种二元伪随机序列,具备理想的周期自相关函数,且模糊函数呈各向均匀的钉耙形。但该序列的非周期自相关和互相关旁瓣较高,特别地,当 $N \gg 1$ 时,自相关函数的主旁瓣比接近 $\sqrt{N}$ 。

m 序列定义为二元周期序列 $\mathbf{Z} = \{z_0, z_1, z_2, \cdots, z_{N-1}, \cdots\}$; $z_i \in \{+1, -1\}$,且满足下列关系式:

$$z_{q+1} = z_q^{y_1} z_{q-1}^{y_2} \cdots z_{q-n+1}^{y_n} \tag{3-48}$$

式中, $\{y_1, y_2, \cdots, y_n\}$ 为给定的二元序列, $y_i \in \{0,1\}$ 。选择一定的初始组合 $\{z_{n-1}, z_{n-2}, \cdots, z_0\}$ 便可得到周期为 $N = 2^n - 1$ 的 m 序列。例如, $n = 3, y_1 = 0, y_2 = 1, y_3 = 1, z_q = -1, z_{q-1} = -1, z_{q-2} = -1$,则得 $N = 2^3 - 1 = 7$ 的 m 序列为

$$X = \{-1, -1, -1, +1, +1, -1, +1, \cdots\} \tag{3-49}$$

实际应用中,m 序列由二进制线性反馈移位寄存器网络产生,如图 3-3 所示。n 级网络主要由 n 个串联的寄存器、移位脉冲产生器和模 2 加法器组成。根据域论中的多项式概念,反馈逻辑可以表示为以二元有限域的元素 $a_i \in \{0,1\}, i = 1, 2, \cdots, n$ 为系数的多项式形式,即 $f(x) = \sum_{i=0}^{n} a_i x^i$ 。该多项式称为"特征多项式"。式中, $a_i = 0$ 表示所对应的寄存器不参加反馈, $a_i = 1$ 则表示所对应的寄存器参加反馈,且 $a_0 = a_n = 1$ 为恒定值。一般将各级系数 a_i 的取值用二进制数组表示为 $\{a_i\}$, i 的顺序从高级(末级)到低级(第一级)。

改变线性反馈移位寄存器的反馈逻辑可得到不同的码序列,且不同码序列的周期不完全相同。对于 n 级网络,当且仅当特征多项式为本原多项式时,可产生的

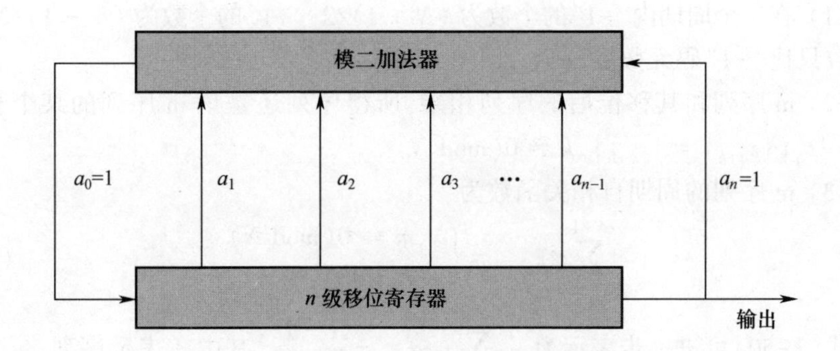

图 3-3　m 序列发生器原理图

码序列周期最大长度为(2^n-1),称这样的序列为 m 序列。同一个线性反馈移位寄存器网络的输出序列还与各寄存器的初始状态有关。典型 m 序列如图 3-4 所示。

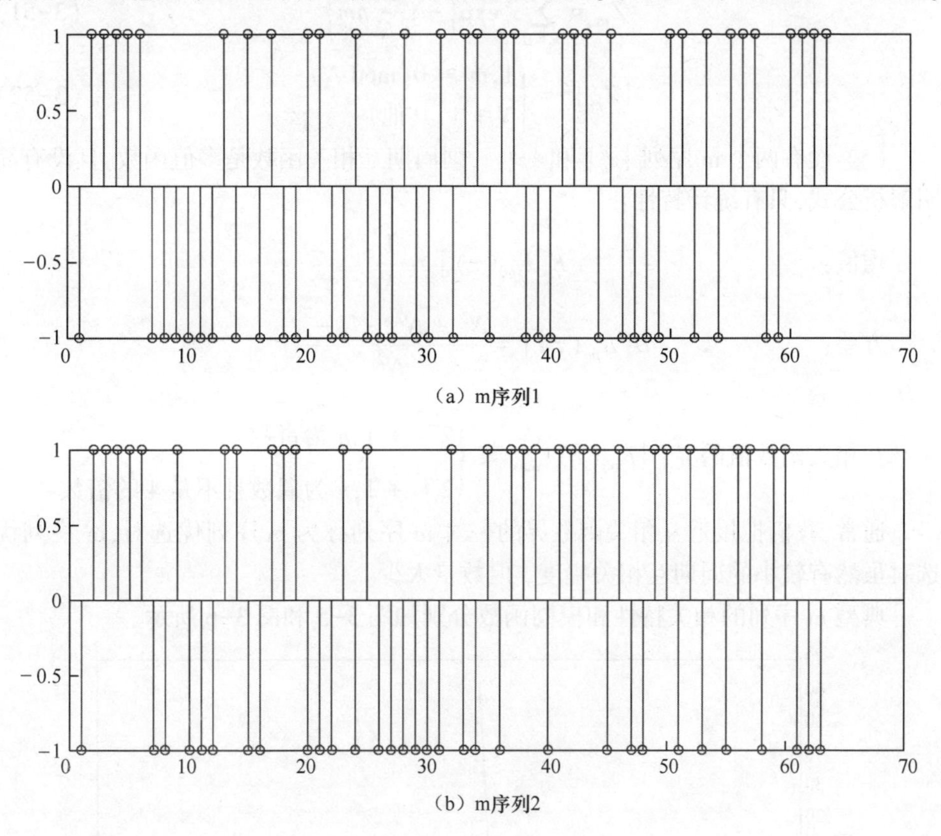

图 3-4　典型 m 序列

m 序列具有许多重要性质,下面介绍与波形设计有关的几条:

(1) 在一个周期内“-1”的个数为 $(N+1)/2$,“+1”的个数为 $(N-1)/2$,“+1”码元数只比“-1”码元数少一个。

(2) m 序列和其移位后的序列相乘,所得序列还是该 m 序列的某个移位序列,即 $\{z_q\}\{z_{q+k}\} = \{z_{q+h}\}, k \neq 0(\bmod N)$ 。

(3) m 序列的周期自相关函数为

$$\sum_{n=0}^{N-1} z_n z_{n+m} = \begin{cases} N, m \equiv 0(\bmod N) \\ -1, 其他 \end{cases} \tag{3-50}$$

式(3-50)可进一步表示为 $\frac{1}{N}\sum_{n=1}^{N-1} z_n z_{n+m} = \frac{A-D}{A+D}$,其中 A 表示序列 $\{z_n\}$ 和序列 $\{z_{n+m}\}$ 对应位置元素相同的个数,D 为对应位置元素不同的个数。

(4) m 序列的傅里叶变换为复数周期序列 $\{Z_m\}$,序列周期仍为 N,且有

$$Z_m = \sum_{n=0}^{N-1} z_n \exp\left\{-\mathrm{j}\frac{2\pi}{N}nm\right\} \tag{3-51}$$

$$|Z_m|^2 = \begin{cases} 1, m \equiv 0(\bmod N) \\ N+1, 其他 \end{cases} \tag{3-52}$$

(5) 设有两个 m 序列 $\{z_n^p\}$ 和 $\{z_n^q\}$,则周期互相关函数是多值函数,且没有简明解析公式,只有统计特性:

均值: $$E[R_{pq}(\tau)] = \frac{1}{N}$$

方差: $$D[R_{pq}(\tau)] = \frac{N^3 + N^2 - N - 1}{N^2}$$

互相关函数值的界: $|R_{pq}(\tau)|_{\max} \leqslant \begin{cases} 2^{\frac{n+1}{2}} + 1, n 为奇数 \\ 2^{\frac{n+2}{2}} + 1, n 为偶数且不是 4 的倍数 \end{cases}$

通常,我们把接近互相关函数界的一对 m 序列称为 m 序列优选对,m 序列优选对虽然有较小的周期互相关幅度, 但数量太少。

典型 m 序列的相关特性和模糊函数分别如图 3-5 和图 3-6 所示。

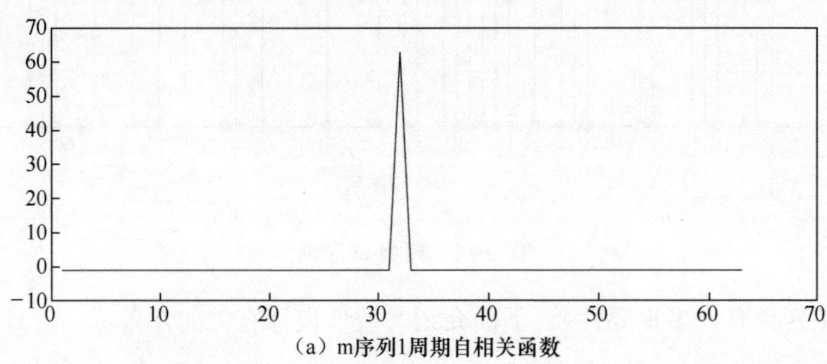

(a) m序列1周期自相关函数

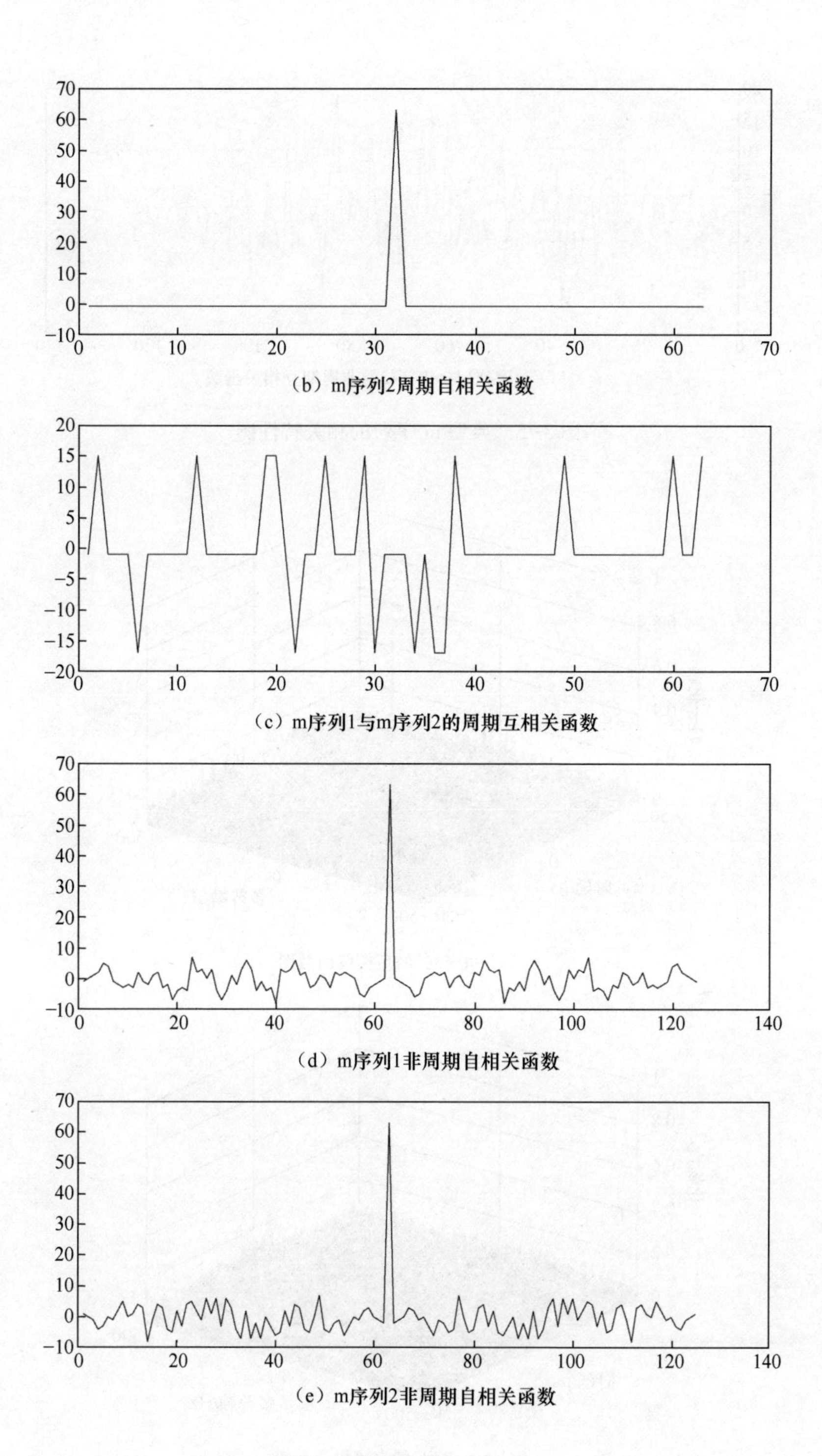

（b）m序列2周期自相关函数

（c）m序列1与m序列2的周期互相关函数

（d）m序列1非周期自相关函数

（e）m序列2非周期自相关函数

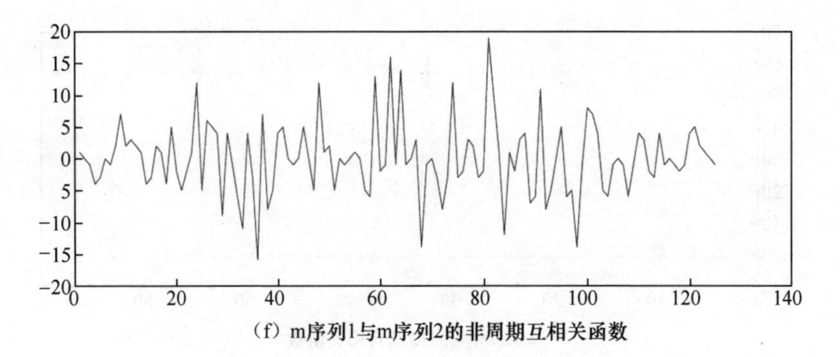

（f）m序列1与m序列2的非周期互相关函数

图 3-5　典型 m 序列的相关特性图

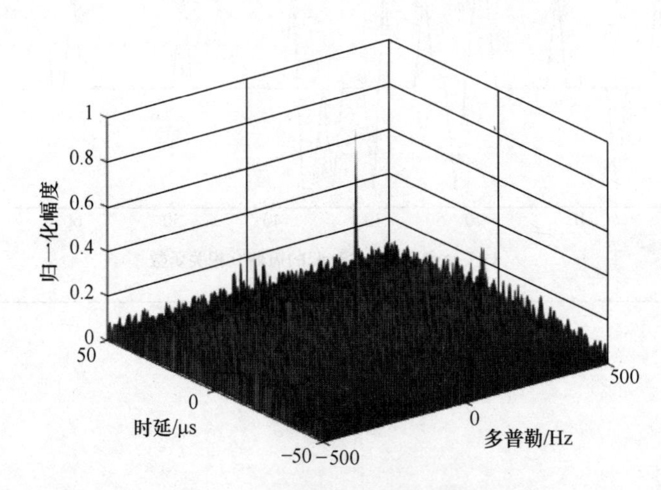

（a）m序列1的自模糊函数图

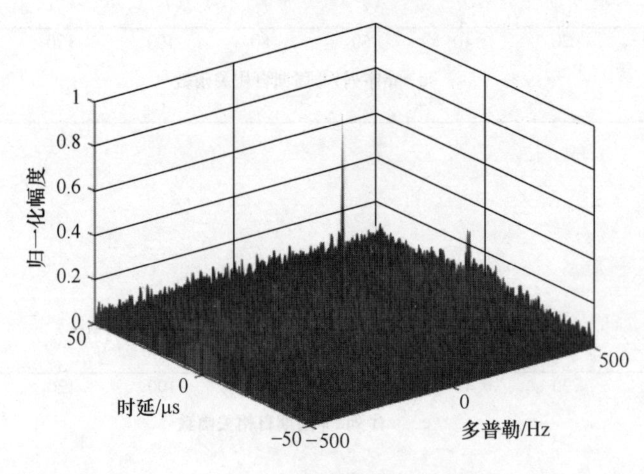

（b）m序列2的自模糊函数图

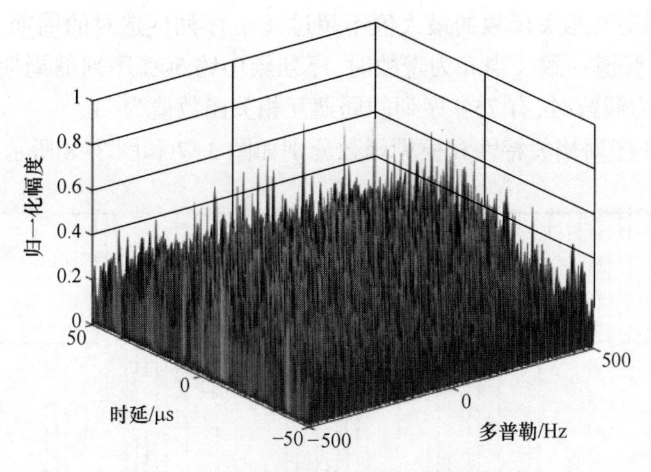

（c）m序列1与m序列2的互模糊函数图

图 3-6　典型 m 序列的模糊函数图(见彩图)

3.2.2　GOLD 序列

Gold 序列是 m 序列的复合码,由两个码长相等、码时钟速率相同的 m 序列优选对模二加组成[33-34]。1967 年 R. Gold 指出,给定移位寄存器级数 n 时,总可以找到一对互相关函数值是最小的码序列,采用移位相加的方法构成新码组,其互相关旁瓣都很小,而且自相关函数和互相关函数均是有界的。这个新码组被称为 Gold 码或 Gold 序列。顾名思义,Gold 序列比 m 序列的周期互相关性能更优。另外,Gold 序列比 m 序列优选对的数量要多得多。由于两个 m 序列发生器的相对移位量可以有(2^n-1) 种,所以 Gold 码序列发生器能产生(2^n-1)个长度是(2^n-1)的 Gold 码序列,再加上两个基本的 m 序列,共有(2^n+1)个 Gold 序列。若 a 和 b 是 m 序列优选对,则 Gold 序列族 $G(a,b)$ 的全部序列为

$$G(a,b)=\{a,b,a\oplus b,a\oplus bT,\cdots,a\oplus bT^{2^n-2}\} \tag{3-53}$$

式中:$a\oplus bT^i$ 表示把 b 序列平移 i 位后所得的序列。

Gold 序列分为平衡码和非平衡码,当“1”码元数仅比“0”码元数多一个时,称为平衡 Gold 序列;当“1”码元数或“0”码元数过多时,则称为非平衡 Gold 序列。鉴于 Gold 码是 m 序列的衍生码,则其周期自相关函数的所有非最高峰的取值是三值:-1, $-t(n)$, $t(n)-2$,其中 n 为奇数时, $t(n)=2^{\frac{n+1}{2}}+1$;当 n 为偶数且不是 4 的整倍数时, $t(n)=2^{\frac{n+2}{2}}+1$。在位移为 0 时,周期自相关函数取得最高峰 N,此时同 m 序列一样,具有尖锐的自相关峰值。

Gold 序列不仅具备良好的周期自相关特性,还具有较好的周期互相关特性,

Gold 序列的周期互相关函数的最大值不超过其 m 序列优选对的周期互相关值,其取值与自相关旁瓣一致。当 n 为奇数时,序列族中约 50%序列的周期互相关函数值为-1;当 n 为偶数时,有 75%序列的周期互相关函数值为-1。

典型 Gold 序列相关特性和模糊函数分别如图 3-7 和图 3-8 所示。

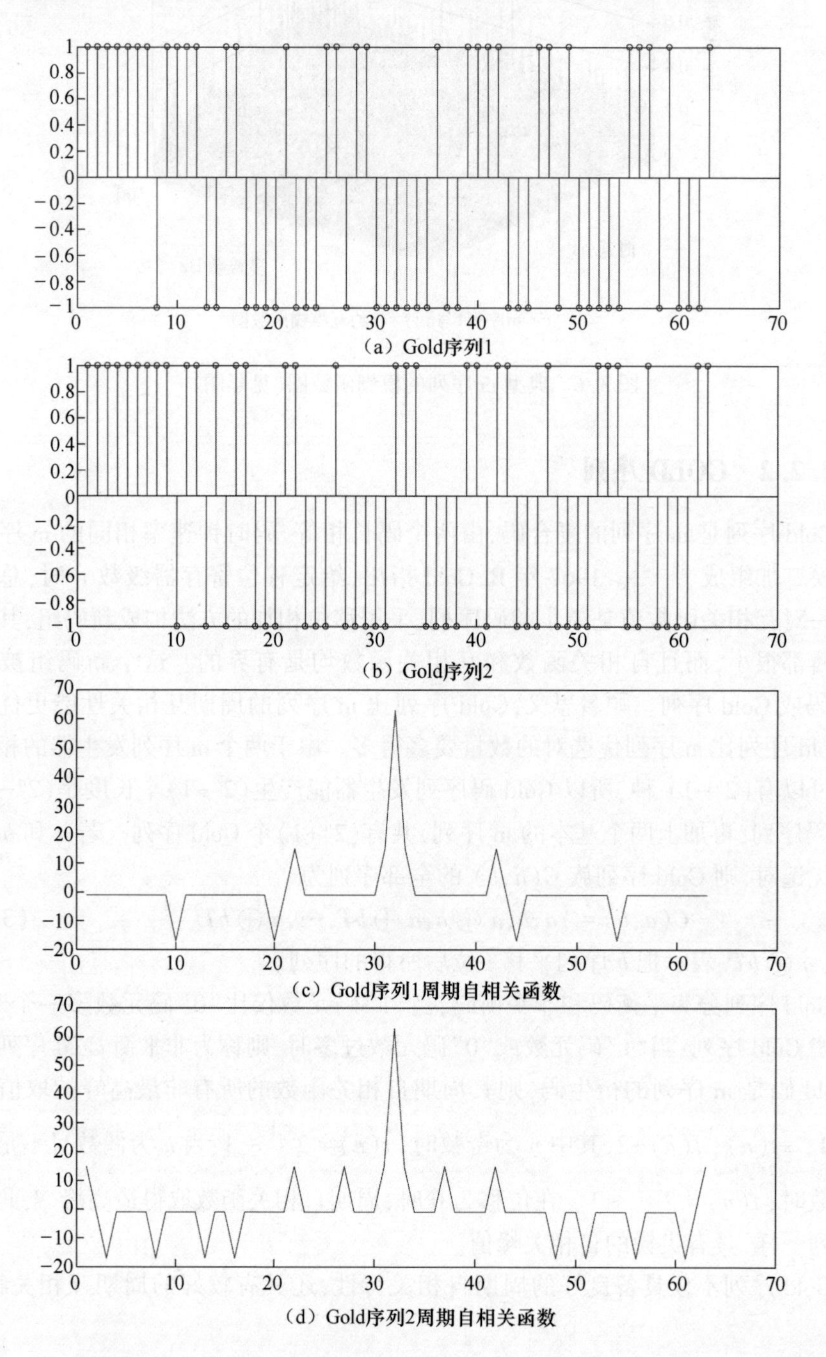

(a) Gold序列1

(b) Gold序列2

(c) Gold序列1周期自相关函数

(d) Gold序列2周期自相关函数

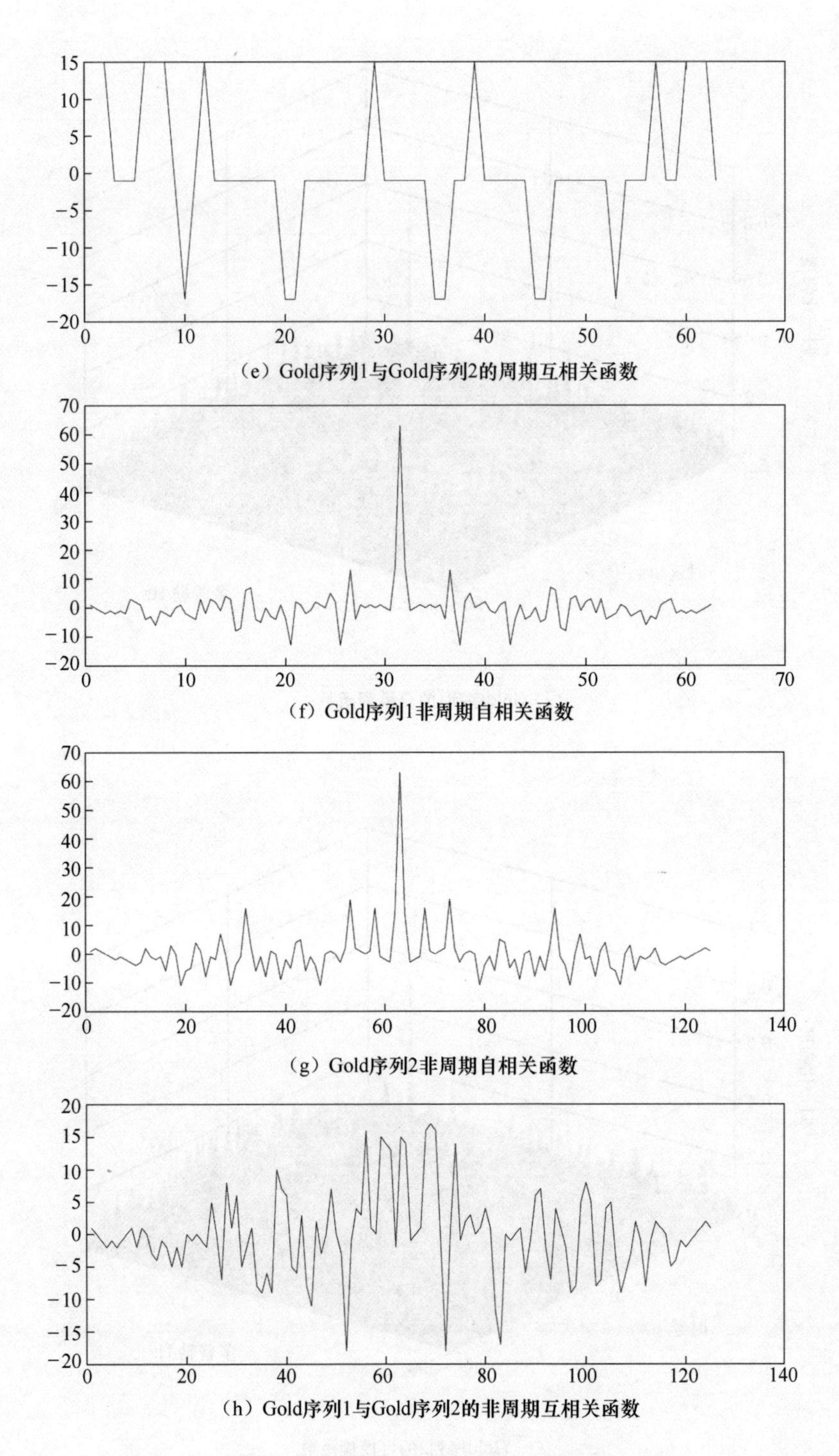

（e）Gold序列1与Gold序列2的周期互相关函数

（f）Gold序列1非周期自相关函数

（g）Gold序列2非周期自相关函数

（h）Gold序列1与Gold序列2的非周期互相关函数

图 3-7　典型 Gold 序列的相关特性图

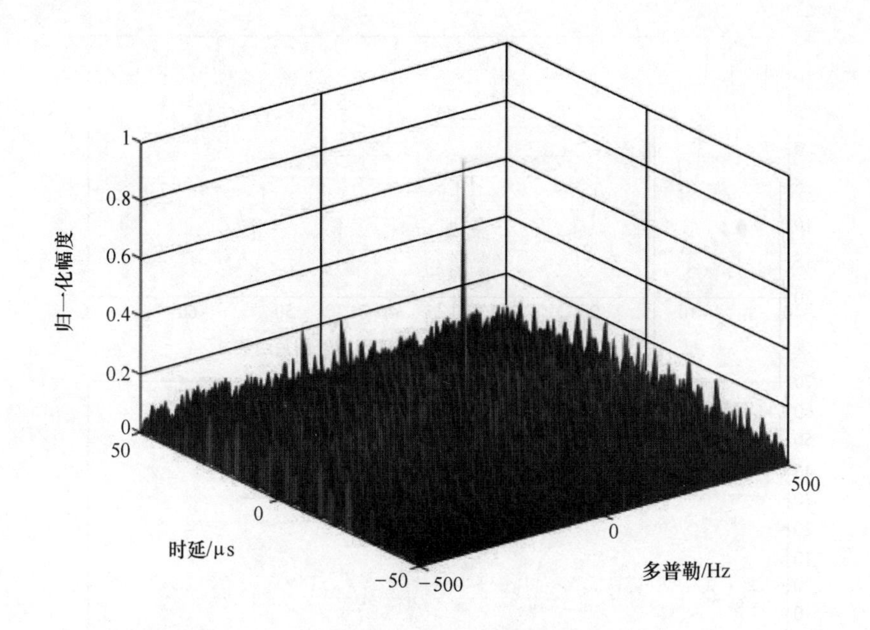

（a）Gold序列1的自模糊函数

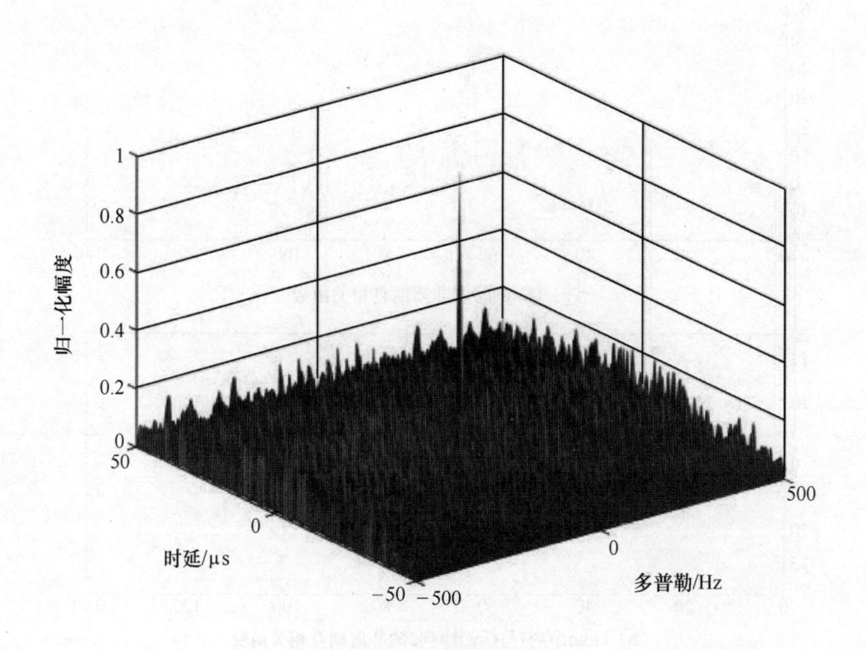

（b）Gold序列2的自模糊函数

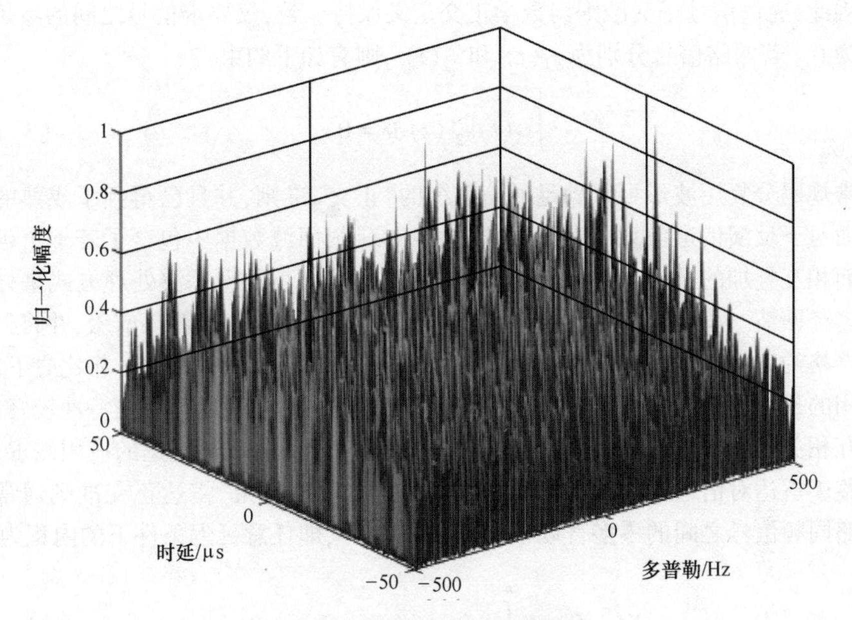

（c）Gold序列1与Gold序列2的互模糊函数

图 3-8　典型 Gold 序列的模糊函数图(见彩图)

需要说明的是,无论是 m 序列还是 Gold 序列,两者的非周期互相关特性都较差,皆不满足 MIMO-SAR 成像要求。下面将对此具体展开分析。

3.3　传统正交信号限制

正交信号最初应用于通信领域[35-38],用于混叠的数据中反演多个用户的传输信息。通过时间对齐(同步)来保证零相对延迟,并利用用户的正交码与数据块(直达波)的每个码元进行内积(图 3-9),可以有效去除其他用户的干扰。

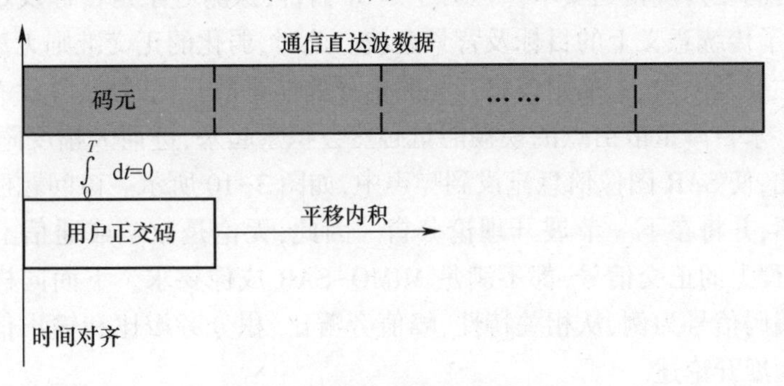

图 3-9　通信数据处理示意图

因此,通信信号正交准则与数学正交定义保持一致,仅要求信号之间的零延迟内积为0。若两路信号分别为 $s_1(t)$ 和 $s_2(t)$,则有如下约束:

$$\int_0^T s_1(t)s_2^*(t)\mathrm{d}t = 0 \tag{3-54}$$

常规码分复用波形可以满足通信系统的"正交"准则,并且已得到了成熟的应用。而对于反演信道信息(多径)的雷达系统来说,回波数据中包含了若干个延迟不同而相互叠加的目标,难以借鉴通信零延迟内积为0的直达波处理方式来处理雷达多径回波。虽然通信中也存在多径,通信在符号中添加了循环前缀,并将处理窗口严格约束为符号时宽,因而利用了正交序列的周期互相关特性。相比之下,雷达采用的是非周期相关处理。如前所述,现有正交序列的周期互相关特性较好,非周期互相关特性都较差。因此,传统的通信正交信号无法满足雷达的应用需求。

鉴于雷达对信号峰值旁瓣比和积分旁瓣比的严格约束,雷达正交准则通常要求多路同频信号之间的零多普勒模糊函数为0[39],即任意延迟条件下的内积为0:

$$\chi(\tau,0) = \int_{-\infty}^{\infty} s_1(t)s_2^*(t-\tau)\mathrm{d}t = 0 \tag{3-55}$$

将上式变换至频域可知,该正交准则要求多路同频信号的频谱共轭乘积为0,这明显不满足帕塞瓦尔定理,是不可实现的。因此,传统的脉冲多普勒雷达对式(3-55)约束的正交准则做出了如下近似:

$$\chi(\tau,0) = \int_{-\infty}^{\infty} s_1(t)s_2^*(t-\tau)\mathrm{d}t = \delta, 0 < \delta \ll 1 \tag{3-56}$$

该准则与第二类广义伪噪声码的定义一致,认为两个信号之间的互相关电平接近为0时,即为正交。需要特别指出的是,传统脉冲多普勒雷达探测的是稀疏分布的目标,散开到杂波背景中的失配能量并不会影响雷达性能。因此,这种弱化的正交准则可满足传统雷达要求。但对于SAR而言,探测对象是目标及目标所处的场景,囊括了传统意义上的目标及背景杂波。此时,弱化的正交准则无法满足成像要求。这主要是因为,该准则仅将互相关信号的能量散开到时域,并没有去除这些模糊能量。来自海量散射点的模糊能量必然会积累起来,进而大幅度降低SAR图像的信杂比,使SAR图像信息淹没到噪声中,如图3-10所示。该问题已在第1章进行了介绍,并将在下一节展开理论分析。因此,无论是数学或通信上的正交信号,还是工程上的正交信号,都不满足MIMO-SAR成像要求。下面同样以二元伪随机相位编码信号为例,从相关特性、峰值旁瓣比、积分旁瓣比和输出信噪比水平这四个方面展开论述。

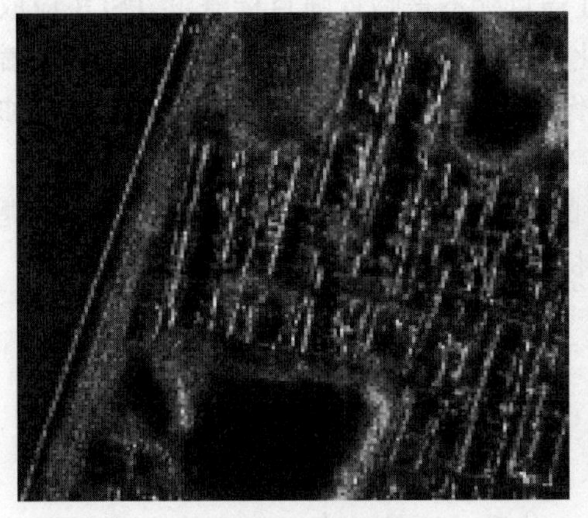

（a）参考SAR图像

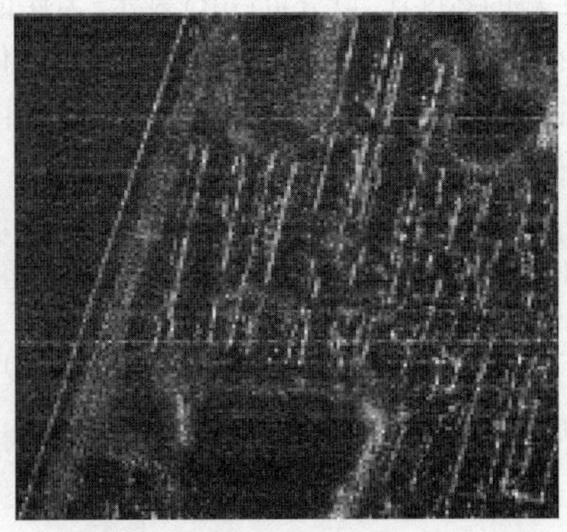

（b）因非理想正交引入同频干扰的SAR图像

图 3-10　弱化正交准则对 SAR 成像能力的影响示意图

3.3.1　相关特性

对应于式(3-42)恒包络均分相位编码信号的集定义,二元伪随机序列 $\{c_n^k\}$ 的自相关特性常用周期自相关函数

$$\chi_a(m) = \sum_{n=1}^{N-1} c_n^k c_{n+m}^k \tag{3-57}$$

和非周期自相关函数

$$\chi_b(m) = \sum_{n=0}^{N-1-|m|} c_n^k c_{n+m}^k, |m| < N-1 \tag{3-58}$$

来描述,有时也用周期自相关系数

$$\rho_a(m) = \frac{1}{N}\sum_{n=0}^{N-1} c_n^k c_{n+m}^k \tag{3-59}$$

和非周期自相关系数

$$\rho_b(m) = \frac{1}{N}\sum_{n=0}^{N-1-|m|} c_n^k c_{n+m}^k, |m| < N-1 \tag{3-60}$$

来描述。我们不仅关心非周期自相关函数的最大旁瓣电平 $\max\limits_{0<m\leqslant N-1}|\chi_b(m)|$,而且关心其自相关能量

$$E = \sum_{m=1}^{N-1} |\chi_b(m)|^2 \tag{3-61}$$

及旁瓣分布情况。这两个指标分别与峰值旁瓣比(Peak Side Lobe Ratio, PSLR)和积分旁瓣比(Integrated Side-Lobe Ratio, ISLR)类似。峰值旁瓣比是指最大旁瓣与

主瓣的高度比,以分贝(dB)表示,为保证弱目标不被临近强目标淹没,PSLR 应取在-20dB 左右,可通过在处理中使用锐化窗达到这一要求。积分旁瓣比是指旁瓣能量与主瓣能量的比值,为了使 SAR 图像的暗回波区不被临近强散射区污染,加窗后的 ISLR 应取在-17dB 左右。

MIMO-SAR 不仅要求信号具有良好的自相关特性,对信号的互相关特性也提出了较高要求。设有两个等长二元伪随机序列 $\{c_n^k\}$ 和 $\{c_n^\kappa\}$,则定义

$$\chi_{a(k,\kappa)}(m)=\sum_{n=0}^{N-1}c_n^k c_{n+m}^\kappa \tag{3-62}$$

为周期互相关函数,同样,对应的非周期互相关函数定义为

$$\chi_{b(k,\kappa)}(m)=\begin{cases}\sum\limits_{n=0}^{N-1-m}c_n^k c_{n+m}^\kappa, 0\leqslant m\leqslant N-1\\ \sum\limits_{n=0}^{N-1+m}c_{n-m}^k c_n^\kappa, -(N-1)\leqslant m\leqslant 0\\ 0, |m|\geqslant N\end{cases} \tag{3-63}$$

有时也用周期互相关系数

$$\rho_{a(k,\kappa)}(m)=\frac{1}{N}\sum_{n=1}^{N-1}c_n^k c_{n+m}^\kappa \tag{3-64}$$

和非周期互相关系数

$$\rho_{b(k,\kappa)}(m)=\begin{cases}\frac{1}{N}\sum\limits_{n=0}^{N-1-m}c_n^k c_{n+m}^\kappa, 0\leqslant m\leqslant N-1\\ \frac{1}{N}\sum\limits_{n=0}^{N-1+m}c_{n-m}^k c_n^\kappa, -(N-1)\leqslant m\leqslant 0\\ 0, |m|\geqslant N\end{cases} \tag{3-65}$$

来表示序列的互相关特性。有时也用最大互相关值 $\max\limits_{0\leqslant m\leqslant N-1}|\chi_{b(k,\kappa)}(m)|$ 和互相关能量

$$E_{(k,\kappa)}=\sum_{m=-(N-1)}^{N-1}|\chi_{b(k,\kappa)}(m)|^2 \tag{3-66}$$

等参量来描述序列间的互相关特性。

前面已经指出,受限于能量守恒定律,不存在非周期互相关函数为 0 的正交信号。对于第二类广义伪随机等长度序列而言,能量仅仅是被散开了,并没有去除。

这可以通过互相关特性与自相关特性如下关系予以证明：

$$\sum_{m=0}^{N-1} |\chi_{a(k,\kappa)}(m)|^2 = \sum_{m=0}^{N-1} \chi_{ak}(m)\chi_{a\kappa}(m) \tag{3-67}$$

式中：$\chi_{ak}(m)$ 和 $\chi_{a\kappa}(m)$ 分别表示周期为 N 的序列 $\{c_n^k\}$ 和 $\{c_n^\kappa\}$ 的周期自相关函数；$\chi_{a(k,\kappa)}(m)$ 表示它们之间的周期互相关函数。同样，两者之间的非周期自相关函数和非周期互相关函数之间也存在如下等式关系：

$$\sum_{m=-(N-1)}^{N-1} |\chi_{b(k,\kappa)}(m)|^2 = \sum_{m=-(N-1)}^{N-1} \chi_{bk}(m)\chi_{b\kappa}(m) \tag{3-68}$$

由于两个序列的（周期或非周期）自相关特性类似，则式（3-68）可表示如下

$$\sum_{m=-(N-1)}^{N-1} |\chi_{b(k,\kappa)}(m)|^2 \approx \sum_{m=-(N-1)}^{N-1} |\chi_{bk}(m)|^2 \approx \sum_{m=-(N-1)}^{N-1} |\chi_{b\kappa}(m)|^2 \tag{3-69}$$

式（3-69）表明，正交信号的互相关函数也存在能量，且能量水平与自相关能量水平一致。鉴于这种基于匹配相关的能量无法去除，因而 SAR 图像中始终存在模糊，主要体现为峰值旁瓣比、积分旁瓣比和输出信噪比的恶化。

3.3.2 峰值旁瓣比

假设 $\boldsymbol{X}$ 表示 K 个周期为 N 的等长度序列集合，定义

$$\theta_{\mathrm{a}} = \max\{|\chi_{a(u,v)}(m)|; u,v \in \boldsymbol{X}, u \neq v, 0 \leqslant m \leqslant N-1\} \tag{3-70}$$

为最大周期互相关函数值；

$$\theta_{\mathrm{c}} = \max\{|\chi_{a(u)}(m)|; u \in \boldsymbol{X}, 0 < m \leqslant N-1\} \tag{3-71}$$

为周期自相关函数旁瓣的最大值；

$$r_{\mathrm{a}} = \max\{|\chi_{b(u,v)}(m)|; u,v \in \boldsymbol{X}, u \neq v, -(N-1) \leqslant m \leqslant N-1\} \tag{3-72}$$

为最大非周期互相关函数值；

$$r_{\mathrm{c}} = \max\{|\chi_{b(u)}(m)|; u \in \boldsymbol{X}, 0 < m \leqslant N-1\} \tag{3-73}$$

为非周期自相关函数旁瓣的最大值；则序列自相关函数旁瓣峰值与互相关函数峰值之间存在如下制约：

$$\left(\frac{\theta_{\mathrm{c}}^2}{P}\right) + \frac{(P-1)}{P(K-1)}\left(\frac{\theta_{\mathrm{a}}^2}{P}\right) \geqslant 1 \tag{3-74}$$

$$\left(\frac{2P-1}{P}\right)\left(\frac{r_{\mathrm{c}}^2}{P}\right) + \frac{2(P-1)}{P(K-1)}\left(\frac{r_{\mathrm{a}}^2}{P}\right) \geqslant 1 \tag{3-75}$$

因此，在选择传统正交信号伪随机序列时，自相关参量 θ_{a}、r_{a} 一经给定，互相关参量 θ_{c}、r_{c} 的下限值随之确定，反之亦然。鉴于两者的综合不会低于一定水平，

因而会导致强目标旁瓣淹没于临近弱目标。

3.3.3 积分旁瓣比

伪随机相位编码信号形式如下：

$$\left\{s_k(t)=\frac{1}{\sqrt{NT}}\sum_{n=0}^{N-1}\mathrm{rect}\left[\frac{t-nT}{T}\right]\exp[\mathrm{j}\cdot\phi_k(t-nT)],0\leqslant t\leqslant NT\right\},$$

$$k=1,2,\cdots,K$$

$$\phi_k(t-nT)\in\{0,\frac{2\pi}{M},2\frac{2\pi}{M},\cdots,(M-1)\frac{2\pi}{M}\}\tag{3-76}$$

任意信号 s_k 的非周期自相关函数如下：

$$A_b(s_k,m)=\sum_{n=0}^{N-1-|m|}s_k(n)s_k^*(n+|m|),|m|\leqslant N-1\tag{3-77}$$

对应的积分旁瓣比为

$$\mathrm{ISLR}_{A_b}=10\cdot\lg\left\{\frac{\sum_{m=-(N-1)}^{N-1}|A_b(s_k,m)|^2-\sum_{m=-N_r}^{N_r}|A_b(s_k,m)|^2}{\sum_{m=-N_r}^{N_r}|A_b(s_k,m)|^2}\right\}\tag{3-78}$$

式中：主瓣宽度为 $2N_r$；$\sum_{m=-(N-1)}^{N-1}|A_b(s_k,m)|^2$ 表示自相关所有能量；$\sum_{m=-N_r}^{N_r}|A_b(s_k,m)|^2$ 表示主瓣能量。

信号集合中的任意两个信号 s_p 和 s_q 的非周期互相关函数如下：

$$C_b(s_p,s_q,m)=\begin{cases}\sum_{n=0}^{N-1-m}s_p(n)s^*{}_q(n+m),0\leqslant m\leqslant N-1\\ \sum_{n=0}^{N-1+m}s_p(n-m)s^*{}_q(n),-(N-1)\leqslant m<0\\ 0,|m|\geqslant N\end{cases}\tag{3-79}$$

若 s_k 和 s_q 混叠在一起且对 s_k 进行脉冲压缩，则综合考虑自相关旁瓣和互相关旁瓣能量，定义综合积分旁瓣比如下：

$$\mathrm{ISLR}_s=10\cdot\lg\left\{\frac{\sum_{m=-(N-1)}^{N-1}|A_b(s_k,m)|^2+\sum_{m=-(N-1)}^{N-1}|C_b(s_k,s_q,m)|^2-\sum_{m=-N_r}^{N_r}|A_b(s_k,m)|^2}{\sum_{m=-N_r}^{N_r}|A_b(s_k,m)|^2}\right\}\tag{3-80}$$

若分别将长度为 N 的序列 s_k, s_q 补零至（$2N-1$），形成新序列 $s_{k'}, s_{q'}$，则原序列的非周期自相关函数可等价为新序列的周期相关函数：

$$\sum_{m=1-N}^{N-1} |C_b(s_k, s_q, m)|^2 = \sum_{m=0}^{2N-1} |C_a(s_k', s_q', m)|^2$$
$$= \sum_{m=0}^{2N-1}\sum_{i=0}^{2N-1}\sum_{j=0}^{2N-1} s_k'(i) s_k^{*}{}'(j) s_q^{*}{}'(i+m) s_q'(j+m) \tag{3-81}$$

式中：$C_a(s_{k'}, s_{q'}, m)$ 为新序列的互相关函数：

$$C_a(s_{k'}, s_{q'}, m) = \sum_{i=0}^{2N-1} s_{k'}(i) s_{q'}^{*}(i+m), 0 \leqslant m \leqslant 2N-1 \tag{3-82}$$

调换求和顺序，令 $j-i=m$，经过简单的置换可得：

$$\sum_{m=0}^{2N-1} |C_a(s_{k'}, s_{q'}, m)|^2 = \sum_{i=0}^{2N-1}\sum_{j=0}^{2N-1} s_{k'}(i) s_{k'}^{*}(j) A_a^{*}(s_{q'}, j-i)$$
$$= \sum_{i=0}^{2N-1}\sum_{m=0}^{2N-1} s_{k'}(i) s_{k'}^{*}(i+m) A_a^{*}(s_{q'}, m) \tag{3-83}$$
$$= \sum_{m=0}^{2N-1} A_a(s_{k'}, m) A_a^{*}(s_{q'}, m)$$

上式关系可进一步展开得到如下关系：

$$\sum_{m=1-N}^{N-1} |C_b(s_k, s_q, m)|^2 = \sum_{m=0}^{2N-1} A_a(s_{k'}, m) A_a^{*}(s_{q'}, m)$$
$$= \sum_{m=1-N}^{N-1} A_b(s_k, m) \cdot A_b^{*}(s_q, m)$$
$$= A_b(s_k, 0) \cdot A_b^{*}(s_q, 0) + \sum_{\substack{m=1-N \\ m\neq 0}}^{N-1} A_b(s_k, m) \cdot A_b^{*}(s_q, m) \tag{3-84}$$

由于

$$\sum_{\substack{m=1-N \\ m\neq 0}}^{N-1} A_a(s_k, m) \cdot A_b^{*}(s_q, m) \geqslant -\sum_{\substack{m=1-N \\ m\neq 0}}^{N-1} |A_a(s_k, m) \cdot A_b^{*}(s_q, m)| \tag{3-85}$$

且

$$\sum_{\substack{m=1-N\\m\neq 0}}^{N-1}|A_b(s_k,m)\cdot A_b^*(s_q,m)|\leqslant\left[\sum_{\substack{m=1-N\\m\neq 0}}^{N-1}|A_b(s_k,m)|^2\right]^{1/2}\cdot\left[\sum_{\substack{m=1-N\\m\neq 0}}^{N-1}|A_b(s_q,m)|^2\right]^{1/2}\tag{3-86}$$

即有

$$\sum_{\substack{m=1-N\\m\neq 0}}^{N-1}A_a(s_k,m)\cdot A_b^*(s_q,m)\geqslant-\left[\sum_{\substack{m=1-N\\m\neq 0}}^{N-1}|A_b(s_k,m)|^2\right]^{1/2}\cdot\left[\sum_{\substack{m=1-N\\m\neq 0}}^{N-1}|A_b(s_q,m)|^2\right]^{1/2}\tag{3-87}$$

所以,式(3-84)可表示为

$$\begin{aligned}\sum_{m=1-N}^{N-1}|C_b(s_k,s_q,m)|^2\geqslant{}&A_b(s_k,0)\cdot A_b^*(s_q,0)\\&-\left[\sum_{\substack{m=1-N\\m\neq 0}}^{N-1}|A_b(s_k,m)|^2\right]^{1/2}\cdot\left[\sum_{\substack{m=1-N\\m\neq 0}}^{N-1}|A_b(s_q,m)|^2\right]^{1/2}\end{aligned}\tag{3-88}$$

由于 $A_b(s_k,0)=A_b(s_q,0)$, $\sum\limits_{m=1-N}^{N-1}|A_b(s_k,m)|^2\approx\sum\limits_{m=1-N}^{N-1}|A_b(s_q,m)|^2$,且主瓣内的能量近似为 $|A_b(s_k,0)|^2$,旁瓣能量近似为 $\sum_{m\neq 0}|A_b(s_k,m)|^2$。

根据式(3-88)及以上结论,可得

$$\begin{aligned}&\sum_{m=-(N-1)}^{N-1}|A_b(s_k,m)|^2+\sum_{m=-(N-1)}^{N-1}|C_b(s_k,s_q,m)|^2\geqslant|A_b(s_k,0)|^2\\&+\sum_{\substack{m=-1-N\\m\neq 0}}^{N-1}|A_b(s_k,m)|^2+|A_b(s_k,0)|^2-\left[\sum_{\substack{m=1-N\\m\neq 0}}^{N-1}|A_b(s_k,m)|^2\right]^{1/2}\\&\cdot\left[\sum_{\substack{n=-1-N\\n\neq 0}}^{N-1}|A_b(s_q,m)|^2\right]^{1/2}\\&\geqslant 2|A_b(s_k,0)|^2\end{aligned}\tag{3-89}$$

根据式(3-89),正交信号的综合积分旁瓣比可表示为

$$\mathrm{ISLR_s}=10\cdot\lg\left\{\frac{\sum\limits_{m=-(N-1)}^{N-1}|A_b(s_k,m)|^2+\sum\limits_{m=-(N-1)}^{N-1}|C_b(s_k,s_q,m)|^2-|A_b(s_k,0)|^2}{|A_b(s_k,0)|^2}\right\}\geqslant 0\mathrm{dB}\tag{3-90}$$

无论如何优化设计,传统正交信号的积分旁瓣比都不会低于 0dB,无法满足

SAR 图像的-17dB 要求,因而会导致暗回波区被临近强散射区污染[40]。

3.3.4 输出信噪比

假设发射两路伪随机相位编码信号分别为 $u_0(t)$ 和 $u_1(t)$,则雷达接收信号为

$$r(t)=a_0u_0(t-t_0)+a_1u_1(t-t_1)+n(t) \tag{3-91}$$

若令 $q(t)=a_1u_1(t-t_1)+n(t)$,且 $R(\tau)$ 为 $q(t)$ 自相关函数,则输出信噪比为

$$\begin{aligned}\mathrm{SNR}_{\mathrm{out}}&=\frac{|a_0\chi(t_0)|^2}{E[|\phi(t_0)|^2]}\\&=\frac{|a_0|^2\left|\int_{-\infty}^{\infty}u_0(\tau)h(-\tau)\mathrm{d}\tau\right|^2}{\int_{-\infty}^{\infty}\int_{-\infty}^{\infty}R(\tau'-\tau)|h(-\tau)|^2\mathrm{d}\tau\mathrm{d}\tau'}\\&=\frac{|a_0|^2\left|\int_{-\infty}^{\infty}u_0(\tau)h(\tau)\mathrm{d}\tau\right|^2}{\int_{-\infty}^{\infty}\int_{-\infty}^{\infty}R(\tau'-\tau)h(\tau)h^*(\tau')\mathrm{d}\tau\mathrm{d}\tau'}\end{aligned} \tag{3-92}$$

依据最优滤波理论可知,当且仅当以下积分式成立时,输出信噪比取极大值。

$$\int_{-\infty}^{\infty}R(\tau'-\tau)h^*(\tau')\mathrm{d}\tau'=Cu_0(-\tau) \tag{3-93}$$

考虑到 $R^*(\tau'-\tau)=R(\tau-\tau')$,式(3-93)可重写如下:

$$\int_{-\infty}^{\infty}R(\tau-\tau')h(\tau')\mathrm{d}\tau'=R(\tau)*h(\tau)=C^*u_0^*(-\tau) \tag{3-94}$$

将式(3-94)变换至频域可得

$$N(f)H(f)=C^*U_0^*(f) \tag{3-95}$$

式中: $N(f)$ 为 $q(t)$ 的功率谱密度函数;若为零均值高斯白噪声,则有

$$N(f)=|a_1U_1(f)|^2+N_0 \tag{3-96}$$

此时,最优滤波器响应函数为

$$H(f)=\frac{C^*U_0^*(f)}{|a_1U_1(f)|^2+N_0} \tag{3-97}$$

该滤波器可转换为一个白化滤波器 $H_\omega(f)$ 和一个匹配滤波器 $H_m(f)$,且有

$$H(f)=H_{\omega}(f)H_{m}(f) \tag{3-98}$$

$$H_{\omega}(f)=\frac{C^{*}}{\sqrt{|a_{1}U_{1}(f)|^{2}+N_{0}}} \tag{3-99}$$

$$H_{m}(f)=\frac{U_{0}^{*}(f)}{\sqrt{|a_{1}U_{1}(f)|^{2}+N_{0}}} \tag{3-100}$$

则噪声通过第一个滤波器后的输出功率谱密度为

$$(|a_{1}U_{1}(f)|^{2}+N_{0})\cdot\left|\frac{C^{*}}{\sqrt{|a_{1}U_{1}(f)|^{2}+N_{0}}}\right|^{2}=|C|^{2} \tag{3-101}$$

信号通过第一个滤波器后的输出为

$$\frac{C^{*}U_{0}(f)}{\sqrt{|a_{1}U_{1}(f)|^{2}+N_{0}}} \tag{3-102}$$

对比上式和第二个匹配滤波器的响应函数可知，第二个滤波器刚好是该信号的匹配滤波。鉴于第二个滤波器（匹配滤波器）的输入噪声功率谱密度为 $|C|^{2}$，且输入信号能量为

$$E=\int_{-\infty}^{\infty}\left|\frac{C^{*}U_{0}(f)}{\sqrt{|a_{1}U_{1}(f)|^{2}+N_{0}}}\right|^{2}\mathrm{d}f=|C|^{2}\;|a_{0}|^{2}\int_{-\infty}^{\infty}\frac{|U_{0}(f)|^{2}}{|a_{1}U_{1}(f)|^{2}+N_{0}}\mathrm{d}f \tag{3-103}$$

则此时的最优滤波器输出信噪比为

$$\mathrm{SNR}_{\mathrm{out}}=|a_{0}|^{2}\int_{-\infty}^{\infty}\frac{|U_{0}(f)|^{2}}{|a_{1}U_{1}(f)|^{2}+N_{0}}\mathrm{d}f \tag{3-104}$$

因此，在同频干扰条件下，最大输出信噪比与发射信号的频谱有关，且始终小于 $|a_{0}|^{2}/N_{0}$，其本质在于匹配滤波并不能去除失配信号的能量。若想获得信噪比极限 $|a_{0}|^{2}/N_{0}$，则需要在匹配滤波的基础上，利用同频干扰抑制技术滤除失配能量。

3.4 同频干扰抑制技术

3.4.1 自适应滤波技术

一种简单的干扰抑制措施是基于自适应滤波技术，如图 3-11 所示。在受干扰信号进入匹配滤波器之前，先逐距离门作自适应滤波处理，直到输出满足预先设定条件的信号。该滤波过程可表述为：已知干扰信号的形式 u，自适应滤波器（adaptive filter，AF）根据残余误差 e 的先验知识生成一个消去向量 $\boldsymbol{y}=f(u,e)$，再

从输入信号 d 中减去该消去向量,再次得到残余误差 e,反馈给 AF,并进行下一次迭代处理,直到残余误差的能量最小或残余误差的变化足够小,即 $||e_k|^2-|e_{k-1}|^2|<\varepsilon$,其中 ε 是一个预先定义的非常小的数值。

需要说明的是,对于较少点目标或较小场景,该方法是有效的。然而,该方法需要逐距离门估计位置和幅相参数,计算量需求大,不适用于大场景,并且容易造成由于估计不准导致回波信号的破坏。因此,该方法存在一定的局限性。

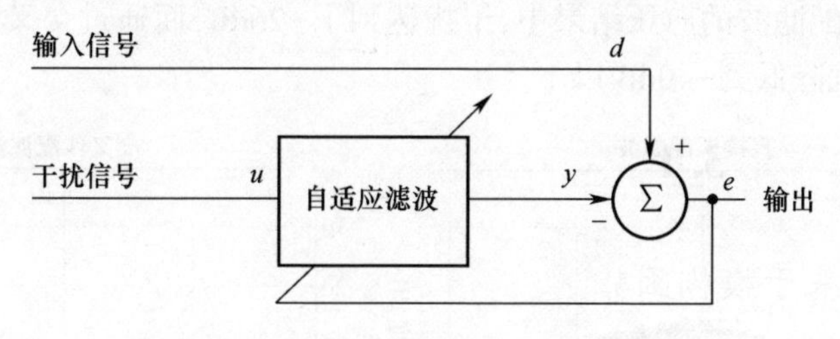

图 3-11 自适应滤波进行干扰抑制[41]

3.4.2 多站自适应脉冲压缩

多站自适应脉冲压缩(Multistatic Adaptive Pulse Compression, MAPC)是一种结合了空间滤波和波形分集的技术,可实现同一区域共享频段的不同雷达之间协调工作,成倍提高频谱的利用效率,降低各雷达之间的相互干扰。如前所述,常规的匹配滤波器是在高斯白噪声条件下,以最大输出信噪比为准则而推导出来的最佳滤波器,但在存在同频干扰信号时,它往往并不是最优的。此时,可考虑基于最小二乘(LS)准则的矩阵求逆反卷积法[42-43]和基于迭代最小均方误差(RMMSE)的脉冲压缩法。MAPC 算法利用 RMMSE 估计,通过不断迭代,逐距离门得到目标的反卷积结果,从而可在理论上将干扰信号降低到热噪声电平的量级。当存在干扰信号时,它的性能比匹配滤波器和最小二乘的最优非匹配滤波器更优。

当前 MAPC 算法主要还处于研究阶段,在实际中它仍存在不少问题:首先,MAPC 处理的回波数据中,干扰信号不能太强,否则它的性能会下降严重[44-45];其次,在进行 RMMSE 估计时,必须是逐距离门进行,并且涉及大量的大矩阵求逆的计算,因而运算量巨大,在处理 N 个采样点的回波数据时,运算量在 $O(N^3)$ 量级,而常规匹配滤波运算量仅在 $O(N\log_2 N)$ 量级。另外,当干扰信号并没有固定的统计特性时,该算法的收敛性和有效性降低。这些问题都还有待解决。

3.4.3 交叉匹配滤波技术

交叉匹配滤波技术是一种非常简易的干扰抑制方法,可适用于干扰能量很强且干扰信号形式已知的情况。若假设 $S_1(f)$ 和 $S_2(f)$ 分别表示传统正交信号 s_1 和

s_2 的频谱。原始回波信号中同时含有 s_1 和 s_2 的回波,为了实现对 s_2 的匹配滤波,首先需要对 s_1 进行匹配滤波,从而使 s_1 回波能量聚焦,通过切除聚焦的强点目标,则可以去除这些目标的 s_1 分量,从而降低一维距离像中的干扰。在去除 s_1 对 s_2 的干扰之后,将处理后的回波乘以 $S_1(f)$,则可得到无干扰或很小干扰的 s_2 回波数据。反之,可得 s_1 的回波数据。例如取三个点目标,仿真如图 3-12 所示,三个点目标的强度分别为 0、-10 和-30dB,切除电平为-26dB,脉压时进行了 Hamming 加窗。在直接匹配滤波的脉压结果中,干扰达到了-26dB,而通过交叉匹配滤波的处理,可以将干扰降低到-40dB 以下。

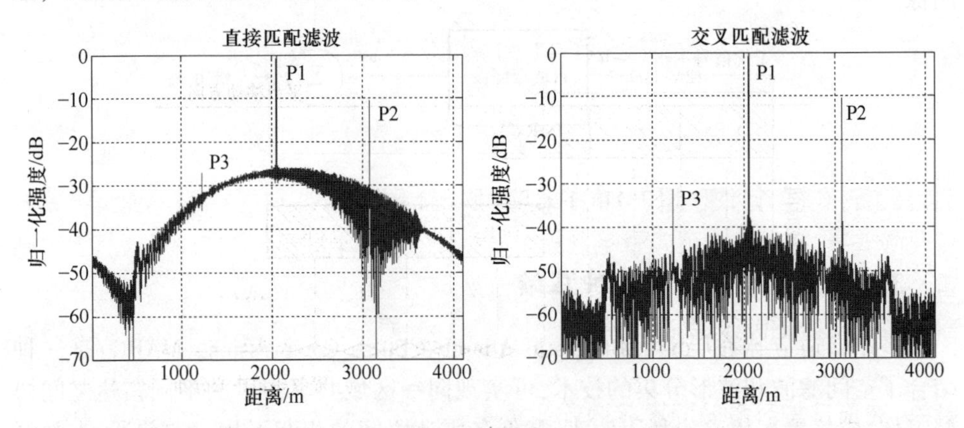

图 3-12　直接匹配滤波和交叉匹配滤波结果比较

交叉匹配滤波的方式实现简单,在要求不高的情况下不失为一种有效的干扰抑制方式。但它把所有高于一定电平的强目标“一刀切”,因而会破坏所需提取信号的连续性,进而会引入新的干扰。同时,该方法没有考虑目标特性和点扩展函数特点,这会使强点的干扰不能被充分去除。此外,该算法还受场景散射特性的影响,当场景较均匀时,很难找出突出强目标,使干扰抑制性能受到很大影响。

3.4.4　基于 Sequence CLEAN 算法的交叉匹配滤波技术

为了解决交叉匹配滤波技术的缺陷,需要引入 Sequence CLEAN 技术,用以改进“一刀切”的强目标干扰去除方式[46-47]。

假设 $s_1(t)$ 和 $s_2(t)$ 分别为发射的正负线性调频信号,这两个信号的回波记为 $r_1(t)$ 和 $r_2(t)$,$r_1(t)$ 和 $r_2(t)$ 的混叠回波记为 $r(t)$ 。则针对 $r_2(t)$ 匹配滤波时,$r_1(t)$ 的能量是同频干扰。为了充分抑制 $r_1(t)$ 能量,设计交叉匹配滤波算法流程如下:

(1) 取出回波数据 $r(t)$,将 $r(t)$ 变换至频域,利用 $S_1^*(f)$ 进行匹配滤波,得到含有干扰的一维距离像 $y_0(x)$;

(2) 按照 Sequence CLEAN 算法流程,估计出场景中强目标的幅度、相位和位置信息$\{A_i,\varphi_i,x_i\}$;

(3) 利用估计的$\{A_i,\varphi_i,x_i\}$信息,从 $y_0(x)$ 中依次将各强目标的响应去除,得到 $y_{\text{cleaned}}(x)$;

(4) 将 $y_{\text{cleaned}}(x)$ 变换至频域,并乘以 $S_2^*(f)S_1(f)$,对 $r_2(t)$ 进行匹配滤波。

其中,Sequence CLEAN 算法流程如下:

(1) 在第 k 步,从一维像 $s_k(x)$ 中选出 m 个最强目标,并计算此时一维距离像的能量 $T(k)=\int_{-\infty}^{+\infty}s_k(x)s_k^*(x)\mathrm{d}x$;

(2) 对于选出的第 i 个强目标($i=1, 2, \cdots, m$),从 $s_k(x)$ 中部分减去点响应函数 $p(x)$:$s_{k,i}(x)=s_k(x)-\gamma p(x-x_i)$,得到部分 CLEAN 的一维距离像;

(3) 计算部分 CLEAN 一维距离像的能量:$T_i(k+1)=\int_{-\infty}^{+\infty}s_{k,i}(x)s_{k,i}^*(x)\mathrm{d}x$;

(4) 如果 $T_i(k+1)<T(k)$,则表明上述处理去掉了真实的峰值,并记录该点目标的位置和强度信息,令 $k=k+1$,重复上述步骤(1)~(3);

(5) 如果 $T_i(k+1)>T(k)$,说明减去的是一个虚假目标,结束该条分支;

(6) 对每个点目标 i,重复步骤(2)~(5);

(7) 选出最优消除序列,使得残余能量 T 最小;

(8) 对该消去序列,生成一个列表 L,记录其位置和强度信息;

(9) 通过 L 卷积点响应函数的主瓣,形成新的一维距离像。

通过上述处理,可以大幅抑制 $r_2(t)$ 一维距离像中来自 $r_1(t)$ 的同频干扰。同理,也可大幅抑制 $r_1(t)$ 一维距离像中来自 $r_2(t)$ 的同频干扰。因此,基于 Sequence CLEAN 算法的交叉匹配滤波技术能够有效抑制传统正交信号非理想正交引入的同频干扰能量,是改善 MIMO-SAR 图像质量的有效技术手段之一。

在 Sequence CLEAN 算法流程中,算法每次选择的强点目标个数 m 和增益因子 γ 是两个非常关键的参数。m 越大,算法越稳定,但计算量需求指数级增长。若 m 取值过小,则会导致算法不稳定。一般而言,m 取值为 4 或者 5。γ 取值则关系到迭代速度,γ 越大,迭代速度越快,但容易造成消除过度且后续补偿较难。γ 越小,算法越稳健,但算法收敛越慢。一般而言,γ 取值为 0.8~0.9。

3.4.4.1 点目标仿真

假设仿真场景中存在五个点目标,如图 3-13 所示。其中,第一个点目标是孤立的,另外四个点目标紧密相邻,且间距为 1.05m。发射正交信号为调频率相反的两个 chirp 信号,且目标对两路信号的反射强度一致。仿真参数如表 3-4 所列。

若直接采用匹配滤波处理,则图像中会存在很强的同频干扰。同频干扰能量使一维距离像严重降质,并影响了对弱小目标的检测。若利用 Sequence CLEAN 和交叉匹配滤波处理,则经过树型分层操作后,能得到对五个点目标的干扰参数的精确估计,并将干扰降到很低的水平。此外,Sequence CLEAN 算法并没有影响各点目标的位置、强度等信息。处理前后的仿真结果如图 3-14 所示。

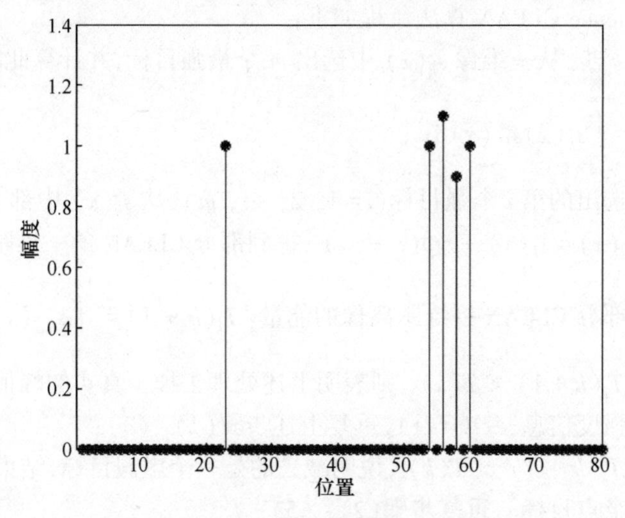

图 3-13 仿真场景

表 3-4 仿 真 参 数

系统参数	取值		系统参数	取值	
发射信号带宽	200MHz		采样频率	240MHz	
发射脉冲宽度	10μs		距离向点数	4096	
SNR	15dB		m 取值	2	
增益因子 γ	0.8		距离向分辨率	0.75m	
工作频率	9.6GHz		分层次数	5	
五个点目标参数					
点目标编号	1	2	3	4	5
位置	23.00m	56.85m	57.90m	58.95m	60.00m
归一化目标强度	1.0	1.0	1.1	0.9	1.0

Sequence CLEAN 算法分层树的部分结构如图 3-15 所示,其中残余干扰的能量定义为当前一维像的能量减去起始一维距离像的能量的一半。

由此可见, Sequence CLEAN 将同频干扰的能量已经降低到 LFM 旁瓣电平的水平,因而 Sequence CLEAN 算法对相互靠近的多个点目标的处理是非常有效的[48—50]。

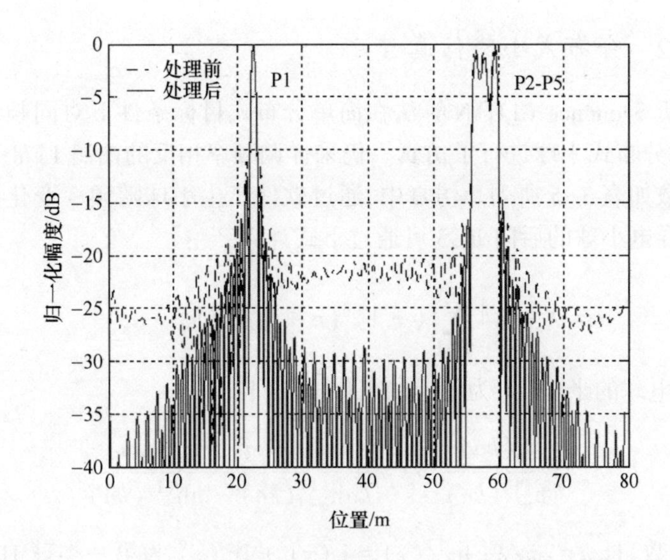

图 3-14　Sequence CLEAN 处理前后一维距离像比较(见彩图)

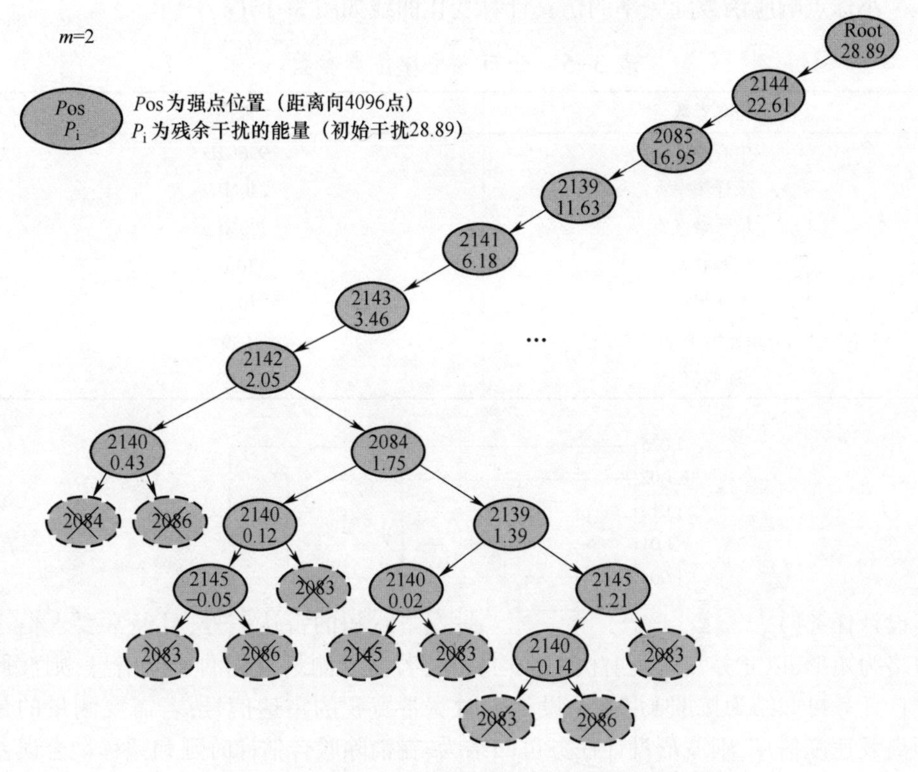

图 3-15　Sequence CLEAN 算法得到的部分分层图

3.4.4.2 分布式小球仿真

为了分析 Sequence CLEAN 算法在简单分布式目标条件下对同频干扰的抑制性能,这里对分布式小球进行了仿真。仍采样调频率相反的两路 LFM 作为发射信号。仿真参数如表 3-5 所列。仿真中,通过软件产生小球随频率变化的后向散射系数。金属导电小球的后向 RCS 可通过下式计算[51]:

$$\sigma = \lambda^2/\pi \left| \sum_{n=1}^{\infty} (-1)^n (n+0.5)(b_n - a_n) \right|^2 \tag{3-105}$$

式中:a 为导电球的半径;λ 为雷达的工作波长,且有

$$a_n = \frac{\mathrm{j}_n(ka)}{\mathrm{h}_n^{(1)}(ka)}, b_n = \frac{ka\mathrm{j}_{n-1}(ka) - n\mathrm{j}_n(ka)}{ka\mathrm{h}_{n-1}^{(1)}(ka) - n\mathrm{h}_n^{(1)}(ka)} \tag{3-106}$$

式中:k 为波数,且 $k=2\pi/\lambda$;$\mathrm{h}_n^{(1)}(x) = \mathrm{j}_n(x) + \mathrm{j}y_n(x)$ 为第一类球 Hankel 函数,$\mathrm{j}_n(x)$ 为第一类球 Bessel 函数,$\mathrm{y}_n(x)$ 为第二类球 Bessel 函数。

小球点响应函数随频率的仿真计算变化曲线如图 3-16(a)所示。

表 3-5 分布式小球仿真参数

仿真参数	取值
中心频率	9.6GHz
采样频率	240MHz
信号带宽	200MHz
信号脉宽	10μs
小球半径	10cm
增益因子 γ	0.9
m 取值	3

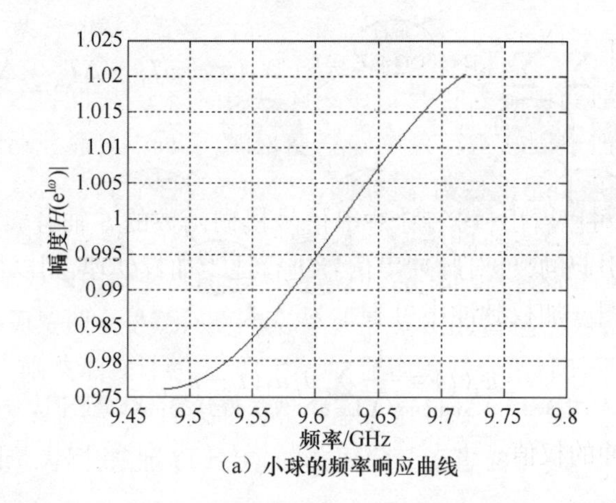

(a) 小球的频率响应曲线

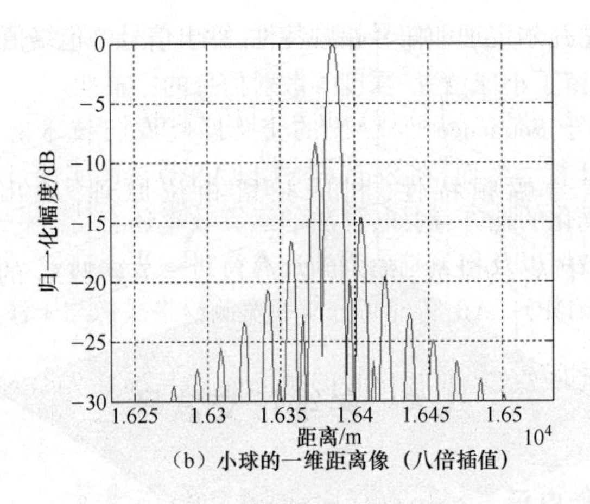

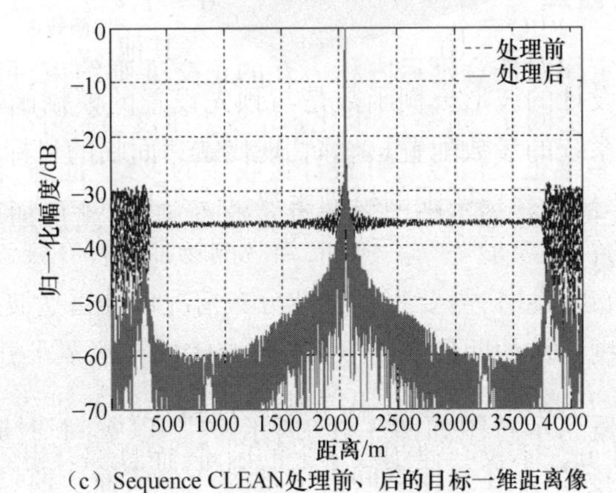

（b）小球的一维距离像（八倍插值）

（c）Sequence CLEAN处理前、后的目标一维距离像

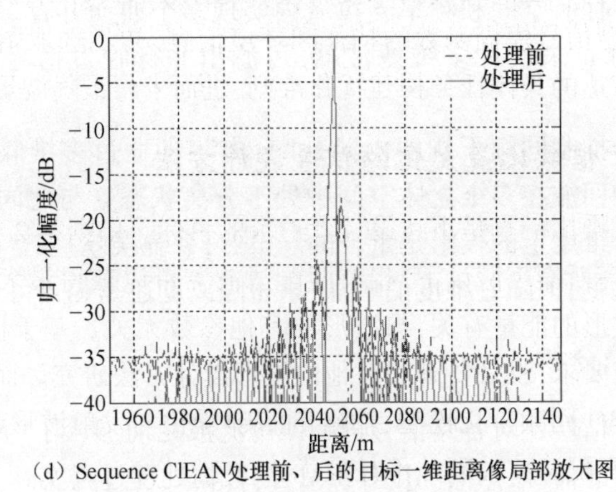

（d）Sequence ClEAN处理前、后的目标一维距离像局部放大图

图 3-16　分布式小球的 Sequence CLEAN 仿真(见彩图)

依据图 3-16(c)和(d)可知,Sequence CLEAN 算法不仅充分抑制了同频干扰的能量,还充分保留了小球位置、强度等散射信息的完整性。

综上所述,基于 Sequence CLEAN 的交叉匹配滤波技术能非常有效地抑制 MIMO-SAR 同频干扰。然而,在 Sequence CLEAN 算法的实现过程中,依然存在很多的细节问题和优化的地方,例如,算法的运算效率还有待进一步提高,算法对有用信号相干性的破坏以及相关避免措施还有待进一步去研究。鉴于此,同频干扰抑制技术不满足 MIMO-SAR 实现高分辨率宽测绘带成像与干涉的需求。

3.5 多维正交信号

3.5.1 概念内涵

鉴于能量守恒定律对任意延迟内积为 0 的正交准则约束,可引入多个波形变量,联合优化时间 τ 、空间 a 、频率 f 、极化 c 等多个维度,将多路同时同频信号分散到多维空间,构成“多维正交信号”,并设计接收端的多维“面通”滤波器 h ,分离多路信号曲面。因此,可构建如下的广义多维正交准则,在满足理想正交的基础上,不违背能量守恒约束:

$$\chi(\tau,0) = \int_{-\infty}^{\infty} h(\tau,a,f,c) \cdot s_1(t,a,f,c)s_2^*(t-\tau,a,f,c)\mathrm{d}t = 0 \quad (3-107)$$

多维正交波形概念示意图如图 3-17 所示[52]。以空间、时间、频率构成的三维空间为例,线性调频信号在立体空间内体现为一个曲面。通过发射端合理优化设计,可在相同的时间、空间和频率支撑域内实现多个曲面并存。在接收端,依据多维空间信号的分布来设计多维滤波器,可滤出并行收发信号,进而避免同频干扰。

多维正交波形抑制同频干扰的内涵是“分离”,即通过多维联合调制,使得多路并行观测通道的回波在多维立体空间中处于分离状态。与此同时,所有回波在时间、空间、频率等维度上的投影是重合的。虽然,系统误差、多普勒偏移等会降低某个维度内的隔离度,但随着维度的增加,累积隔离度还是相当可观的。

3.5.2 优势分析

鉴于多维正交信号在对各路信号进行匹配滤波之前加入了“面通”滤波操作,分离了多路并行发射信号,因而 MIMO-SAR 的数据处理过程实际上就简化成为独立分别对各路信号进行高斯白噪声条件下的匹配滤波过程了。由于匹配滤波是每路信号的最佳处理方式,则 MIMO-SAR 的整体处理也是最优的,波形的综合积分旁瓣比、自相关旁瓣水平与单通道发射波形一致,且多路波形之间不存在“交调”

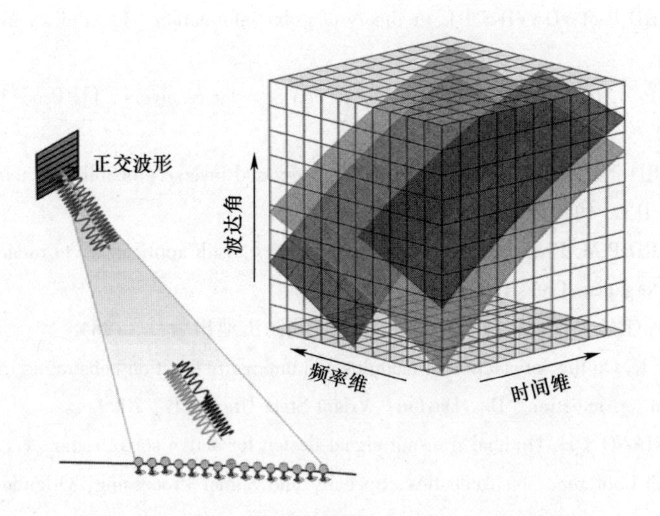

图 3-17　多维正交波形概念示意图[39](见彩图)

干扰,没有互相关操作,输出信噪比是各通道最大输出信噪比的累加。

多维正交信号不仅能有效地抑制同频干扰,还具备突出的信息承载优势。依据信息论可知,在给定信噪比条件下,单个自由度能够携带的最大信息量是确定的。鉴于自由度之间相互独立,则信号所能承载的最大信息量是所有自由度最大携带量的累加。由于信号的维度越高,自由度越高,则多维波形可在传统信号的基础上,通过空间、波长、极化、涡旋等若干个其他维的自由度非线性提高信息的承载能力。信息量与维度的显式关系如下:

$$C_{\text{signal}} = \sum_{i=1}^{N_t \cdot N_s \cdot N_\gamma \cdot N_p \cdot N_a} \frac{1}{2} \log_2(1 + \text{SNR}_i) \tag{3-108}$$

式中:SNR_i 为第 i 个自由度对应的信噪比;N_t 表示时频自由度;N_s、N_γ、N_p、N_a 分别表示空间、波长、极化、涡旋维度内的自由度。

多维正交波形在同频干扰抑制、信息承载与对抗能力等方面的优势不局限于MIMO-SAR 成像应用,同时也为雷达探测、移动通信、干扰与抗干扰等多功能共用时间、频率、空间等紧缺资源提供了有效的解决思路。多维正交信号正逐步受到国内外学者的广泛关注。在此,本书介绍了多维正交信号的概念内涵与优势,对于具体的信号形式,本书将在第 4 章和第 5 章展开详细论述。

参 考 文 献

[1] WOODWARD P M. Radar ambiguity analysis [R]. Technical Report RRE, Technical Note731, Malvern, Worcs: Oyal Radar Estab-Lishment Ministry of Technology, 1967.

[2] WOODWARD P M, DAVIES I L. A theory of radar information [J]. Philos. Mag., 1951, 41: 1101-1117.
[3] Woodward P M. Information theory and the design of radar receivers [J]. Proc. IRE, 1951, 39: 1521-1524.
[4] WOODWARD P M, DAVIES I L. Information theory and inverse probability in telecommunications [J]. Proc. IEE, 1952, 99(Part III): 37-44.
[5] WOODWARD P M. Probability and information theory, with applications to radar [M]. London, England: Pergamon Press Ltd., 1953.
[6] 林茂庸, 柯有安. 雷达信号理论 [M]. 北京: 国防工业出版社, 1984.
[7] PATTON L K. On the satisfaction of modulus and ambiguity function constraints in radar waveform optimization for detection [D]. Dayton: Wright State University, 2009.
[8] KAY S, THANO J H. Optimal transmit signal design for active sonar/radar [C]. Proceedings of International Conference on Acoustics, Speech, and Signal Processing, Orlando, 2002: 1513-1516.
[9] 曹伟. 认知雷达的波形设计算法研究[D]. 成都: 电子科技大学, 2011.
[10] FRIEDLANDER B. Waveform design for MIMO radars [J]. IEEE Trans. Aerosp. Electron. Syst., 2007, 43: 1227-1238.
[11] LI J, XU L, STOICA P, et al. Range compression and waveform optimization for MIMO radar: a Cramér-Rao bound based study [J]. IEEE Trans. Signal Process., 2008, 56: 218-232.
[12] FORSYTHE K W, BLISS D W. MIMO radar waveform constraints for GMTI [J]. IEEE J. Sel. Top. Signal Process.: Spec. Issue MIMO Radar Its Appl., 2010, 4(1): 21-32.
[13] YANG Y, BLUM R. Minimax robust MIMO radar waveform design [J]. IEEE J. Sel. Top. Signal Process., 2007, 1:147-155.
[14] 庄珊娜. 雷达自适应波形优化设计研究[D]. 南京: 南京理工大学, 2012.
[15] BLUNT S, YANTHAM P. Waveform design for radar-embedded communications [C]. Proc. Int. Conf. Waveform Diversity and Design, Pisa, Italy, 2007: 214-218.
[16] MIZUI K, UCHIDA M, NAKAGAWA M. Vehicle-to-vehicle communication and ranging system using spread spectrum techniques [C]. Proc. IEEE 43rd Vehicular Technology Conf., Secaucus, NJ, 1993: 335-338.
[17] XU S J, CHEN Y, ZHANG P. Integrated radar and communication based on DS-UWB [C]. Proc. Third Int. Conf. Ultrawideband and Ultrashort Impulse Signals, Sevastopol, Ukraine, 2006: 142-144.
[18] LIN Z, WEI P. Pulse amplitude modulation direct sequence ultra-wideband sharing signal for communication and radar systems [C]. Proc. Seventh Int. Symp. Antennas, Propagation, EM Theory, Guilin, China, 2006: 1-5.
[19] LIN Z, WEI P. Pulse position modulation time hopping ultra-wideband sharing signal for radar and communication system [C]. Proc. Int. Radar Conf., Shanghai, China, 2006: 1-4.
[20] SADDIK G N, SINGH R S, BROWN E R. Ultra-wideband multifunctional communications/ ra-

dar system [J]. IEEE Trans. Microw. Theory Tech., 2007, 55(7): 1431-1437.
[21] GARMATYUK D, SCHUERGER J, KAUFFMAN K. Multifunctional software-defined radar sensor and data communication system [J]. IEEE Sens. J., 2011, 11(1): 99-106.
[22] KONNO K, KOSHIKAWA S. Millimeter-wave dual mode radar for headway control in IVHS [C]. IEEE MTT-S Int. Microwave Symp. Digest, Denver, CO, 1997: 1261-1264.
[23] 张贤达. 矩阵分析与应用[M]. 北京: 清华大学出版社, 2004.
[24] 王小青. 宽测绘带 SAR 方法及其仿真研究[D]. 北京: 中科院电子所, 2005.
[25] MITTERMAYER J, MARTINEZ J M. Analysis of range ambiguity suppression in SAR by up and down chirp modulation for point and distributed targets[C]. IEEE International Geoscience and Remote Sensing Symposium, Toulouse, France, 2004: 4077-4079.
[26] RAPPAPORT T S. Wireless communications: principle and practice[M]. Englewood Cliffs, US: Prentice-Hall, Inc., 1996.
[27] 林智慧, 陈绥阳, 王元一. m 序列及其在通信中的应用[J]. 现代电子技术, 2009, 32(9): 49-51.
[28] 陶崇强, 杨全, 袁晓. m 序列、Gold 序列和正交 Gold 序列的扩频通信系统仿真研究[J]. 电子设计工程, 2012, 20(18): 148-150.
[29] 闫保中, 何联俊, 洪艳. M 序列优选对及平衡 Gold 序列的产生与搜索[J]. 应用科技, 2003, (11): 31-33.
[30] 马晓岩, 向家彬. 雷达信号处理[M]. 长沙: 湖南科学技术出版社, 1998.
[31] 王庆海, 袁运能, 毛士艺. 泛 Barker 序列设计[J]. 系统工程与电子技术, 2006, (06): 798-800+852.
[32] 陈瑶琴, 陈晓华. Barker 码脉压滤波器优化设计及性能研究[J]. 电子学报, 1986, (06): 91-99.
[33] 蒋强. GOLD 码相关性及可编程实现[J]. 微计算机信息, 2012, 28(02): 136-137+63.
[34] 张野. 基于代数和的 Gold 序列相关性分析及扩频同步应用[J]. 通信技术, 2016, 49(07): 826-830.
[35] 张刚, 许嘉平, 张天骐. 无码间干扰 DC-CDSK 混沌通信方案[J]. 电讯技术, 2018, 58(04): 418-423.
[36] 贺利芳, 陈俊, 张天骐. 无信号间干扰的相关延迟-差分混沌移位键控混沌通信[J]. 计算机应用, 2019, 39(07): 2014-2018.
[37] 杨华, 蒋国平, 段俊毅. 无信号内干扰的高效差分混沌键控通信方案[J]. 通信学报, 2015, 36(06): 92-97.
[38] 段俊毅, 蒋国平, 杨华. 无信号内干扰的相关延迟键控混沌通信方案[J]. 电子与信息学报, 2016, 38(03): 681-687.
[39] KRIEGER G. MIMO-SAR: opportunities and pitfalls [J]. IEEE Transactions on Geoscience and Remote Sensing, 2014, 52(5): 2628-2645.
[40] ZOU B, DONG Z, LIANG D N. Design and performance analysis of orthogonal coding signal in MIMO-SAR [J]. Science China Information Sciences, 2011, 54(8): 1723-1737.

[41] HARMAN S A. Orthogonal polyphase code sets with master codes[C]. International Waveform Diversity & Design Conference, Edinburgh, UK, 2004.

[42] ACKROYD M, GHANI F. Optimum mismatched filters for sidelobe suppression[J]. IEEE Transactions on Aerospace and Electronic Sysyems, 1973, AES-9(2): 214-218.

[43] BLUNT S D, GERLACH K. A novel pulse compression scheme based on minimum Mean-Square error reiteration[C]. Proceedings of the International Conference on Radar, Adelaide, SA, Australia, 2003:349-353.

[44] BLUNT S D, GERLACH K. Multistatic adaptive pulse compression [J]. IEEE Transactions on Aerospace and Electronic Systems, 2006, 42(3): 891-903.

[45] GERLACH K, SHACKELFORD A K, Blunt S D. Combined multistatic adaptive pulse compression and adaptive beamforming for Shared-Spectrum radar [J]. IEEE Journal of Selected Topics in Signal Processing, 2007, 1(1): 137-146.

[46] BOSE R, FREEDMAN A, STEINBERG B D. Sequence CLEAN: a modified deconvolution technique for microwave images of contiguous targets [J]. IEEE Transactions on Aerospace and Electronic Systems, 2002, 38(1): 89-97.

[47] BOSE R. Sequence CLEAN technique using BGA for contiguous radar target images with high sidelobes [J]. IEEE Transactions on Aerospace and Electronic Systems AES, 2003, 39(1): 368-373.

[48] WANG J, LIANG X D, DING C B, et al. A novel scheme for ambiguous energy suppression in MIMO-SAR systems [J]. IEEE Geoscience and Remote Sensing Letters, 2015, 12(2): 344-348.

[49] 王志奇. 基于 MIMO 技术的 SAR 成像初步研究[D]. 北京: 中国科学院电子学研究所, 2008.

[50] 王志奇, 梁兴东, 丁赤飚. 基于扩展 DPCA 的大测绘带 SAR 研究[J]. 微计算机信息, 2009, 25(07): 279-281.

[51] 黄培康, 殷红成, 许小剑. 雷达目标特性[M]. 北京: 电子工业出版社, 2005.

[52] 王杰, 梁兴东, 陈龙永, 等. 机载同时同频 MIMO-SAR 系统研究概述[J]. 雷达学报, 2018, 7(02): 220-234.

第4章　基于空间维、频率维和编码维的 OFDM chirp 信号

4.1　OFDM chirp 信号调制原理

作为第四代无线通信的核心技术，OFDM 最突出的优点在于频谱利用率高、抗干扰能力强、时域波形可塑、正交性理想等[1-3]。但源于高随机性，原始 OFDM 信号的点扩展函数具备较高的峰值旁瓣比和积分旁瓣比[4-11]。即便在频域加窗，也无法压低旁瓣(图 4-1)。因此，原始 OFDM 信号难以直接用于雷达成像。然而，可将 chirp 信号的离散频谱值作为 OFDM 子载波的权值，构成同时具备 OFDM 理想正交性及 chirp 信号优良旁瓣性能的 OFDM chirp 信号[12-16]。

OFDM chirp 信号在数字频域实现调制，该信号本质上属于子载波复用信号，其基本调制原理如下：

(1) 将 chirp 信号的离散频率值作为 OFDM 信号的偶数子载频权值矩阵；

(2) 对同样的 chirp 信号离散频率值频移一个子带带宽，构成 OFDM 信号的奇数子载频权值矩阵；

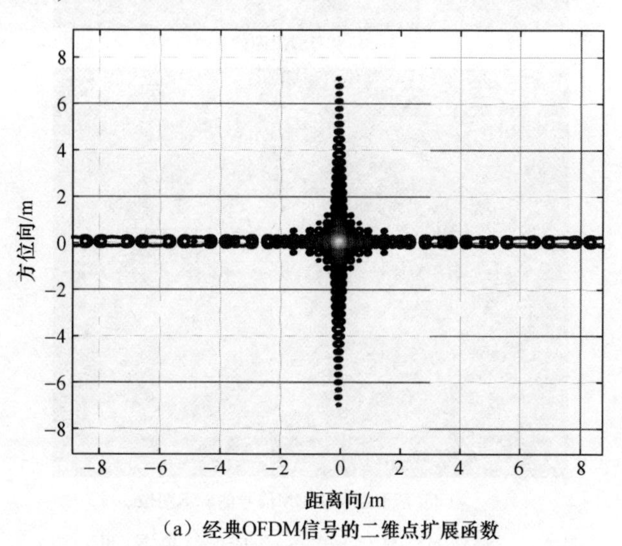

(a) 经典OFDM信号的二维点扩展函数

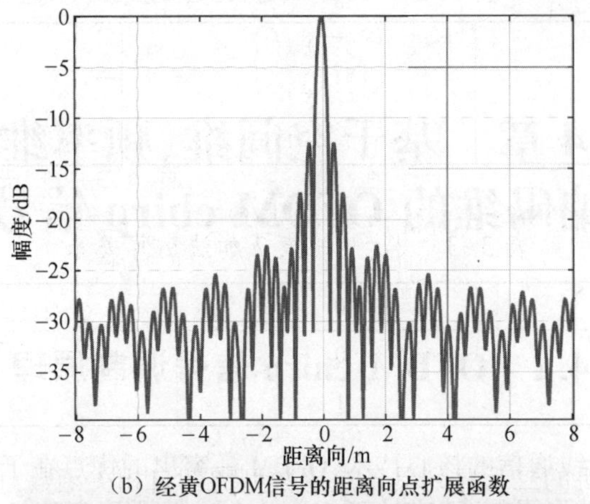

（b）经黄OFDM信号的距离向点扩展函数

（c）参考SAR图像

（d）基于经典OFDM信号的SAR图像

图 4-1　经典 OFDM 信号的 SAR 成像结果图(见彩图)

(3) 将这两个子载频权值矩阵变换至时域,进而得到相互正交的两路 OFDM chirp 信号。因此,传统 OFDM chirp 信号的权值矩阵如下:

$$
\begin{cases} S_1(p) = [S(1),0,S(2),0,\cdots,S(N),0] \\ S_2(p) = [0,S(1),0,S(2),\cdots,0,S(N)] \end{cases} \tag{4-1}
$$

其中

$$
S(p_1) = \mathrm{DFT}\left\{\exp\left[\mathrm{j}\pi k_{\mathrm{r}}\left(\frac{n-1}{F_{\mathrm{s}}}\right)^2\right]\right\} \tag{4-2}
$$

式中: $p=1,2,\cdots,2N, p_1=1,2,\cdots,N, n=1,2,\cdots,N$, $N=F_{\mathrm{s}}\cdot T$; F_{s} 表示采样率; T 为 chirp 信号的时宽; k_{r} 为 chirp 信号的调频率。

将式(4-1)变换到时域可得相互正交的 OFDM chirp 信号的时域形式:

$$
\begin{cases} s_1(t) = \mathrm{rect}\left(\dfrac{t}{T}\right)\cdot\exp(\mathrm{j}\pi k_{\mathrm{r}}\cdot t^2) + \mathrm{rect}\left(\dfrac{t-T}{T}\right)\cdot\exp[\mathrm{j}\pi k_{\mathrm{r}}\cdot(t-T)^2] \\ s_2(t) = \left\{\mathrm{rect}\left(\dfrac{t}{T}\right)\cdot\exp(\mathrm{j}\pi k_{\mathrm{r}}\cdot t^2) + \mathrm{rect}\left(\dfrac{t-T}{T}\right)\cdot\exp[\mathrm{j}\pi k_{\mathrm{r}}\cdot(t-T)^2]\right\}\cdot \\ \exp\left(\mathrm{j}2\pi\dfrac{1}{2T}t\right) \end{cases} \tag{4-3}
$$

依据式(4-3)可知,两路 OFDM chirp 信号之间存在一个很小的频偏量,该频偏量使 OFDM chirp 信号之间不是严格的同频段(图 4-2)。一方面,若频偏量过小,则正交性会对系统频率的精度提出过高要求;另一方面,若频偏量过大,则会对相干处理构成影响。因此,需要对其进行改进,去除频偏量。

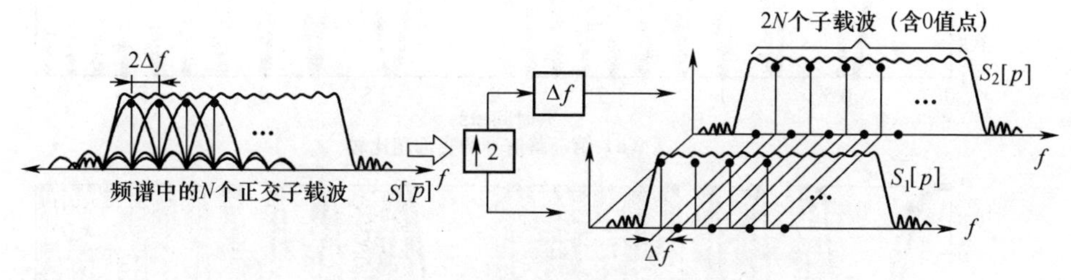

图 4-2 传统 OFDM chirp 信号的调制过程及其频谱形式[15]

4.2 改进型 OFDM chirp 信号

为了消除相对频偏量,设计两路信号的子载频权值矩阵如下:

$$
\begin{cases}
\boldsymbol{X}_1(2p_1-1)=\mathrm{DFT}\left\{\exp\left(\mathrm{j}\pi k_\mathrm{r}\left(\dfrac{n-1}{F_\mathrm{s}}\right)^2\right)\right\}, \qquad \boldsymbol{X}_1(2p_1)=0 \\
\boldsymbol{X}_2(2p_1-1)=0, \\
\boldsymbol{X}_2(2p_1)=\mathrm{DFT}\left\{\exp\left[\mathrm{j}\pi k_\mathrm{r}\left(\dfrac{n-1}{F_\mathrm{s}}\right)^2\right]\cdot\exp\left[-\mathrm{j}\dfrac{2\pi}{2N}(n-1)\right]\right\}
\end{cases}
\tag{4-4}
$$

式中：k_r 为调频率；F_s 为采样率；$2N$ 为信号的采样点数目。

将式(4-4)变换至时域,可得对应的时域信号形式为

$$
\begin{cases}
x_1(t)=\mathrm{rect}\left(\dfrac{t}{T}\right)\cdot\exp(\mathrm{j}\pi k_\mathrm{r}\cdot t^2)+\mathrm{rect}\left(\dfrac{t-T}{T}\right)\cdot\exp[\mathrm{j}\pi k_\mathrm{r}\cdot(t-T)^2] \\
x_2(t)=\mathrm{rect}\left(\dfrac{t}{T}\right)\cdot\exp(\mathrm{j}\pi k_\mathrm{r}\cdot t^2)-\mathrm{rect}\left(\dfrac{t-T}{T}\right)\cdot\exp[\mathrm{j}\pi k_\mathrm{r}\cdot(t-T)^2]
\end{cases}
\tag{4-5}
$$

式中：t 为时间；$2T$ 为信号总脉宽。

由式(4-5)可知,改进型 OFDM chirp 信号之间没有相对频偏量,是严格同频段的。这不仅满足相干应用要求,也拓宽了对系统频率精度的要求。改进型 OFDM chirp 信号与传统的 OFDM chirp 信号在时域及频域的比较如图 4-3 所示。

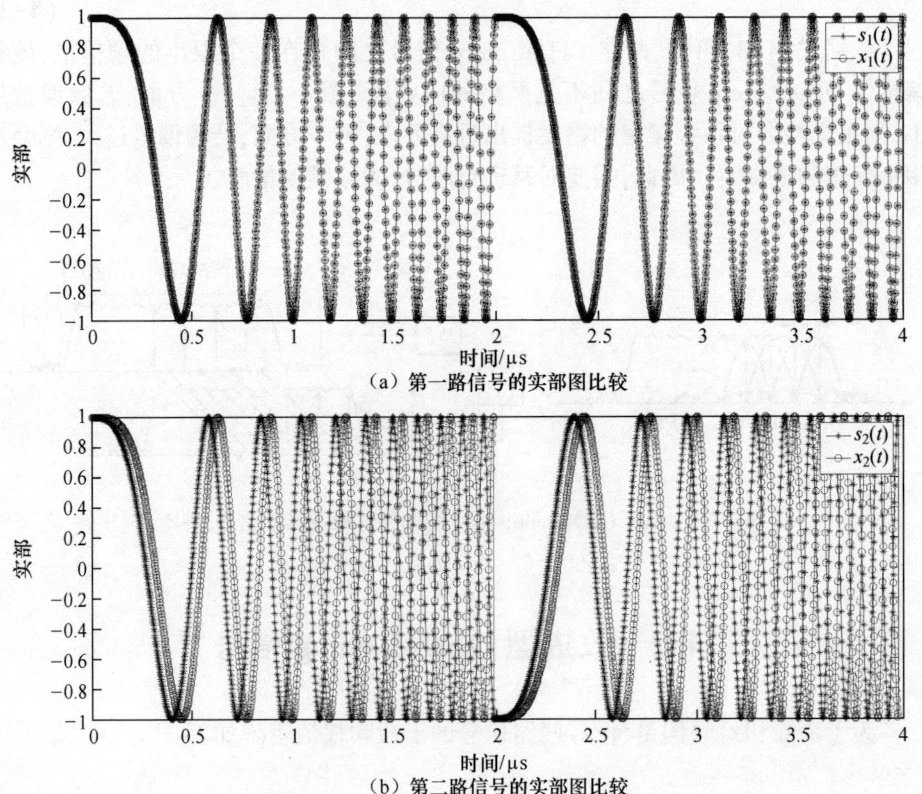

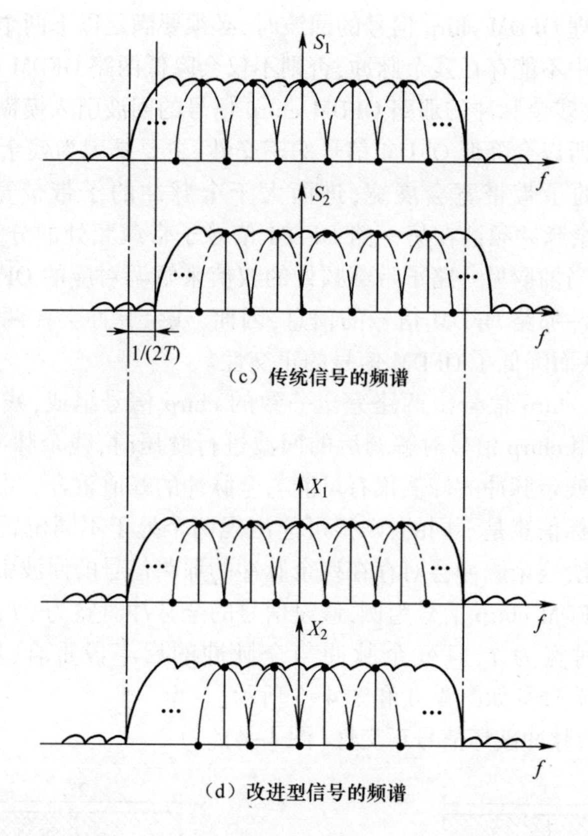

（c）传统信号的频谱

（d）改进型信号的频谱

图 4-3　改进型 OFDM chirp 信号与传统 OFDM chirp 信号之间的比较(见彩图)

图中,可明显观察出改进型 OFDM chirp 信号相对于传统 OFDM chirp 信号的优势,即传统的两路 OFDM chirp 信号之间存在一个很小的频偏量,而改进型 OFDM chirp 信号之间不存在相对频偏量。

4.3　OFDM chirp 信号解调原理

OFDM chirp 信号的解调目的是从 OFDM chirp 信号中提取出调制在该信号中的 chirp 信号。对于传统的和改进型 OFDM chirp 信号而言,解调方法是一致的,解调限制也是一致的。在理想条件下,OFDM 信号的子带载频是相互正交的。这意味着奇子带与偶子带 OFDM chirp 信号是相互正交的。因此,可在频域抽取不同子带载频处的权值,用以解调 OFDM chirp 信号。对于子带载频以外的频率成分,主要体现为干扰和噪声。频域解调在时域体现为循环移位相加操作[17-18]。

然而,频域抽取会导致频率信息利用不充分,进而存在一些限制。具体而言,

在接收端解调处理 OFDM chirp 信号的回波时,必须要满足以下两个限制条件:

(1) 测绘带中不能存在残余脉冲,否则不仅会降低两路 OFDM chirp 信号的正交性,还会对存在残余脉冲的那路 OFDM chirp 信号的回波引入模糊。

残余脉冲之所以会降低 OFDM 信号的正交性,主要是因为残余脉冲的时宽小于全脉冲,对应的子带带宽会展宽,进而大于全脉冲的子带带宽。因此,一路 OFDM 信号的残余脉冲频谱在另一路 OFDM 信号子带载频处的分量不再为 0,即产生频谱泄露。当抽取另一路子带载频处的权值来解调对应的 OFDM 信号时,必然携带了残余脉冲那路 OFDM 信号的信息,因而,残余脉冲会在两路 OFDM 信号之间引入模糊,从而降低了 OFDM 信号的正交性。

此外,OFDM chirp 信号由两路完全一致的 chirp 信号组成,残余脉冲也含有 chirp 成分,当利用 chirp 信号对解调后的回波进行脉压时,残余脉冲也产生峰值,且循环移位后的残余脉冲的峰值很有可能与全脉冲的峰值重合。由于残余脉冲与全脉冲携带的目标信息是不同的,则很可能出现两个处于不同位置的目标重叠在一起的情况,因此,残余脉冲会对存在残余脉冲的那路信号的回波引入模糊。

以奇子带 OFDM chirp 信号为例,假设信号的全脉冲时宽为 $2T$,残余脉冲取全脉冲的前半段,时宽为 T,且残余脉冲与全脉冲的后半段重合,则残余脉冲对 OFDM 信号的影响分别如图 4-4 和图 4-5 所示。

影响一:残余脉冲破坏信号正交性(图 4-4)。

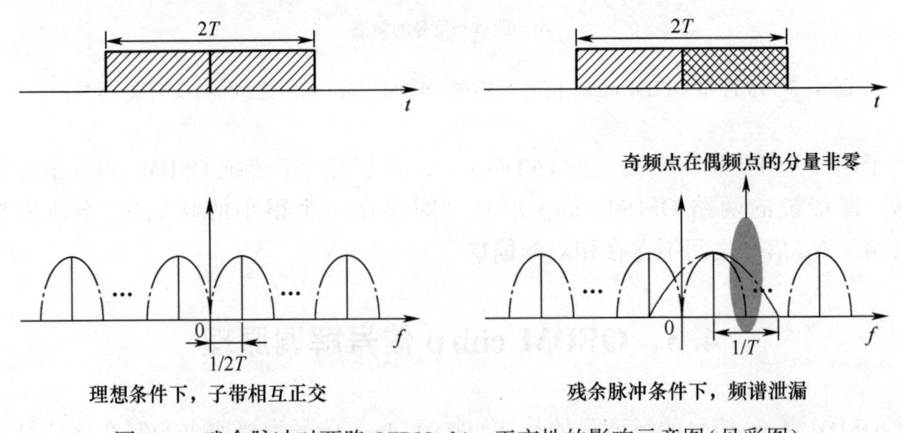

图 4-4　残余脉冲对两路 OFDM chirp 正交性的影响示意图(见彩图)

影响二:残余脉冲对场景构成模糊(图 4-5)。

(2) 回波长度必须限制在 $3T$ 以内,否则在离散频域进行子带抽取时,会引起混叠,且混叠处于测绘带的前端,如图 4-6 所示。

调制到 OFDM 信号中 chirp 信号的频率间隔为 $1/T$,则解调 OFDM chirp 信号时,抽取的频率间隔也必须为 $1/T$。依据时频关系可知,解调后的信号脉宽为 T。

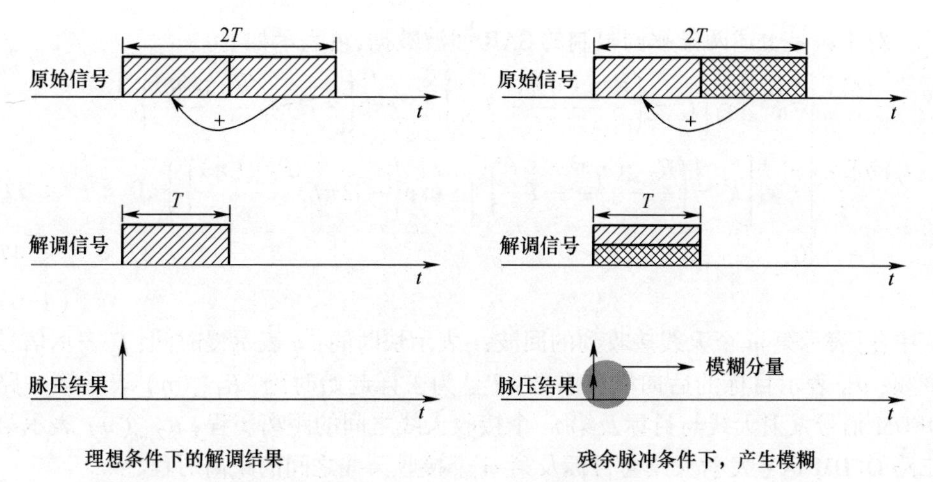

图 4-5　残余脉冲对单路 OFDM chirp 信号构成模糊的示意图(见彩图)

又由于 OFDM chirp 信号的时宽为 $2T$,则回波长度必须限制在 $3T$ 以内。此时,最大不模糊的测绘带为 $cT/2$。为了更加清楚地理解这个限制,可做如下比方:将 OFDM chirp 信号脉宽决定的最大不模糊测绘带比作一个环的周长,实际幅宽比作一条线,则 OFDM chirp 信号频域抽取导致时域循环移位的解调过程相当于把线绕到环上,当实际幅宽大于最大不模糊幅宽时,多余的幅宽会缠绕到一起,进而产生缠绕模糊且模糊处于场景起始端。缠绕模糊的示意图如图 4-6 所示。

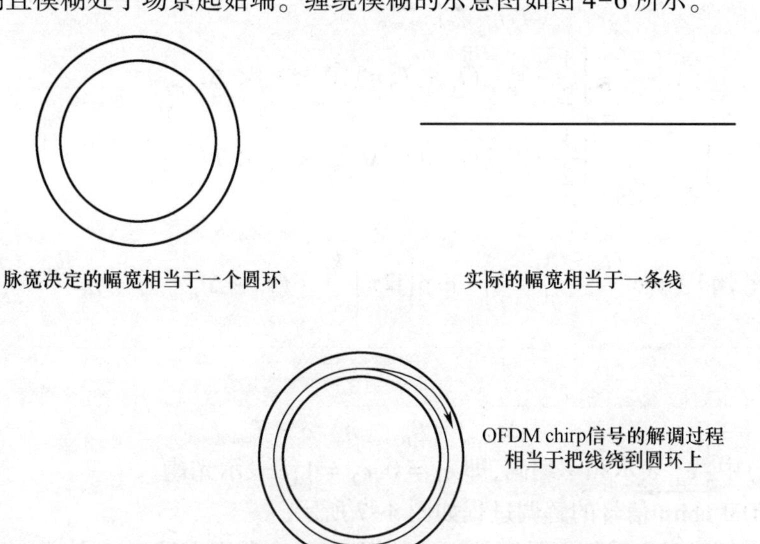

图 4-6　OFDM chirp 解调产生缠绕模糊的示意图

对于满足上述两条解调限制的SAR回波数据,可表示如下:

$$s_m(t_r,\eta)=\begin{cases}\sigma_0\cdot\left\{x_1\left[t_\mathrm{r}-\left(\dfrac{R_{1,m}(\eta)}{c}-T_\mathrm{sm}\right)\right]\cdot\exp\left\{-\mathrm{j}2\pi f_0\dfrac{R_{1,m}(\eta)}{c}\right\}\right.\\ \left.+x_2\left[t_\mathrm{r}-\left(\dfrac{R_{2,m}(\eta)}{c}-T_\mathrm{sm}\right)\right]\cdot\exp\left\{-\mathrm{j}2\pi f_0\dfrac{R_{2,m}(\eta)}{c}\right\}\right\},0<t_\mathrm{r}<3T\\ 0, \qquad 3T<t_\mathrm{r}<4T\end{cases}\tag{4-6}$$

式中:s_m表示第m个天线接收到的回波;t_r表示快时间;η表示慢时间;f_0表示信号载频;σ_0表示目标的后向散射系数;T_sm为采样起始时刻;$R_{1,m}(\eta)$表示第一路OFDM信号发射天线与目标及第m个接收天线之间的距离历程;$R_{2,m}(\eta)$表示第二路OFDM信号发射天线与目标及第m个接收天线之间的距离历程。

在给定方位向慢时间η时,将式(4-6)变换至离散频域可得$4N$个频点,其中$2N$个位于子带载频处的频点携带有用信息,其他$2N$个频点表示干扰信号。通过抽取位于奇子带载频处的N个频点,可以解调第一路OFDM信号,相应地,通过抽取位于偶子带载频处的N个频点,可以解调第二路OFDM信号。

通过OFDM解调,可以将第m个天线接收到第$\mu(\mu=1,2)$路OFDM信号发射天线的回波表示如下:

$$\begin{aligned}s_{\mu,m}(t_\mathrm{r},\eta)&=\mathrm{rect}\left(\frac{t_\mathrm{r}}{T}\right)\cdot\sum_{i=0}^{3}\sum_{j=-\infty}^{+\infty}(-1)^{i\cdot c_\mu}\cdot s_m(t_\mathrm{r}-\mathrm{j}4T-iT,\eta)\\&=\begin{cases}\dfrac{1}{2}\cdot s'_{\mu,m}(t_\mathrm{r}+T,\eta),0<t_\mathrm{r}<\Delta t_{\mu,m}\\ \dfrac{1}{2}\cdot s'_{\mu,m}(t_\mathrm{r},\eta),\Delta t_{\mu,m}<t_\mathrm{r}<T\end{cases}\end{aligned}\tag{4-7}$$

其中

$$s'_{\mu,m}(t_\mathrm{r},\eta)=\mathrm{rect}\left(\frac{t_\mathrm{r}-\Delta t_{\mu,m}}{T}\right)\cdot\exp\left\{\mathrm{j}2\pi\left[\frac{k_\mathrm{r}}{2}\cdot(t_\mathrm{r}-\Delta t_{\mu,m})^2-f_0\frac{R_{\mu,m}(\eta)}{c}\right]\right\}\tag{4-8}$$

且有

$$\Delta t_{\mu,m}=R_{\mu,m}(\eta)/c-T_\mathrm{sm}\tag{4-9}$$

式(4-7)中:c_μ表示频率编码,即$c_1=0,c_2=1$;c表示光速。

OFDM chirp信号的解调过程如图4-7所示。

对于不满足上述解调限制的回波数据,可结合利用空域DBF技术。其基本思想是,将整个测绘带划分为多个不存在残余脉冲的子测绘带,并将每个$3T$子测绘带补零到$4T$,变换至离散频域,并抽取频点。解调步骤如图4-8。

因此,在不考虑系统误差、噪声和多普勒的影响下,基于空间维、频率维、编码

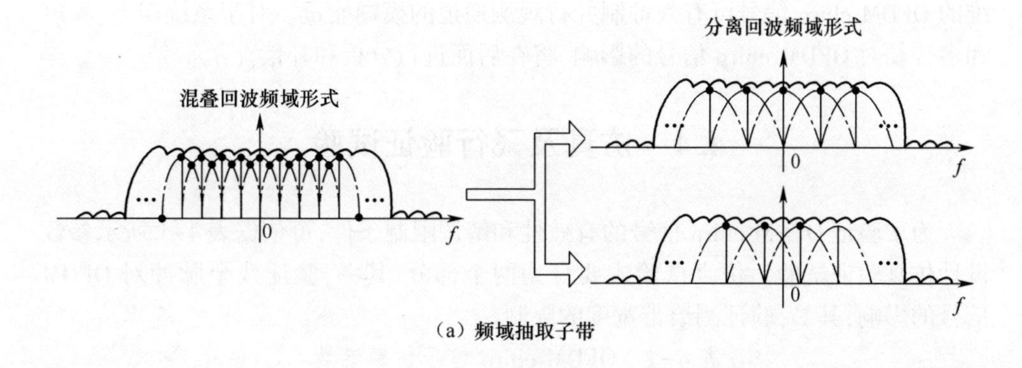

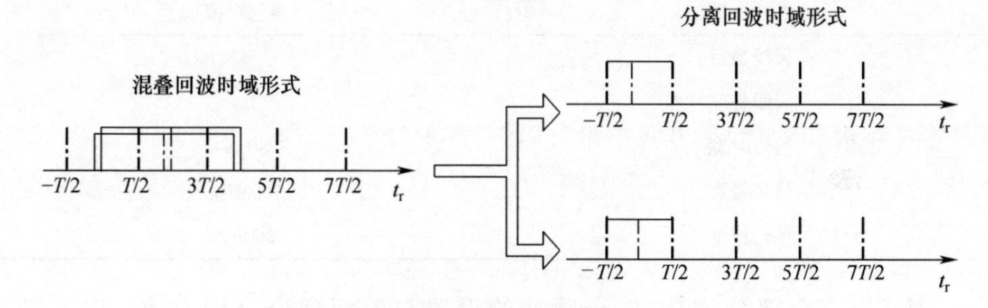

图 4-7　OFDM chirp 信号的解调过程(见彩图)

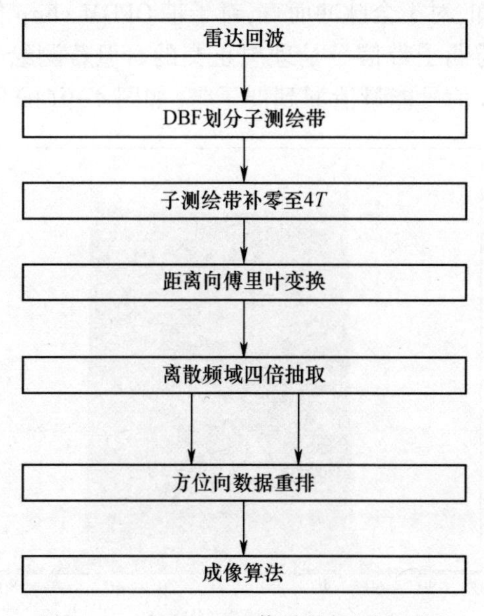

图 4-8　OFDM chirp 信号的解调流程图

维的 OFDM chirp 信号可有效抑制并行观测通道的模糊能量。对于系统误差、噪声和多普勒对 OFDM chirp 信号的影响,将在后面进行分析和补偿。

4.4 仿真及飞行验证试验

为了验证 OFDM chirp 信号的有效性和解调限制条件,可依据表 4-1 所示参数设计仿真验证试验。仿真试验主要分为两个部分:其一,验证残余脉冲对 OFDM 信号的影响;其二,验证测绘带宽度的限制。

表 4-1 OFDM chirp 信号仿真参数

参 数	参 数 值
天线数目	3
天线长度	3m
信号时宽	80μs
信号带宽	100MHz
平台速度	4000m/s

对于第一个部分仿真,残余脉冲的设置与前面理论分析一致。以奇子带 OFDM chirp 信号为研究对象,残余脉冲取全脉冲的前半段,残余脉冲时宽为 40μs,且与全脉冲的后半段位置重合,仿真结果如图 4-9 所示。

由图 4-9(a)可知,对于全脉冲而言,奇子带 OFDM chirp 信号在偶子带处的分量为 0,奇子带信号与偶子带信号是理想正交的。但若测绘带中存在残余脉冲,则奇子带OFDM chirp 信号能量泄漏到偶子带,如图 4-9(b)所示。此时,奇子带

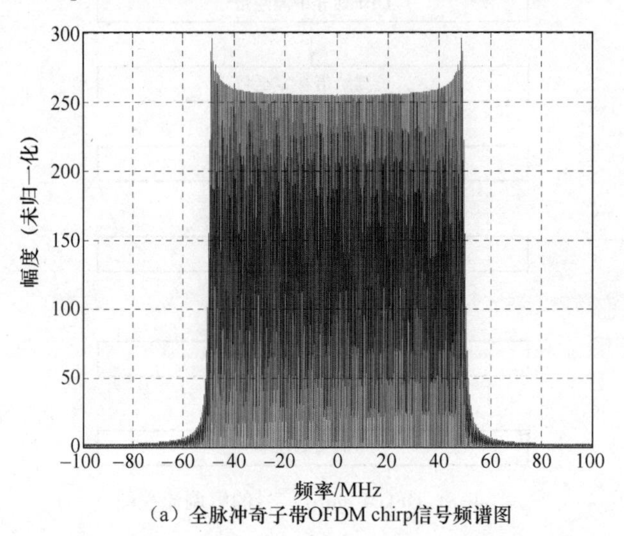

(a)全脉冲奇子带OFDM chirp信号频谱图

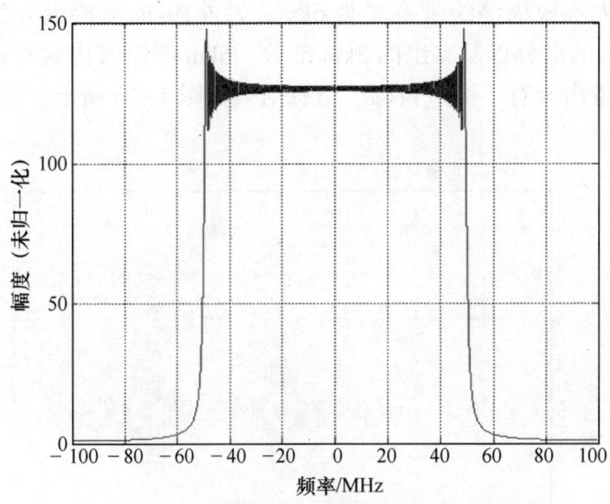

（b）残余脉冲奇子带OFDM chirp信号频谱图

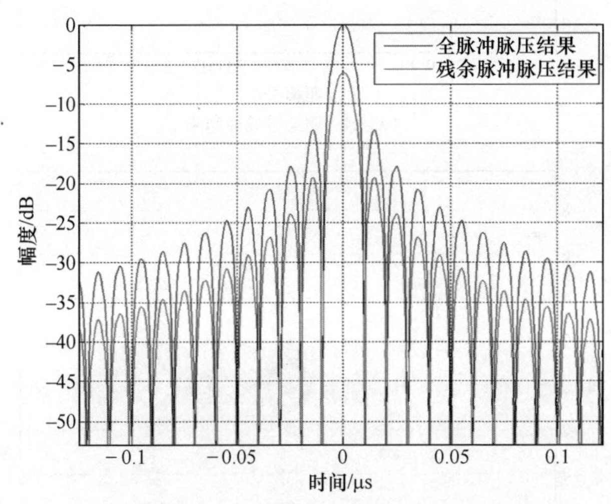

（c）残余脉冲及全脉冲的奇子带OFDM chirp信号脉压图

图 4-9　残余脉冲对 OFDM chirp 信号的影响仿真结果图(见彩图)

OFDM chirp 信号在偶子带处的分量非零。因此,残余脉冲会破坏 OFDM chirp 信号的正交性。此外,全脉冲与残余脉冲分别表示场景内部和场景边缘处的目标。由于解调脉压后的残余脉冲峰值与全脉冲峰值出现了重合(见图 4-9(c)),则场景边缘与场景内部的目标产生了重叠。因此,残余脉冲不仅会破坏 OFDM chirp 信号正交性,还会在存在残余脉冲的那路信号的回波内产生模糊。

对于第二部分仿真,测绘带宽度分别取 6km 和 9km。其中,80μs 的信号总时宽所决定的最大不模糊测绘带宽度为 6km。另外,9km 测绘带分为两个部分:与 6km 测绘带重合的部分以及多出的 3km 部分。6km 测绘带内含有两个点目标,多出的 3km 测绘带内含有一个点目标。仿真结果如图 4-10 所示。

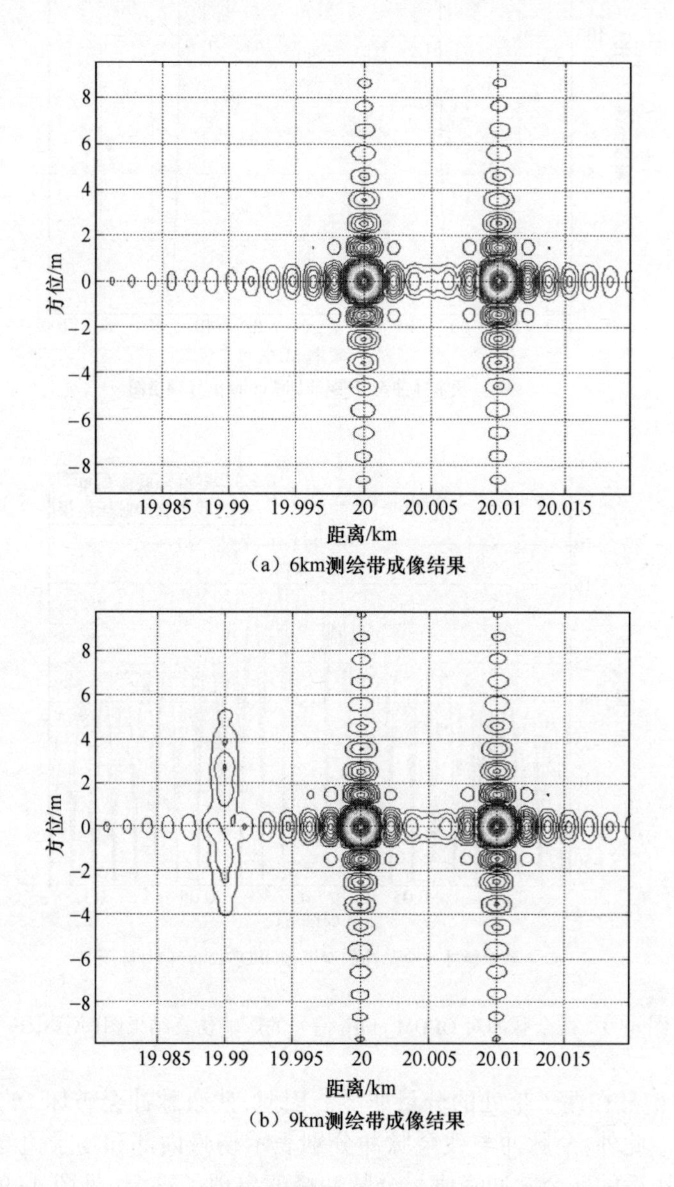

(a) 6km测绘带成像结果

(b) 9km测绘带成像结果

图 4-10　OFDM chirp 信号解调的测绘带限制仿真结果(见彩图)

由图 4-10(a)可知,当测绘带宽度小于或等于脉宽决定的测绘带宽度时,OFDM chirp 信号成像结果良好且不存在模糊。然而,若测绘带大于规定的宽度,则超出部分会缠绕到规定的测绘带以内,进而产生模糊(见图 4-10(b))。

综上所述,在满足 OFDM chirp 信号的解调限制时,可以获得很好的正交性和成像效果。在不满足解调限制时,则会出现一些问题。出现的问题与理论分析的问题一致,进而有效验证了 OFDM 解调限制条件的正确性。

为了进一步验证以上两种限制对 OFDM chirp 信号的影响,设计了奇子带 OFDM chirp 信号的飞行试验。试验系统和结果分别如图 4-11 和图 4-12 所示。

图 4-11　SAR 系统挂载图(见彩图)

在该飞行试验中,由于条件有限,机载 SAR 不能满足上述解调的两种限制。此时,奇子带通道图像出现了由残余脉冲及缠绕测绘带引入的模糊,且不该存在信号的偶子带通道出现了信号。偶子带通道信号是由奇子带残余脉冲引入的泄露分量。因此,飞行试验结果与 OFDM 解调限制条件的理论分析一致。

（a）奇子带通道图像

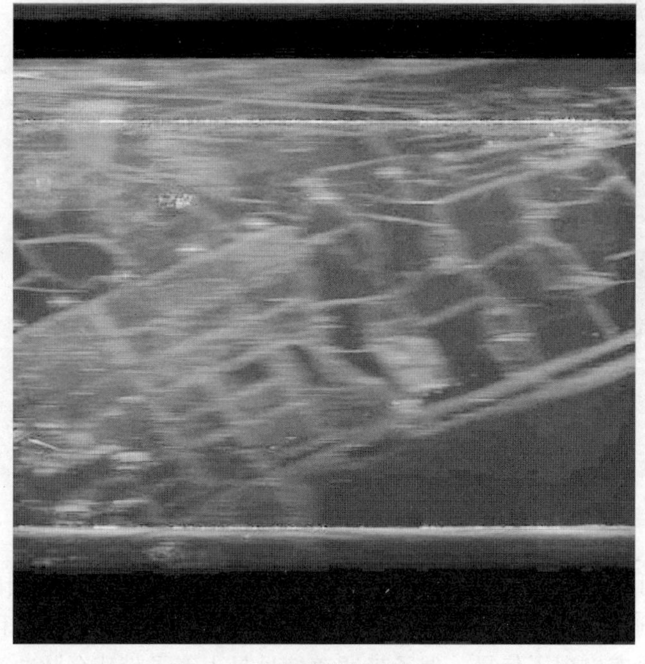

（b）偶子带通道图像

图 4-12　奇子带 OFDM chirp 飞行结果图

4.5 OFDM chirp 物理可实现性分析

鉴于 OFDM chirp 信号是在数字频域产生的，因而有必要分析量化误差对该信号的影响。此外，OFDM 信号最初用于通信。通信和雷达在系统层面上的一个重要区别是，雷达发射机和通信发射机分别使用了饱和放大器和线性放大器。因此，有必要分析饱和放大器对该 OFDM chirp 信号的影响。

对于量化误差而言，开展计算机仿真实验，实验结果如图 4-13 与图 4-14 所示。为了更为明显地突出量化误差对 OFDM-chirp 信号的影响，仿真以正负线性

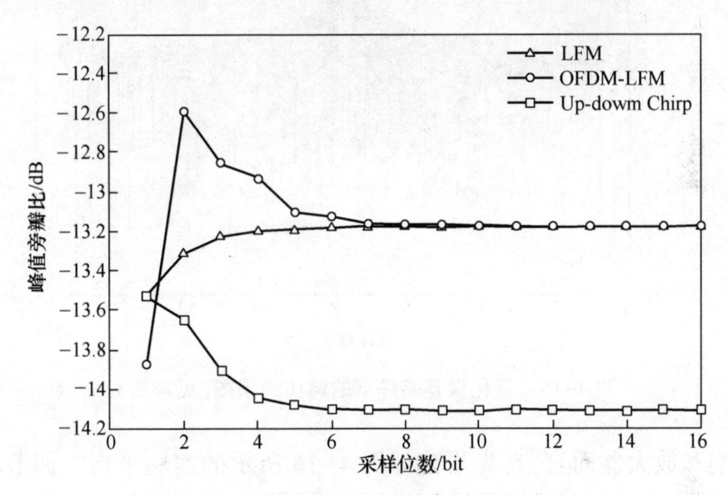

图 4-13　量化位数与峰值旁瓣比的关系

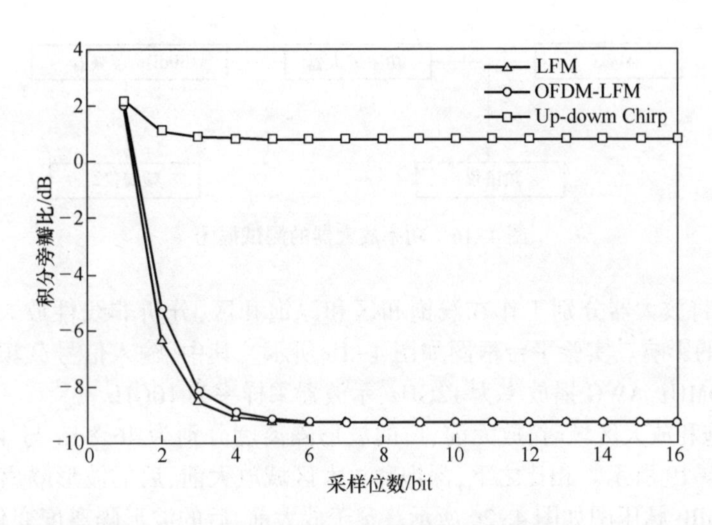

图 4-14　量化位数与积分旁瓣比的关系

调频混叠信号和传统单路线性调频信号作为对比，并以峰值旁瓣比和积分旁瓣比为指标来衡量量化误差对这三种信号的影响。

依据仿真结果可知，当量化位数大于 8bit 时，量化误差对 OFDM chirp 信号的影响可以忽略。在 20dB 信噪比、8bit 量化位数的条件下，OFDM chirp 信号、正负线性调频混叠信号和经典线性调频信号的脉压结果如图 4-15 所示。不难看出，OFDM chirp 信号的脉压结果与经典线性调频信号的脉压结果趋于一致。

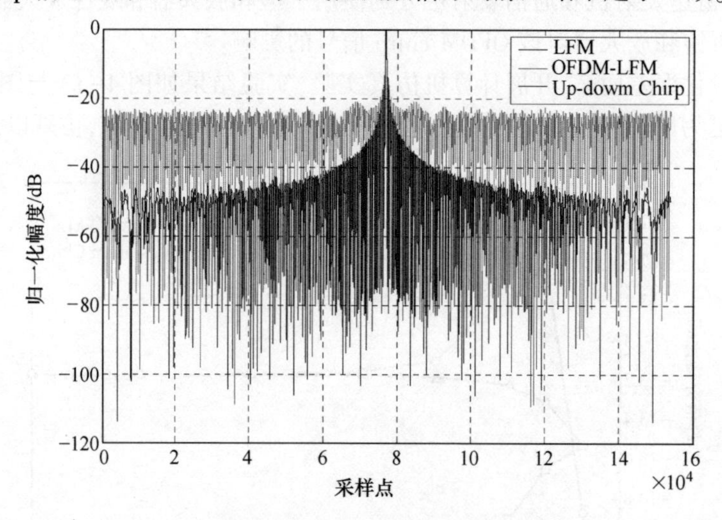

图 4-15　量化误差条件下的脉压结果图(见彩图)

对于饱和放大器而言，首先搭建如图 4-16 所示的实验平台。调节输入信号功率，测定功率放大器的线性与饱和工作区，获得功率放大器的工作区域如图 4-17 所示。

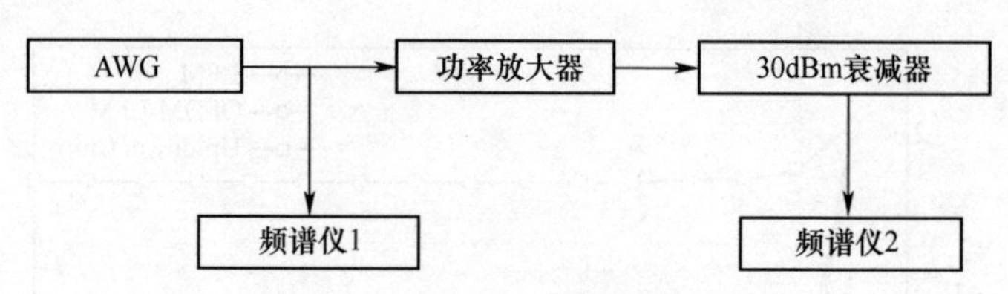

图 4-16　功率放大器的测试框图

其次，将放大器分别工作在浅饱和区和深饱和区，分析非线性放大对 OFDM chirp 信号的影响。实验平台框图如图 4-18 所示。其中，输入信号载频为 2GHz，带宽为 500MHz，AWG 播放率为 12GHz，示波器采样率为 10GHz。

在浅饱和放大区域时，放大前、后的波形隔离度分别为 46.8dB 与 48.6dB，脉压图如图 4-19 所示。相比之下，深饱和放大区域放大前、后的波形隔离度分别为 47dB 与 49dB，脉压图如图 4-20 所示。鉴于放大前、后的波形隔离度变化不大，我

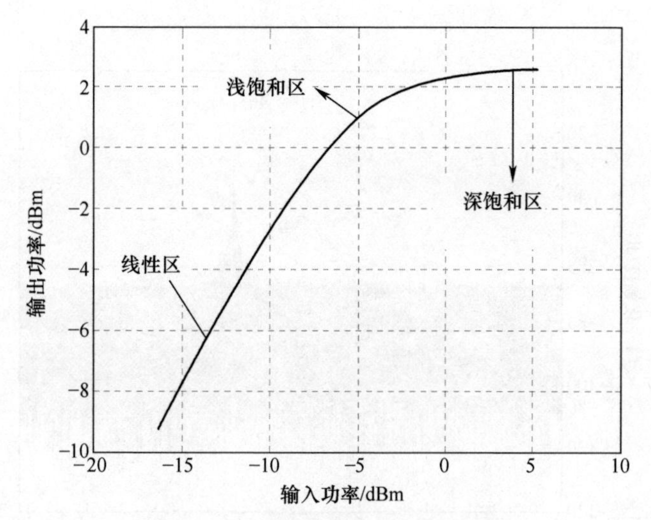

图 4-17　功率放大器的工作区域图

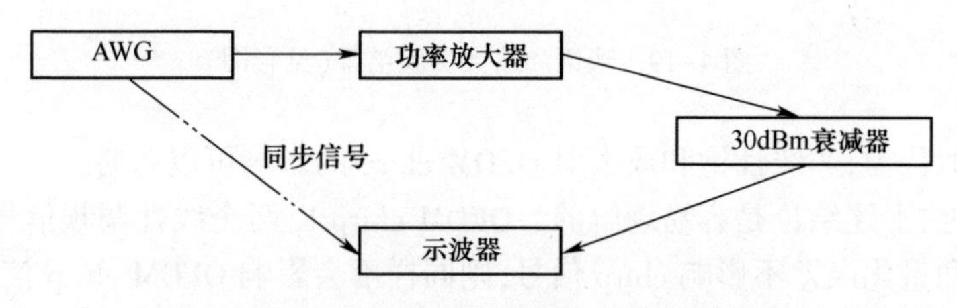

图 4-18　OFDMchirp 信号的饱和实验测试框图

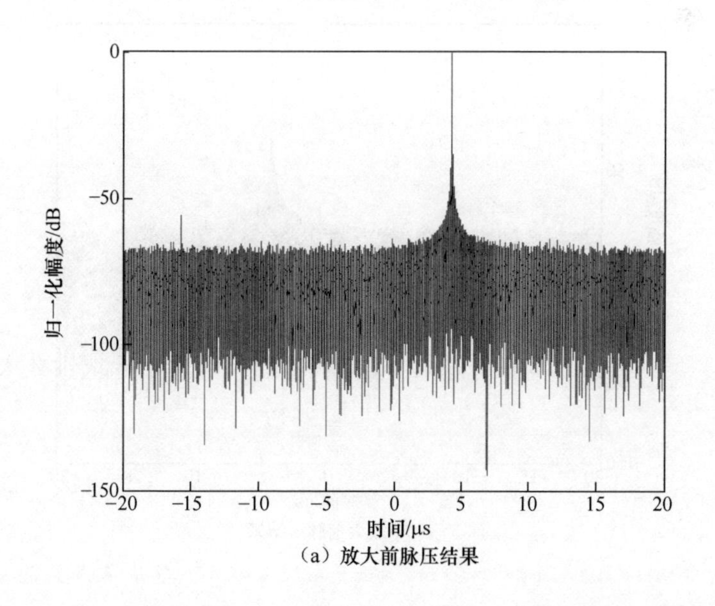

（a）放大前脉压结果

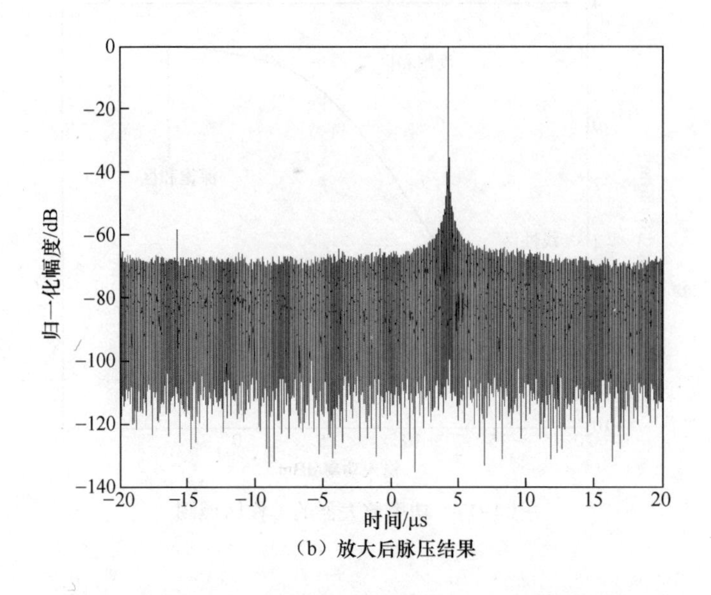

（b）放大后脉压结果

图 4-19　浅饱和放大实验结果(见彩图)

们可以近似认为,非线性饱和放大对 OFDM chirp 的影响可以忽略。

实际上,上述结论是容易理解的。OFDM chirp 由两个线性调频信号组成。若饱和放大和量化误差不影响 chirp 信号,则同样不会影响 OFDM chirp 信号。

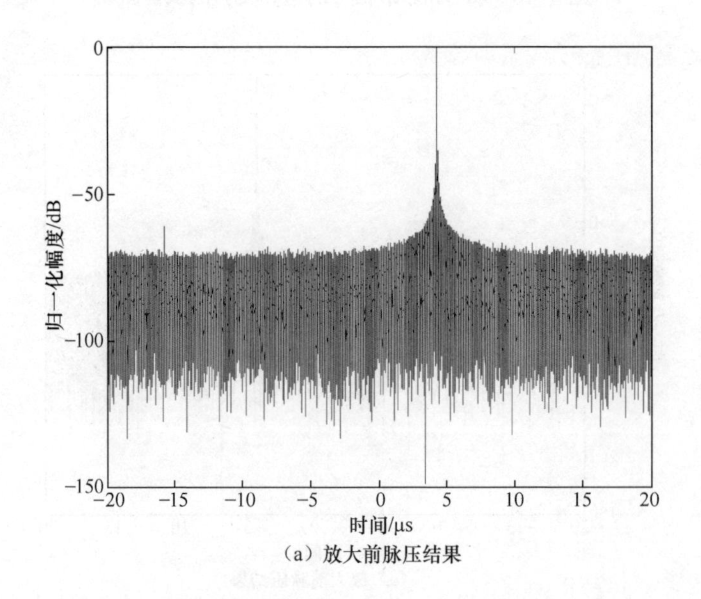

（a）放大前脉压结果

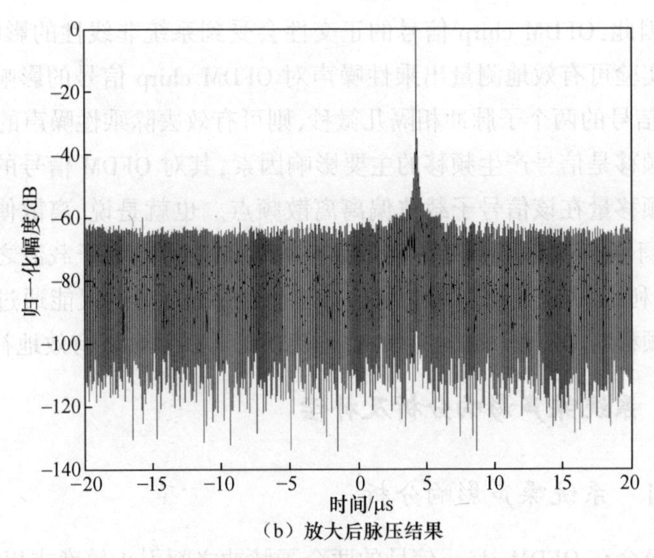

(b) 放大后脉压结果

图 4-20 深饱和放大实验结果(见彩图)

4.6 OFDM chirp 信号正交性退化机理分析及补偿

应该说,在理想条件下,OFDM 信号的多个子带之间不存在相互干扰。通过子带抽取可完全分离多路 OFDM chirp 信号,从而避免单一匹配滤波导致的模糊。然而,从本质上讲,有两种情况会退化该信号的正交性:其一,OFDM chirp 信号两个子脉冲之间产生差异;其二,OFDM chirp 信号产生频移。第一种情况会使 OFDM chirp 信号的某些本应为 0 的子带非零,进而产生频谱泄漏。第二种情况会使 OFDM chirp 子带产生偏离,进而无法抽取正确的子带权值,产生频谱泄漏。

对于系统噪声而言,可分为乘性噪声和加性噪声。其中,加性噪声对 OFDM chirp 信号的影响是可以忽略不计的。乘性噪声会使得该信号产生频谱泄漏,严重影响该信号的正交性。一般而言,乘性噪声可分为两个部分:与频率相关的衰减噪声、与系统非线性相关的乘性噪声。由于 OFDM chirp 信号的两个子脉冲完全一致,与频率相关的衰减噪声对两个子脉冲的影响也是完全一致的,因而该类噪声不会影响正交性。与系统非线性相关的乘性噪声会严重影响 OFDM chirp 信号的正交性。这主要是因为,当 OFDM chirp 信号的第一个子脉冲通过系统时,会受到因果滤波器的影响,在其尾部产生一个拖尾。该拖尾信号会在非线性器件中与第二个子脉冲发生非线性相互作用,进而产生新分量。这种新分量是 OFDM chirp 信号两个子脉冲之间的差异信号,该差异信号会产生频谱泄漏,破坏 OFDM chirp 信号的正交性。因此,OFDM chirp 信号的正交性会受到系统非线性的影响。然而,利用系统定标实验可有效地测量出乘性噪声对 OFDM chirp 信号的影响程度。若将 OFDM chirp 信号的两个子脉冲相隔几微秒,则可有效去除乘性噪声的影响。

多普勒频移是信号产生频移的主要影响因素,其对 OFDM 信号的影响主要体现为多普勒频移量在该信号子载波偏离离散频点。也就是说,离散傅里叶变换之后,子载波并不处于离散频点处。离散频点处的取值实际为子载波之间的串扰成分。然而,若利用 SAR 几何观测模型估计多普勒频率,则不仅能通过波形隔离度量化多普勒频移对 OFDM chirp 的影响,还能在距离多普勒域有效地补偿该影响。

4.6.1 系统噪声影响分析及补偿

4.6.1.1 系统噪声影响分析

系统噪声会在 OFDM chirp 信号的两个子脉冲之间引入幅度或相位差异,使得本应为零的子带非零,进而产生了频谱泄漏,降低了该信号的正交性[19]。下面将具体分析系统噪声对 OFDM chirp 信号的影响。

依据前文结论可知,两路互相正交的 OFDM chirp 信号可表示如下:

$$\begin{cases} x_1(t) = \mathrm{rect}\left(\dfrac{t}{T}\right) \cdot \exp(\mathrm{j}\pi k_\mathrm{r} \cdot t^2) + \mathrm{rect}\left(\dfrac{t-T}{T}\right) \cdot \exp[(\mathrm{j}\pi k_\mathrm{r} \cdot (t-T)^2] \\ x_2(t) = \mathrm{rect}\left(\dfrac{t}{T}\right) \cdot \exp(\mathrm{j}\pi k_\mathrm{r} \cdot t^2) - \mathrm{rect}\left(\dfrac{t-T}{T}\right) \cdot \exp(\mathrm{j}\pi k_\mathrm{r} \cdot (t-T)^2 \end{cases} \tag{4-10}$$

式中:t 为时间;$2T$ 为信号总脉宽;k_r 为调频率。

这里以奇子带 OFDM chirp 信号 $x_1(t)$ 为例,假设加性噪声在子脉冲之间引入的差异信号为 $N_1(t)$,乘性噪声引入的差异信号为 $N_2(t)$。若系统噪声在子脉冲之间引入的差异信号统一到第一个子脉冲,则受系统噪声影响的奇子带 OFDM chirp 信号可表示如下:

$$x_1'(t) = \mathrm{rect}\left(\frac{t}{T}\right) \cdot [N_1(t) + N_2(t)\exp(\mathrm{j}\pi k_\mathrm{r} \cdot t^2)] + \mathrm{rect}\left(\frac{t-T}{T}\right) \cdot \exp[\mathrm{j}\pi k_\mathrm{r} \cdot (t-T)^2] \tag{4-11}$$

将式(4-11)变换至频域可得

$$X_1'(p) = X_1(p) + I_1(p) + I_2(p) \tag{4-12}$$

其中,

$$\begin{cases} I_1(p) = \sum_{n=0}^{N/2-1} N_1(n) \cdot \exp\left(-\mathrm{j}\dfrac{2\pi}{N} \cdot np\right), \\ I_2(p) = \sum_{n=0}^{N/2-1} [N_2(n) - 1] \cdot \exp\left[\mathrm{j}\pi k_r \left(\dfrac{n}{F_s}\right)^2\right] \cdot \exp\left(-\mathrm{j}\dfrac{2\pi}{N} \cdot np\right) \end{cases} \tag{4-13}$$

式中：$p=0,1,\cdots,(N-1)$；$n=0,1,\cdots,(N/2-1)$；N 为 OFDM chirp 信号的频点数目；$X_1(p)$ 为奇子带 OFDM chirp 信号的理想频谱，其偶子带权值为 0。

由式(4-12)可知，受系统噪声影响的 OFDM chirp 信号频谱包含三个部分：理想的正交频谱 $X_1(p)$，加性噪声引入的频谱成分 $I_1(p)$ 和乘性噪声引入的频谱成分 $I_2(p)$。奇子带 OFDM chirp 信号的偶子带权值本应为 0。然而，由于加性噪声频谱和乘性噪声频谱的存在，奇子带 OFDM chirp 信号的偶子带不再为 0，因此，系统噪声使 OFDM chirp 信号产生频谱泄漏，进而破坏了该信号的正交性。

需要说明的是，在上述的噪声频谱成分中，$I_1(p)$ 与调制到奇子带的 chirp 信号无关，$I_2(p)$ 与 chirp 信号有关。因此，若利用 chirp 信号实现匹配脉压，则乘性噪声引入的干扰会产生峰值，加性噪声引入的干扰不会产生峰值。综上所述，仅有乘性噪声引入的频谱分量表示 OFDM chirp 信号的泄漏成分。OFDM chirp 信号的正交性仅受乘性噪声影响，与加性噪声无关。

为了验证上述系统噪声对 OFDM chirp 信号正交性退化机理分析的正确性，设计基于奇子带 OFDM chirp 信号仿真验证试验。其中，子脉冲的脉宽 T 为 8μs，带宽 B_r 为 10MHz。加性噪声在子脉冲之间引入的差异信号 $N_1(t)$ 是均值为 0、方差为 0.05 的高斯噪声。乘性噪声在子脉冲之间引入的差异信号 $N_2(t)$ 是均值为 0.9。方差为 0.05 的高斯噪声。该仿真中，子脉冲之间的差异信号都统一到了第一个子脉冲。仿真结果分别如图 4-21、图 4-22 和图 4-23 所示。

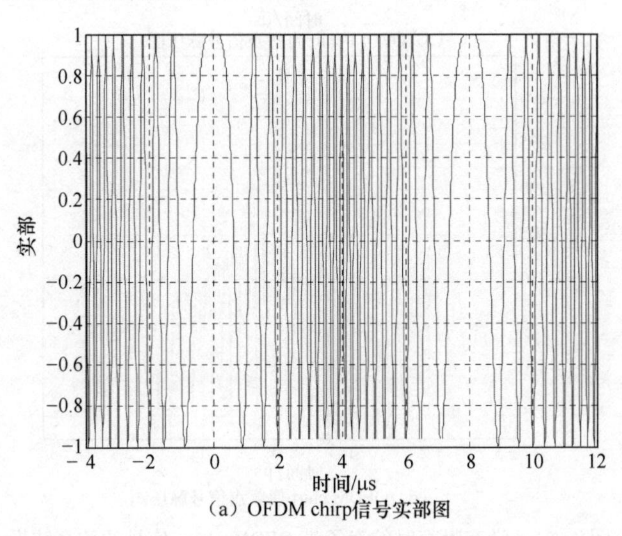

(a) OFDM chirp信号实部图

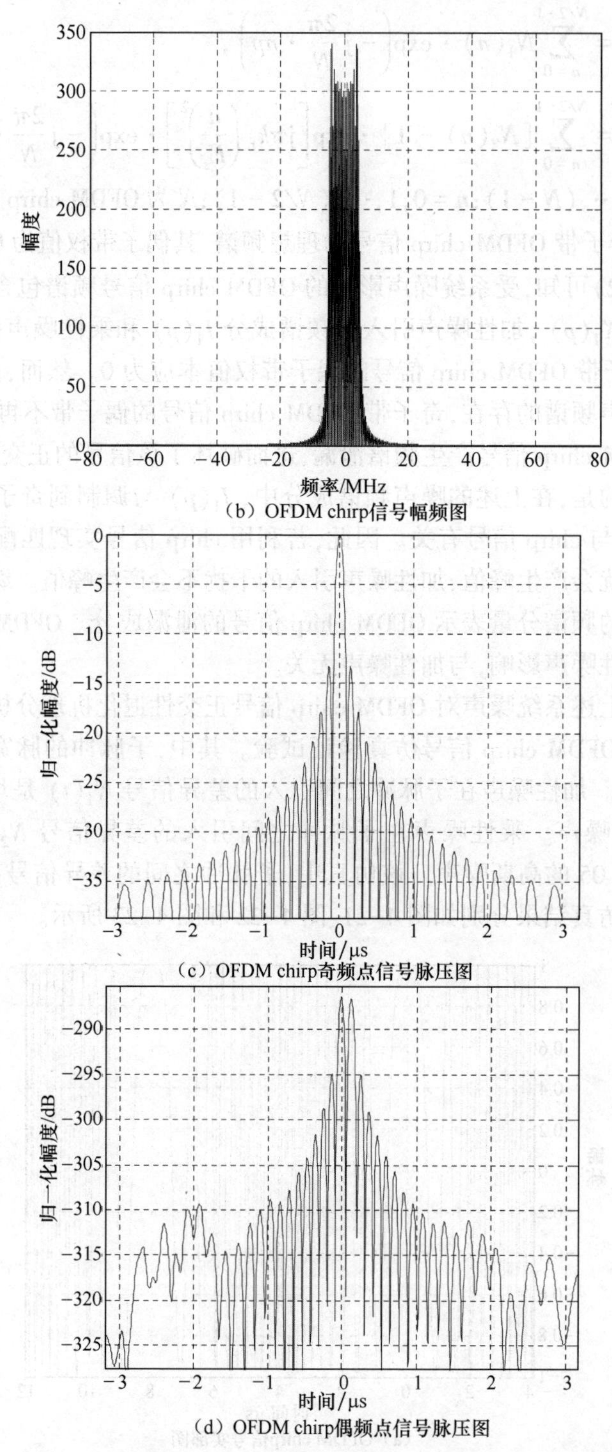

图 4-21　没有噪声时的奇子带 OFDM chirp 信号的仿真结果

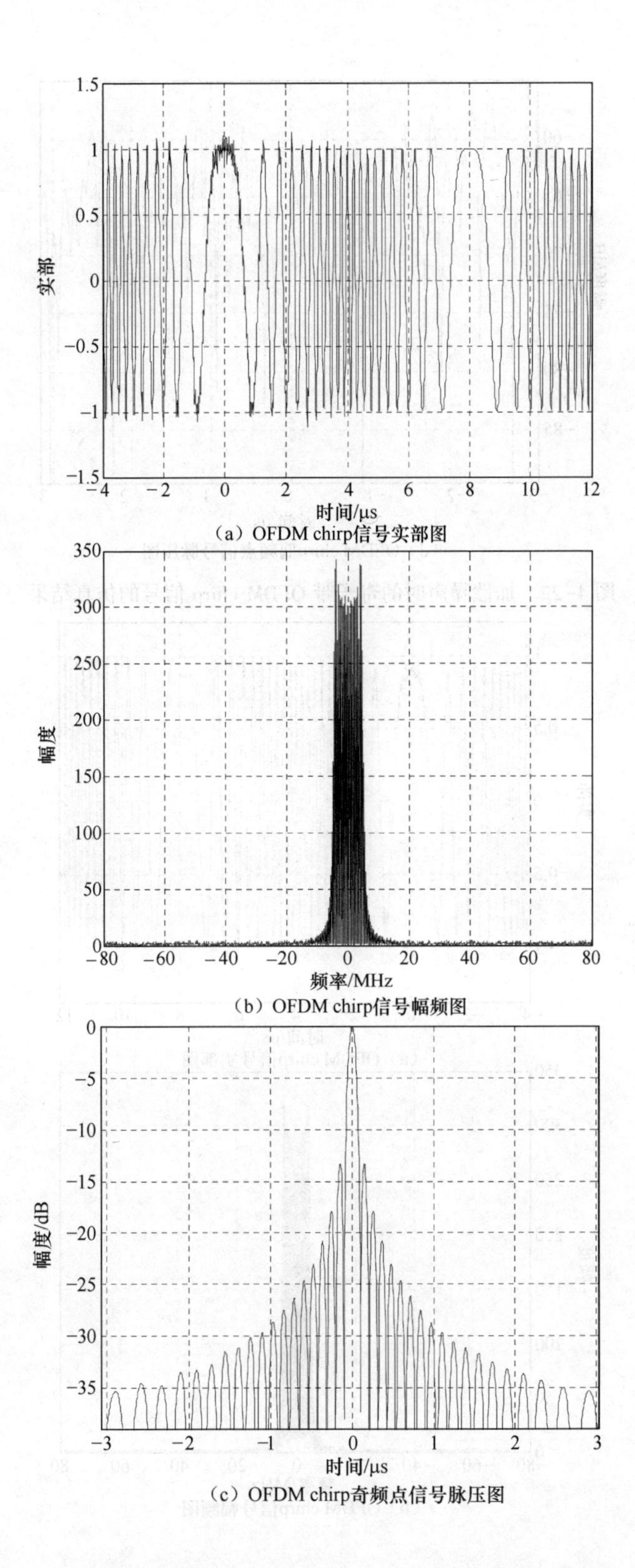

（a）OFDM chirp信号实部图

（b）OFDM chirp信号幅频图

（c）OFDM chirp奇频点信号脉压图

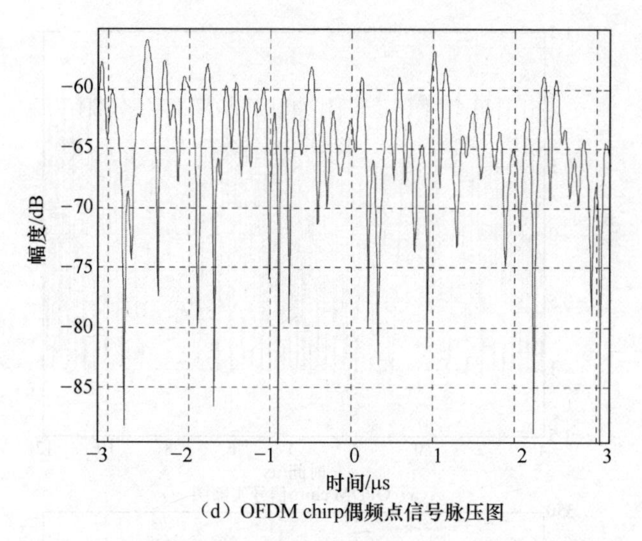

（d）OFDM chirp偶频点信号脉压图

图 4-22　加性噪声时的奇子带 OFDM chirp 信号的仿真结果

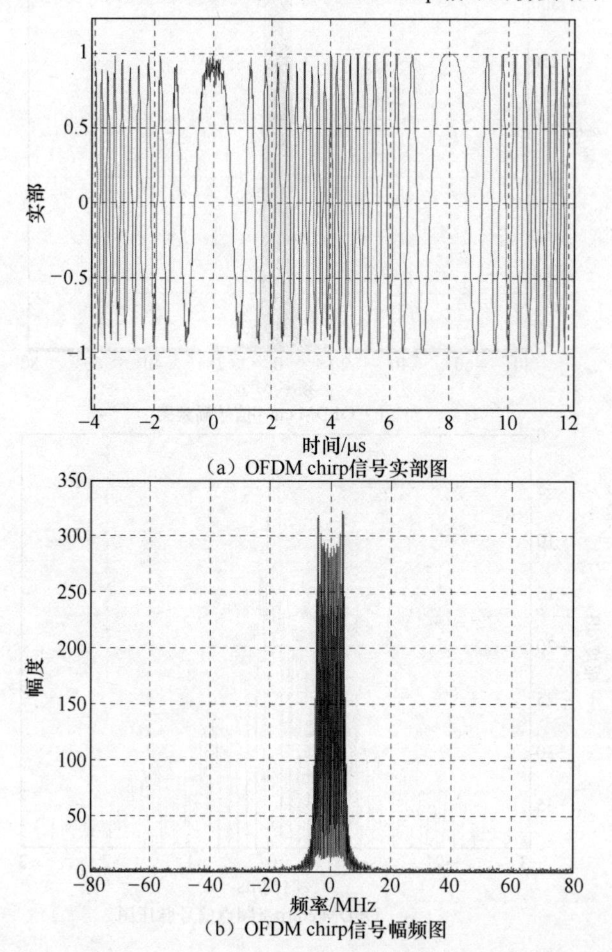

（a）OFDM chirp信号实部图

（b）OFDM chirp信号幅频图

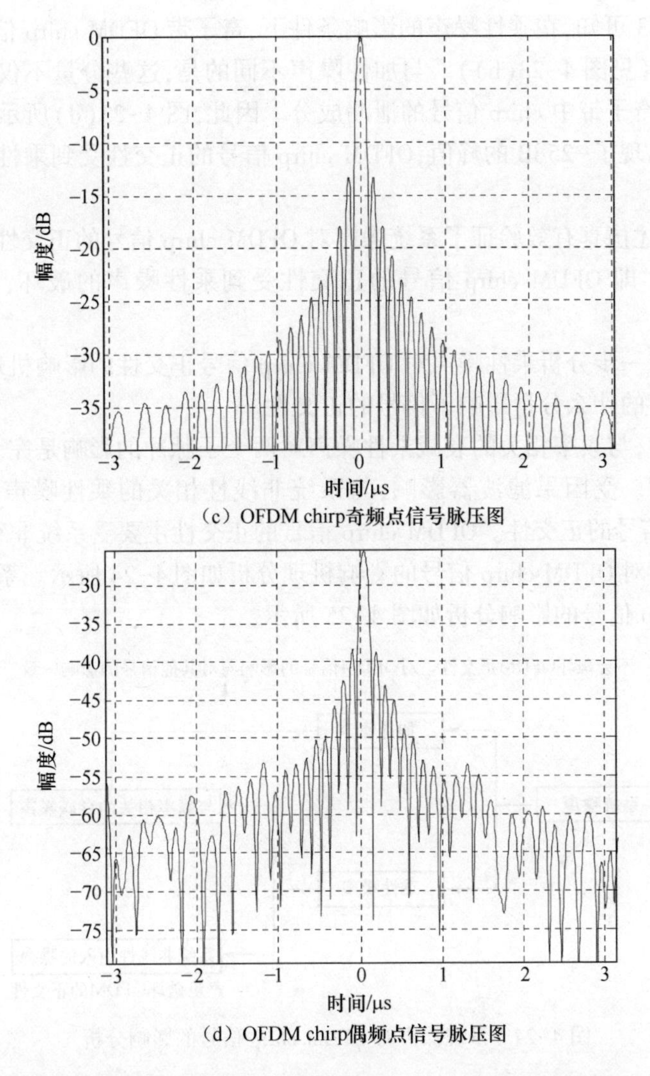

（c）OFDM chirp奇频点信号脉压图

（d）OFDM chirp偶频点信号脉压图

图 4-23　乘性噪声时的奇子带 OFDM chirp 信号的仿真结果

由图 4-21 可知,在没有噪声影响的条件下,OFDM chirp 信号是理想正交的。奇子带信号频谱在偶子带的分量为 0(见图 4-21(b))。当抽取奇子带 OFDM chirp 信号的偶子带分量并进行脉压时,不会产生峰值。注意,图 4-21(d)中的-285dB峰值非常小,是由计算机的计算误差引入的,可忽略不计。

由图 4-22 可知,在加性噪声的影响条件下,虽然奇子带 OFDM chirp 信号的偶子带分量不是 0(见图 4-22(b)),但这些分量并不是奇子带的泄漏分量,仅仅是噪声。因此,图 4-22(d)所示偶子带信号脉压结果中并没有出现峰值,OFDM chirp 信号的正交性没有受到加性噪声的破坏。

由图 4-23 可知,在乘性噪声的影响条件下,奇子带 OFDM chirp 信号的偶子带分量也不是 0(见图 4-23(b))。与加性噪声不同的是,这些分量不仅包含噪声成分,还包含了奇子带中 chirp 信号的泄漏成分。因此,图 4-23(d)所示偶子带信号脉压结果中出现了-25dB 的峰值,OFDM chirp 信号的正交性受到乘性噪声的严重破坏。

因此,上述仿真有效验证了系统噪声对 OFDM chirp 信号的正交性退化机理分析的正确性。即 OFDM chirp 信号的正交性受到乘性噪声的破坏,与加性噪声无关。

下面将进一步分析乘性噪声对 OFDM chirp 信号正交性的影响机理,即研究到底是乘性噪声的什么分量影响了信号的正交性。

如前所述,与频率相关的衰减乘性噪声对两个子脉冲的影响是完全一致的,不会破坏正交性。受因果滤波器影响,与系统非线性相关的乘性噪声会严重破坏 OFDM chirp 信号的正交性。OFDM chirp 信号的正交性主要受系统非线性影响。

系统噪声对 OFDM chirp 信号的影响机理分析如图 4-24 所示。系统的非线性对 OFDM chirp 信号的影响分析如图 4-25 所示。

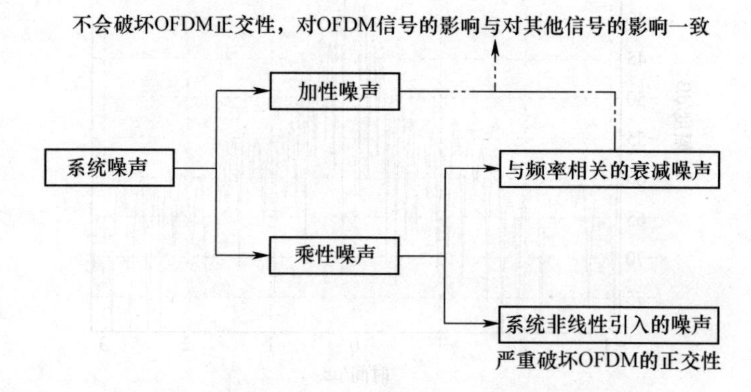

图 4-24　系统噪声对 OFDM chirp 信号的影响分析

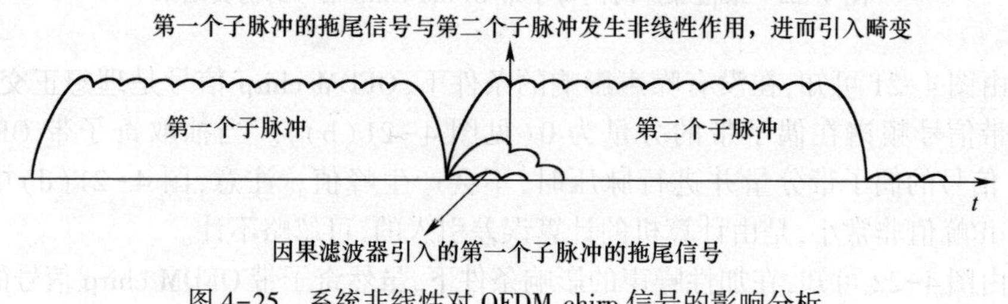

图 4-25　系统非线性对 OFDM chirp 信号的影响分析

下面将推导量化系统非线性与 OFDM chirp 正交性之间的关系。

系统非线性对 OFDM chirp 信号的影响主要体现为子脉冲之间的相位差异，而非幅度差异。这主要是因为雷达系统使用了饱和放大器，经过雷达系统的信号的幅度基本上会保持一致。因此，OFDM chirp 信号子脉冲之间的幅度不会出现很大的差异。相比之下，相位上的差异通常会比较大。

假设 $\phi(t)$ 为系统非线性噪声引入的子脉冲之间的相位差异。在忽略加性噪声、与频率相关的衰减噪声以及系统非线性引入的子脉冲之间的幅度差异的条件下，可将式(4-11)表示如下：

$$x'(t)=\operatorname{rect}\left(\frac{t}{T}\right)\cdot\exp(\mathrm{j}\pi k_{\mathrm{r}}\cdot t^{2})\cdot\exp[\mathrm{j}\phi(t)]+\operatorname{rect}\left[\frac{t-T}{T}\right]\cdot\exp[\mathrm{j}\pi k_{\mathrm{r}}\cdot(t-T)^{2}] \tag{4-14}$$

将上式变换至离散频域，并抽取奇频点数据，可得解调后的信号为

$$x_{\mathrm{even}}(t)=2\cos\left[\frac{\phi(t)}{2}\right]\cdot\operatorname{rect}\left(\frac{t}{T}\right)\cdot\exp(\mathrm{j}\pi k_{\mathrm{r}}\cdot t^{2})\cdot\exp\left[\mathrm{j}\frac{\phi(t)}{2}\right] \tag{4-15}$$

通过抽取偶数频点的数据，可得解调后的信号为

$$x_{\mathrm{odd}}(t)=-2\sin\left[\frac{\phi(t)}{2}\right]\cdot\operatorname{rect}\left(\frac{t}{T}\right)\cdot\exp(\mathrm{j}\pi k_{\mathrm{r}}\cdot t^{2})\cdot\exp\left(\mathrm{j}\frac{\phi(t)}{2}\right)\cdot\exp\left[-\mathrm{j}\frac{\pi}{2}\right] \tag{4-16}$$

由上式可见，本该没有信号的偶频点出现了信号，该信号为奇子带信号的泄漏成分。通过比较式(4-15)与式(4-16)中的能量，可得系统非线性引入的子脉冲之间的相位差异与泄漏能量比之间的关系如下：

$$\eta=10\lg\left(\frac{\int_{-T/2}^{T/2}\left|\sin\left[\frac{\phi(t)}{2}\right]\right|^{2}\mathrm{d}t}{\int_{-T/2}^{T/2}\left|\cos\left[\frac{\phi(t)}{2}\right]\right|^{2}\mathrm{d}t}\right) \tag{4-17}$$

因此，系统非线性噪声与 OFDM chirp 信号正交性的量化关系为式(4-17)。

4.6.1.2　系统噪声补偿方法

依据前面的分析可知，雷达噪声之所以会影响 OFDM chirp 信号的正交性，是因为乘性噪声中的系统非线性分量破坏了 OFDM chirp 信号的正交性。系统非线性对 OFDM chirp 信号正交性产生影响的本质是该信号的第一个子脉冲的拖尾与第二个子脉冲在非线性器件中产生相互作用，并生成新分量。依据该本质，可将 OFDM chirp 信号的两个子脉冲相隔一段时间，用以去除非线性对该信号的影响。在这段时间内，第一个子脉冲的拖尾信号可以衰减到噪声水平，无法与第二个子脉冲发生非线性的相互作用，进而难以产生新的信号成分，不会在 OFDM chirp 信号

的子脉冲之间产生差异性(图 4-26),子脉冲之间的间隔时间是与滤波器的衰减时间相关的,可取值稍大于滤波器衰减时间。因此,在这种条件下,OFDM chirp 信号不会发生频谱泄漏,其正交性也能够得以保障。

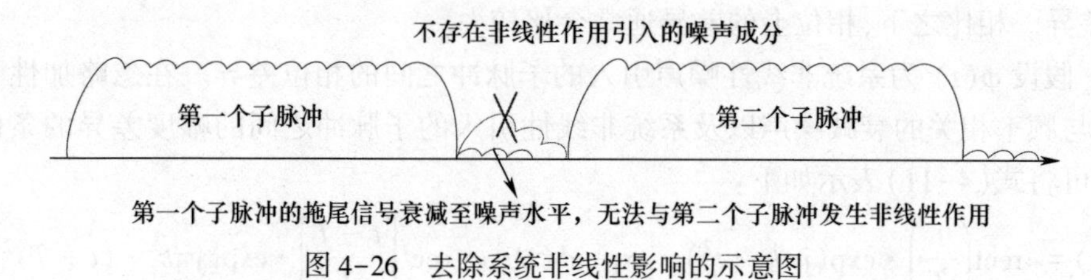

图 4-26 去除系统非线性影响的示意图

将 OFDM chirp 信号的两个子脉冲相隔一段时间之后,两路相互正交的信号可表示如下:

$$\begin{cases} x_1(t) = \mathrm{rect}\left(\dfrac{t}{T}\right) \cdot \exp(\mathrm{j}\pi k_{\mathrm{r}} \cdot t^2) + \mathrm{rect}\left(\dfrac{t-T-T_1}{T}\right) \cdot \exp[\mathrm{j}\pi k_{\mathrm{r}} \cdot (t-T-T_1)^2] \\ x_2(t) = \mathrm{rect}\left(\dfrac{t}{T}\right) \cdot \exp(\mathrm{j}\pi k_{\mathrm{r}} \cdot t^2) - \mathrm{rect}\left(\dfrac{t-T-T_1}{T}\right) \cdot \exp[\mathrm{j}\pi k_{\mathrm{r}} \cdot (t-T-T_1)^2] \end{cases} \tag{4-18}$$

式中:T_1 为 OFDM Chirp 信号子脉冲之间的隔离时间。

需要说明的是,该操作不会影响 OFDM chirp 信号的正交性,其唯一的影响就是将该信号的子带数目从 $N/2$ 提高到 $(N_1 + N/2)$,N_1 为 T_1 时间对应的采样点。且加入的时间间隔与系统滤波器的衰减时间有关,一般取值为几微秒。因而,该操作与系统 PRF 无关,不会影响 SAR 系统的走停模式假设。

4.6.1.3 C 波段 SAR 系统定标试验

为了综合验证噪声对 OFDM chirp 信号正交性的影响分析及补偿方法正确性,设计基于 C 波段 SAR 系统的定标试验。该试验系统的框架如图 4-27 所示,实景图如图 4-28 所示。在该试验中,用接有衰减器的电缆直接将发射机和接收机相

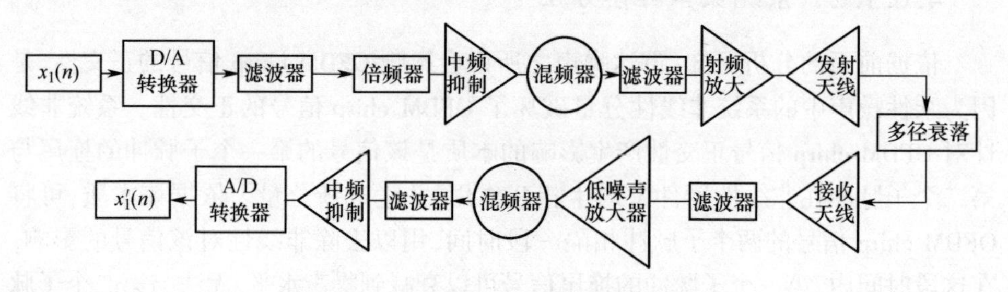

图 4-27 C 波段 SAR 试验系统框架图

连。该试验使用了奇子带 OFDM chirp 信号。信号的总时宽为 40μs，带宽为 120MHz，中频采样率为 1.5GHz，子载波数目为 65536。试验结果分别如图 4-29 和图 4-30 所示。其中，图 4-29 为噪声补偿前试验结果，图 4-30 为噪声补偿后试验结果。Chn1 表示从奇子带中抽取的信号，Chn2 则表示从偶子带中抽取的信号。

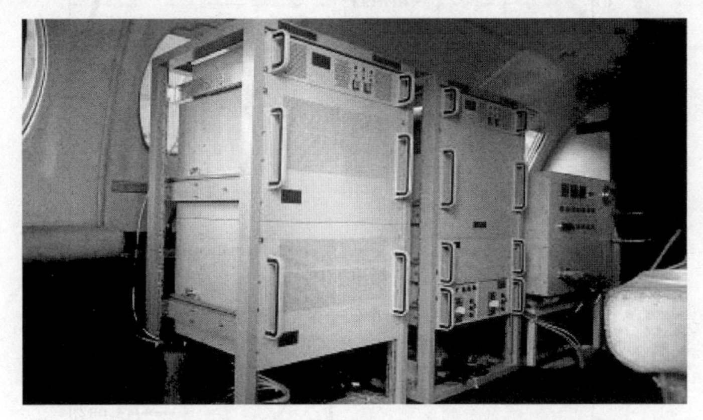

图 4-28　C 波段 SAR 试验系统实景图（见彩图）

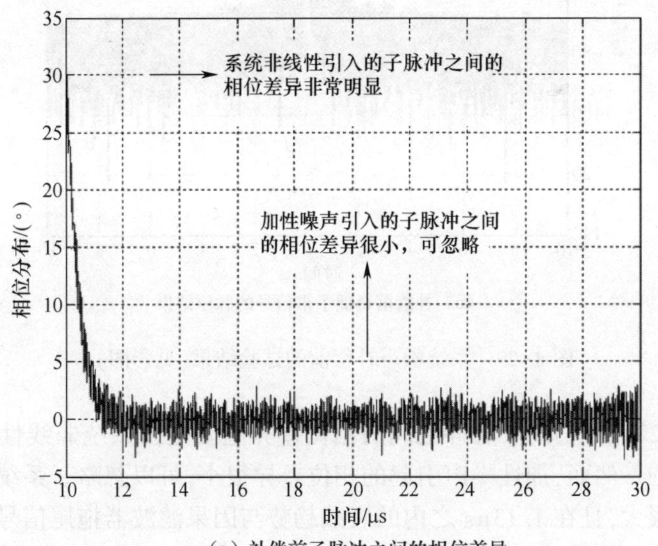

(a) 补偿前子脉冲之间的相位差异

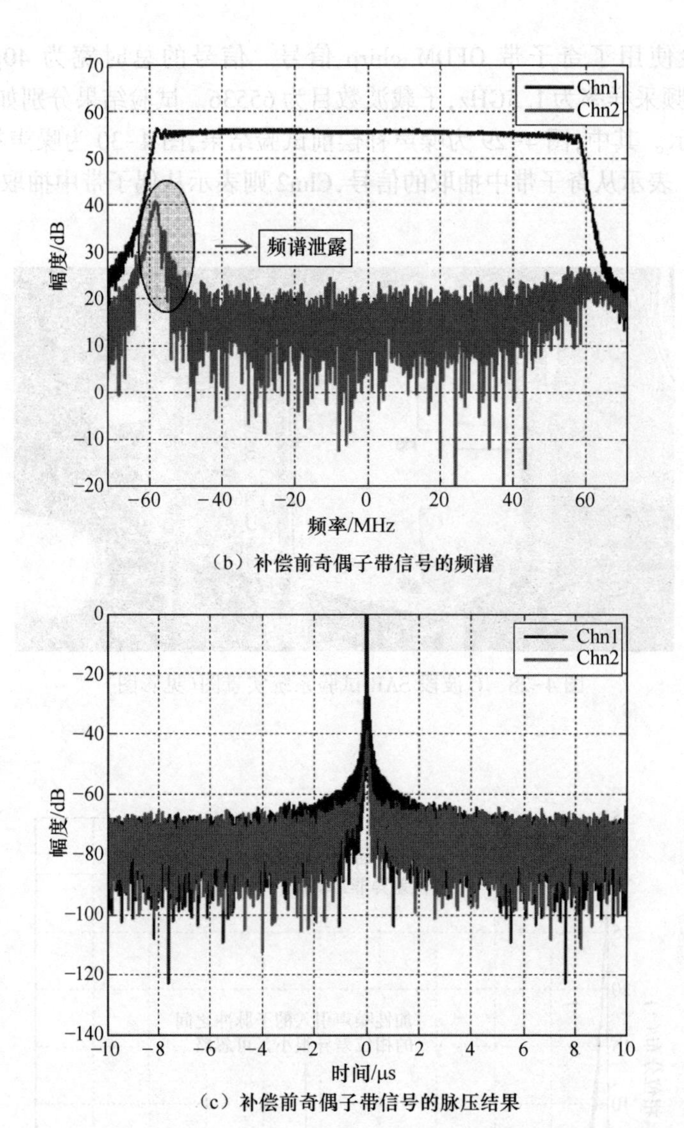

(b) 补偿前奇偶子带信号的频谱

(c) 补偿前奇偶子带信号的脉压结果

图 4-29 系统噪声补偿前的试验结果(见彩图)

由图 4-29(a)可知,子脉冲之间的相位差异主要是由系统非线性和系统的加性噪声引起的。然而,加性噪声引起的相位差异很小,可以忽略。系统非线性引起的相位差异很大,且在 1.13μs 之内的衰减趋势与因果滤波器拖尾信号衰减趋势一致。子脉冲之间的相位差异使得 OFDM chirp 信号发生了频谱泄漏。因此,在图 4-29(b)中,本应没有信号的偶子带出现了奇子带泄漏过去的频谱分量,对应的图 4-29(c)中偶子带信号脉压结果中也出现了-39dB 的峰值。OFDM chirp 信号的正交性受到了破坏。需要说明的是,经计算可得,在信噪比为 38.8dB 的条件下,

Chn1 与 Chn2 能量比值为 29.3dB,该结果与式(4-8)中的理论结果一致,进而验证了系统非线性与 OFDM chirp 信号正交性之间的量化关系的有效性。

在将 OFDM chirp 信号的两个子脉冲相隔 2μs 之后,可以看出,图 4-30(a)中子脉冲之间的相位差异趋于噪声水平,系统非线性引起的相位差异消失了。图 4-30(b)中的偶子带也不存在奇子带的泄漏分量,Chn1 与 Chn2 能量比值提高到了 38dB,仅比信噪比低了 0.8dB。对应的图 4-30(c)中的 Chn2 峰值也仅达到了噪声水平。因此,将 OFDM chirp 信号的子脉冲相隔一段时间,可使因果滤波器引起的第一个子脉冲拖尾信号衰减到噪声水平,进而无法与第二个子脉冲进行非线性相互作用。该方法可有效去除系统噪声对 OFDM chirp 信号正交性的影响。

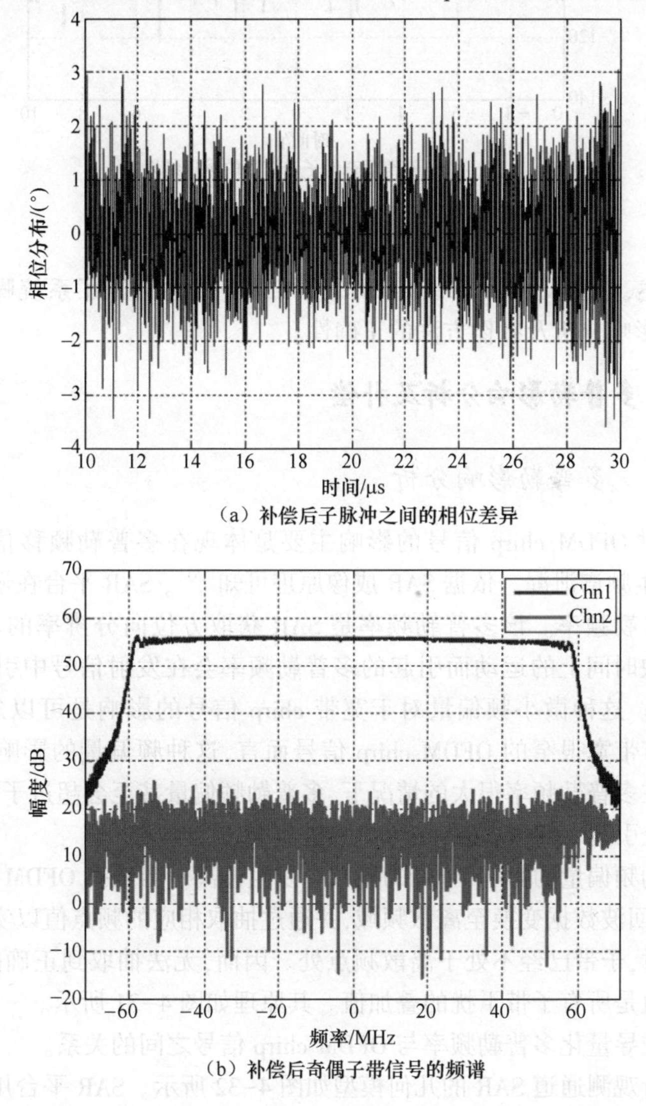

(a) 补偿后子脉冲之间的相位差异

(b) 补偿后奇偶子带信号的频谱

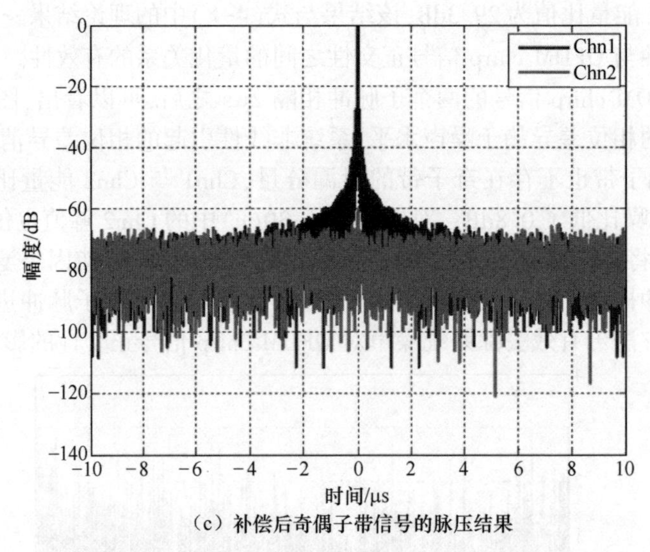

（c）补偿后奇偶子带信号的脉压结果

图 4-30 系统噪声补偿后的试验结果(见彩图)

综上所述,C 波段 SAR 系统定标试验结果有效地论证了系统噪声对 OFDM chirp 信号的影响分析及补偿方法的正确性。

4.6.2 多普勒影响分析及补偿

4.6.2.1 多普勒影响分析

多普勒对 OFDM chirp 信号的影响主要是体现在多普勒频移量使得 OFDM chirp 信号产生频谱泄漏。依据 SAR 成像原理可知[20], SAR 平台在慢时间维的移动可引入多普勒频率。该多普勒频率是 SAR 获取方位向分辨率的基础。然而, SAR 平台在快时间上的运动而引起的多普勒频率会在发射信号中引入一个很小的频偏量[21]。这种微小频偏量对于宽带 chirp 信号的影响是可以忽略不计的。但是对于子带带宽很窄的 OFDM chirp 信号而言,这种频偏量的影响往往是致命的。特别是在多普勒频率很大的情况下,多普勒频偏量甚至会超过子带带宽,进而会很大程度上引起 OFDM chirp 信号的频谱泄漏。

受多普勒频偏量的影响,子带的载频会发生偏离。当依据 OFDM chirp 信号的解调算法,将回波数据变换至离散频域,并通过抽取相应的频点值以实现提取对应子带的权值时,子带已经不处于离散频点处。因而,无法抽取到正确的子带权值。抽取得到的值是所有子带干扰的叠加值。其原理如图 4-31 所示。

下面将推导量化多普勒频率与 OFDM chirp 信号之间的关系。

假设并行观测通道 SAR 的几何模型如图 4-32 所示。SAR 平台用第一个天线

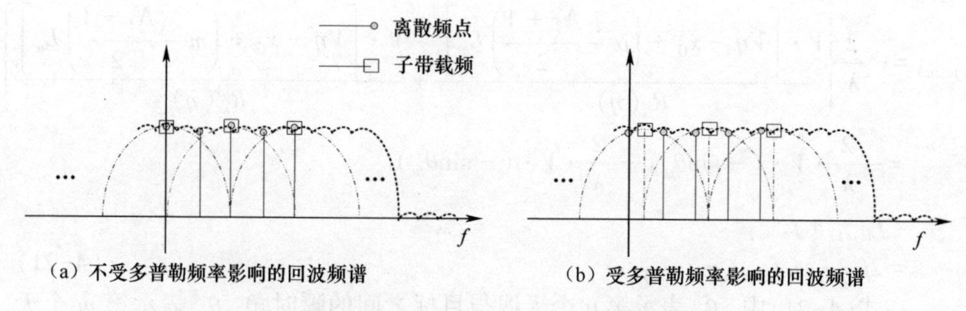

(a) 不受多普勒频率影响的回波频谱　　(b) 受多普勒频率影响的回波频谱

图 4-31　多普勒频偏影响 OFDM chirp 信号正交性的示意图(见彩图)

和最后一个天线发射 OFDM 信号,所有三个天线用于接收信号。SAR 平台沿着 X 方向以速度 V 运动,每次移动距离为 $(2N_l-1)L_a/2$,其中 L_a 为天线长度,N_l 为天线数目,η 为慢时间,t_r 为快时间,目标 P 的坐标为 $(x_0, y_0, -h)$。若 SAR 平台的移动不满足该要求,可使用文献[22]中的方法进行补偿。

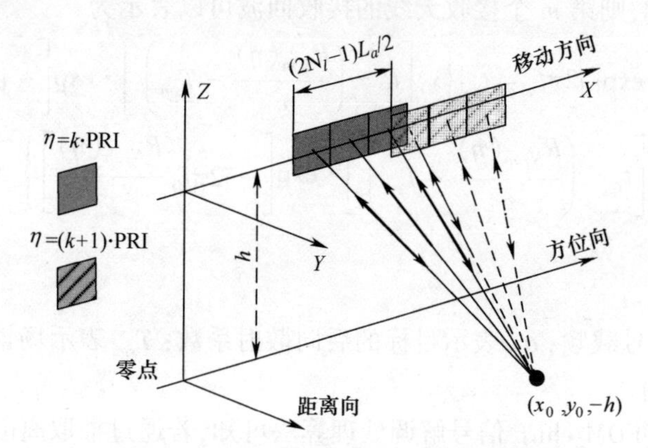

图 4-32　并行观测通道 SAR 几何模型

对于第 μ 个发射天线和第 m 个接收天线而言,其距离历程为

$$\begin{aligned}R_{\mu,m}(\eta,t_r) &= R_{\mu}(\eta,t_r) + R_m(\eta,t_r)\\ &= \sqrt{\{x_0 - V(\eta+t_r) - [\mu-(N_l+1)/2]L_a\}^2 + y_0^2 + h^2}\\ &\quad + \sqrt{\{x_0 - V(\eta+t_r) - [m-(N_l+1)/2]L_a\}^2 + y_0^2 + h^2}\end{aligned} \tag{4-19}$$

在 $t_r=0$ 处,对 $R_{\mu,m}(\eta,t_r)$ 进行泰勒展开,可得

$$R_{\mu,m}(\eta,t_r) = R_{\mu,m}(\eta) + \frac{\mathrm{d}R_{\mu,m}(\eta,t_r)}{\mathrm{d}t_r} = R_{\mu,m}(\eta) - \frac{\lambda}{2}\cdot f_{d(\mu,m)}t_r \tag{4-20}$$

其中

$$
\begin{aligned}
f_{d(\mu,m)} &= -\frac{2}{\lambda}\left\{\frac{V\cdot\left[V\eta - x_0 + \left(\mu - \frac{N_l+1}{2}\right)L_a\right]}{R_\mu(\eta)} + \frac{V\cdot\left[V\eta - x_0 + \left(m - \frac{N_l+1}{2}\right)L_a\right]}{R_m(\eta)}\right\} \\
&= -\frac{2}{\lambda}\cdot V\cdot(-\sin\theta_\mu) - \frac{2}{\lambda}\cdot V\cdot(-\sin\theta_m) \\
&= f_{a(\mu)} + f_{a(m)} \\
&= 2f_{a(m)} + f_{a(\mu)} - f_{a(m)}
\end{aligned} \tag{4-21}
$$

在式(4-21)中，θ_μ 表示第 μ 个天线与目标之间的瞬时角，θ_m 表示第 m 个天线与目标之间的瞬时角，$f_{d(\mu,m)}$ 则表示第 m 个天线接收到第 μ 个天线的信号的多普勒频率，$f_{a(m)}$ 和 $f_{a(\mu)}$ 分别表示第 m 个天线和第 μ 个天线的多普勒频率，$(f_{a(\mu)} - f_{a(m)})$ 表示第 μ 个天线与第 m 个天线之间的差性多普勒频率。

由于并行观测天线的距离很小，则差性多普勒频率非常小，是可以忽略的。对于条带正侧视模式而言，假设回波中不存在残余脉冲，回波长度小于 $3T$，且不考虑系统噪声的影响，则第 m 个接收天线的接收回波可以表示为

$$
s_m(t_r,\eta) = \begin{cases} \sigma_0\cdot\exp[\mathrm{j}2\pi f_{a(m)}t_r]\left\{x_1\left[t_r - \left(\frac{R_{1,m}(\eta)}{c} - T_{sm}\right)\right]\cdot\exp\left[-\mathrm{j}2\pi f_0\frac{R_{1,m}(\eta)}{c}\right]\right. \\ \left. + x_2\left[t_r - \left(\frac{R_{N_l,m}(\eta)}{c} - T_{sm}\right)\right]\cdot\exp\left[-\mathrm{j}2\pi f_0\frac{R_{N_l,m}(\eta)}{c}\right]\right\}, & 0 < t_r < 3T \\ 0, & 3T < t_r < 4T \end{cases} \tag{4-22}
$$

式中：f_0 表示信号载频；σ_0 表示目标的后向散射系数；T_{sm} 表示场景中第一个目标的采样起始时间。

依据前文 OFDM chirp 信号解调处理算法可知，若通过抽取离散频谱的对应频点，则可得第 m 个天线接收到的来自第 μ 个发射天线的回波为

$$
s_{\mu,m}(t_r,\eta) = \begin{cases} \frac{1}{2}\cdot s'_{\mu,m}(t_r+T,\eta), & 0 < t_r < \Delta t_{\mu,m} \\ \frac{1}{2}\cdot s'_{\mu,m}(t_r,\eta), & \Delta t_{\mu,m} < t_r < T \end{cases} \tag{4-23}
$$

其中

$$
s'_{\mu,m}(t_r,\eta) = \begin{cases} \cos(\pi f_{a(m)}T)\cdot z_1(t_r,\eta) - \mathrm{j}\sin(\pi f_{a(m)}T)\cdot z_{N_l}(t_r,\eta), & \mu = 1 \\ \cos(\pi f_{a(m)}T)\cdot z_{N_l}(t_r,\eta) - \mathrm{j}\sin(\pi f_{a(m)}T)\cdot z_1(t_r,\eta), & \mu = N_l \end{cases} \tag{4-24}
$$

且有

$$
\begin{cases}
z_1(t_r,\eta)=\text{rect}\left(\dfrac{t_r-\Delta t_{1,m}}{T}\right)\cdot\exp\left\{j2\pi\left[\dfrac{k_r}{2}\cdot(t_r-\Delta t_{1,m})^2-f_0\dfrac{R_{1,m}(\eta)}{c}\right]\right\}\cdot\\
\exp\left[j2\pi f_{a(m)}\left(t_r+\dfrac{T}{2}\right)\right]\\
z_{N_l}(t_r,\eta)=\text{rect}\left(\dfrac{t_r-\Delta t_{N_l,m}}{T}\right)\cdot\exp\left\{j2\pi\left[\dfrac{k_r}{2}\cdot(t_r-\Delta t_{N_l,m})^2-f_0\dfrac{R_{N_l,m}(\eta)}{c}\right]\right\}\cdot\\
\exp\left[j2\pi f_{a(m)}\left(t_r+\dfrac{T}{2}\right)\right]
\end{cases}
\tag{4-25}
$$

由式(4-24)可知,受多普勒频率的影响,调制到奇子带(偶子带)的信号泄漏到了偶子带(奇子带)中,OFDM chirp 信号的正交性受到了多普勒频率的严重影响。受多普勒频率影响而导致的泄漏能量比即为波形隔离度:

$$
\begin{aligned}
\text{LE}&=20\lg\left(\left|\frac{-j\sin(\pi q/2)\cdot z_1(t_r,\eta)}{\cos(\pi q/2)\cdot z_1(t_r,\eta)}\right|\right)\\
&=20\lg\left(\left|\frac{-j\sin(\pi q/2)\cdot z_{N_l}(t_r,\eta)}{\cos(\pi q/2)\cdot z_{N_l}(t_r,\eta)}\right|\right)\\
&=20\lg[\tan(\pi q/2)]
\end{aligned}
\tag{4-26}
$$

式中,多普勒频率已作为参数 q 归一到了子带带宽 $1/2T$ 中。

依据式(4-26),可得 OFDM chirp 信号的波形隔离度与多普勒频率的关系。即多普勒频率与 OFDM chirp 信号正交性之间的量化关系,如图 4-33 所示。

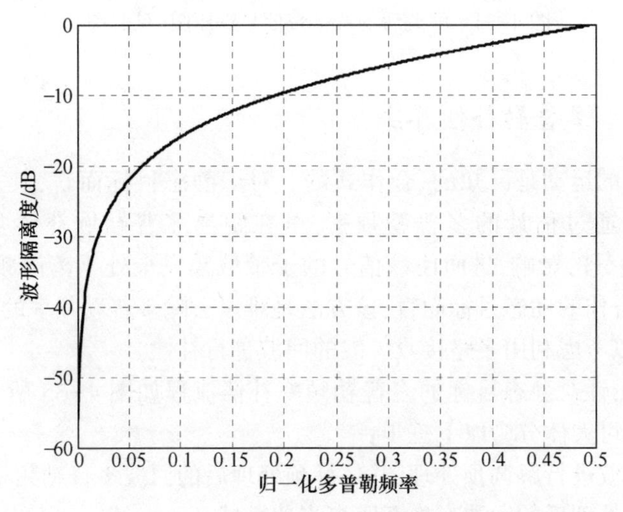

图 4-33　OFDM chirp 信号的波形隔离度与多普勒频率的关系

由图 4-33 可知,多普勒频率对 OFDM chirp 信号的影响是很严重的。对于 80μs 总时宽,5kHz 多普勒频率的 OFDM chirp 信号而言,q 能够达到 0.4,此时的理论波形隔离度仅有-2.7dB。对此,设计 80μs 总时宽,100MHz 带宽,5kHz 多普勒频率的奇子带 OFDM chirp 信号仿真试验,仿真结果如图 4-34 所示。由图 4-34 可知,受多普勒频率的影响,奇子带信号泄漏到了偶子带,因而偶子带的脉压结果出现了峰值,且峰值为奇子带峰值的-2.68dB。换而言之,此时的波形隔离度为-2.68dB。由于该数值与-2.7dB 的理论值非常相近,则该仿真试验有效论证了多普勒频率对 OFDM chirp 信号正交性影响的理论分析。因此,需要对多普勒频率进行补偿,以保障 OFDM chirp 信号的正交性。

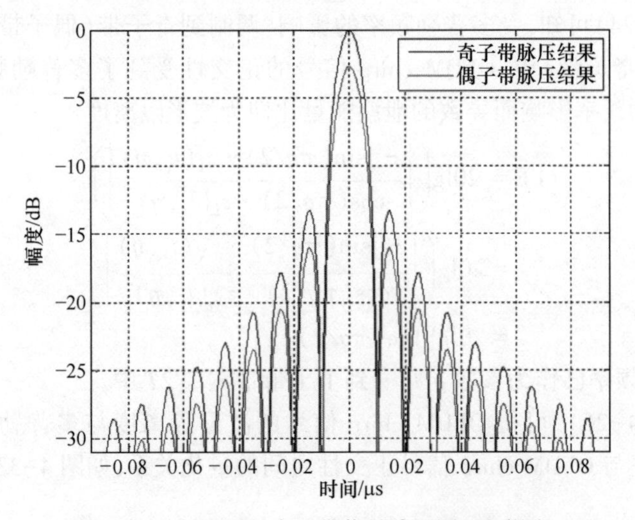

图 4-34 解调后的奇子带信号脉压图(见彩图)

4.6.2.2 多普勒补偿算法

SAR 平台的运动是已知的、合作式的。对于静态目标而言,其多普勒频率是可以估计的。通过估计的多普勒频率,可在距离多普勒域补偿多普勒频率对 OFDM chirp 信号的影响,进而使该信号的子带载频完全处于离散频谱的频点处。然而,对于非合作的动态目标而言,该方法是难以去除多普勒频率的影响的。在这种情况下,可以考虑利用多路接收天线的回波进行补偿。

具体而言,针对静态目标的多普勒频率补偿流程如图 4-35 所示。该多普勒补偿处理流程可大体分为以下三步:

(1) 对回波进行解调预处理,并估计预处理后的回波多普勒频率;

(2) 将预处理后的回波变换至距离多普勒域;

(3) 依据估计的多普勒频率,补偿预处理后的回波的多普勒频率。

基于以上多普勒频率补偿算法,可以有效去除多普勒频偏量对 OFDM chirp 信号正交性的影响,下一小节将给出具体的仿真验证试验。

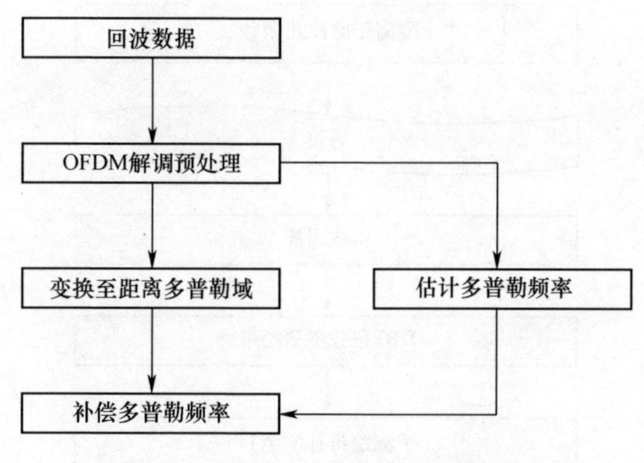

图 4-35 OFDM chirp 信号多普勒补偿流程

需要说明的是,由于多普勒估计算法存在一定误差,该补偿方法仍然会存在一定的残余多普勒频率。但一般的估计精度能够保证在 ±5%PRF 以内。因此,残余的多普勒频率所引起的残余泄漏能量是可以忽略的。

4.6.3 多维波形正交性综合补偿算法及仿真验证试验

前几小节分别针对系统噪声及多普勒频率对 OFDM chirp 信号正交性的影响及补偿展开了深入的研究。本小节主要在前文基础上,综合考虑 OFDM chirp 信号的系统噪声补偿以及多普勒补偿,设计了针对于静态目标的 OFDM chirp 信号正交性补偿算法,并给出了综合仿真验证试验。

依据前几节的研究基础,设计的多维波形正交性综合补偿算法流程如图 4-36 所示,大体分为以下四步:

(1) 在信号产生阶段,将改进型 OFDM chirp 信号的两个子脉冲相关一段时间,以去除系统噪声的影响;

(2) 对回波进行解调预处理,即用 DBF 技术将测绘带划分为不含残余脉冲的多个幅宽为 $3T$ 的子测绘带,并将子测绘带补零至 $4T$;

(3) 将预处理后的所有子测绘带的数据变换至距离多普勒域,估计多普勒频率,并依据估计的多普勒频率补偿回波的多普勒频率;

(4) 将多普勒频率补偿后的数据变换至方位时域及距离频域,以实现 OFDM 信号的解调,并对解调后的数据进行成像处理。

基于以上算法,可有效去除噪声以及多普勒频偏对 OFDM chirp 信号正交性的影响,进而在抑制并行观测通道模糊能量的基础上获得良好的成像效果[23]。

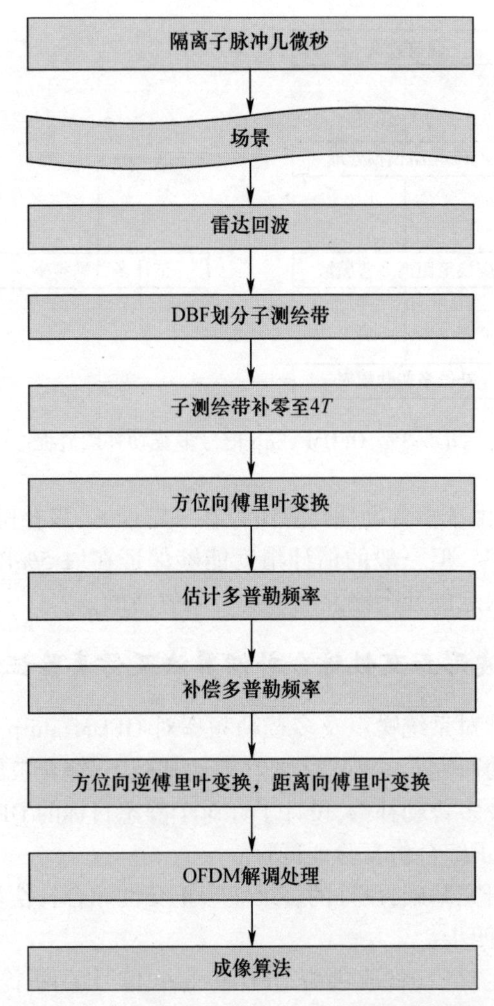

图 4-36　OFDM chirp 信号正交性的综合补偿算法

为了验证综合补偿算法的正确性,设计基于图 4-32 中并行观测通道 SAR 几何模型的分布式场景仿真试验。仿真参数如表 4-2 所列,仿真结果如图 4-37 所示。其中,图 4-37(a)参考图像,图 4-37(b)为系统噪声及多普勒频率补偿前的图像,图 4-37(c)为系统噪声及多普勒频率补偿后的图像。该仿真中没有涉及 DBF 技术,回波数据设定为满足 OFDM chirp 的解调条件,即回波中不存在残余脉冲。

在该仿真试验中,图 4-37(a)是某航空遥感系统获取的 C 波段原始 SAR 图像。图 4-37(b)所用到的回波数据是在星载条件下将图 4-37(a)中图像与 4.6.1

表 4-2 仿真参数

参　数	参数值
天线数目	3
天线长度	3m
信号带宽	120MHz
采样频率	1.5GHz
信号载频	5.4GHz
信号时宽	40μs
子带数目	131072
平台速度	6000m/s
多普勒带宽	4000Hz
系统 PRF	1000Hz
等效 PRF	5000Hz

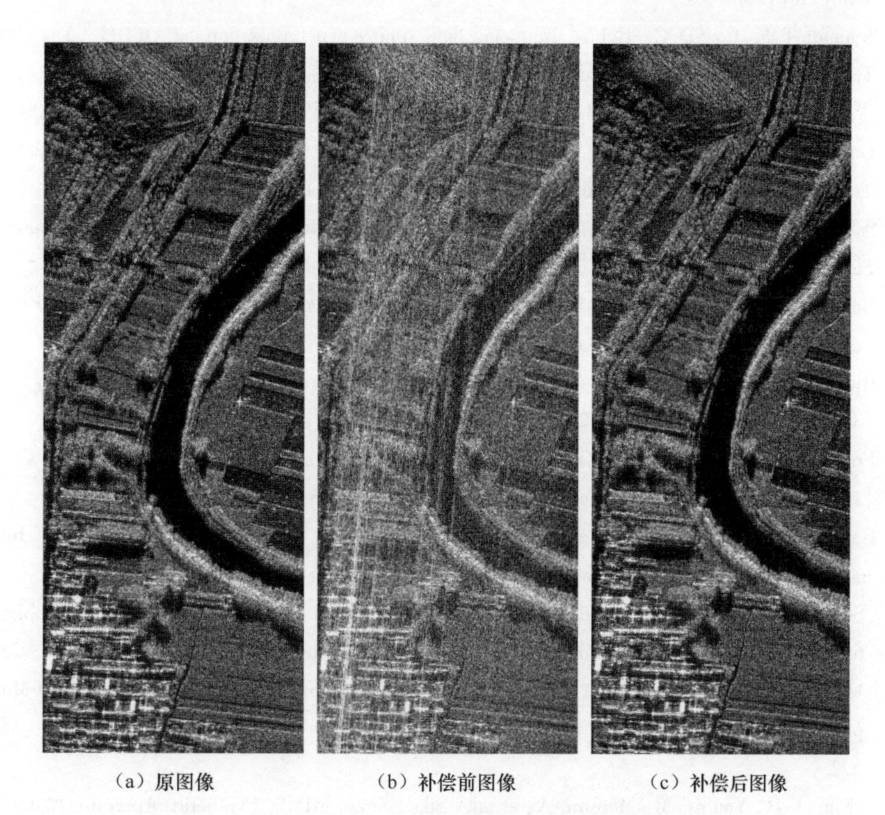

（a）原图像　　（b）补偿前图像　　（c）补偿后图像

图 4-37　OFDM chirp 正交性综合补偿仿真结果

节中C波段SAR系统定标试验获取的噪声补偿前的OFDM chirp信号相互卷积而得到的。该处理可将多普勒频率及系统噪声引入并行观测通道的回波中。相应地，图4-37(c)所用到的回波数据是在星载条件下将图4-37(a)中图像与定标试验获取的噪声补偿后的OFDM chirp信号相互卷积而得到的。这相当于已经补偿了系统噪声。因而，只需要对图4-37(c)中的回波补偿多普勒频率。

由图4-37(b)可见，在系统噪声及多普勒频率补偿前，OFDM chirp信号的频谱泄漏很严重，信号的正交性受到破坏，并行观测通道的模糊能量显著，图像的背景噪声得到大幅提升，进而影响了SAR图像的应用。然而，通过补偿系统噪声及多普勒频率，可从图4-37(c)中看出，并行观测通道的模糊能量能够得到有效抑制，进而保证OFDM chirp信号的正交性，获得良好的成像效果。

参考文献

[1] Schulze H, Luders C. Theory and Applications of OFDM and CDMA [M]. New York: Wiley, 2001.

[2] Schmidl T M, Cox D C. Robust frequency and timing synchronization for OFDM [J]. IEEE Transactions on Communications, 1997, 45(12): 1613-1621.

[3] 张辉，曹丽娜．现代通信原理与技术[M]. 2版．西安：西安电子科技大学出版社，2008.

[4] Garmatyuk D, Brenneman M. Adaptive Multicarrier OFDM SAR Signal Processing [J]. IEEE Transactions on Geoscience and Remote Sensing, 2011 ,49(10): 3780-3790.

[5] Schuerger J, Garmatyuk D. Performance of Random OFDM Radar Signals in Deception Jamming Scenarios [C]. IEEE Radar Conference, Pasadena, CA, 2009: 1-6.

[6] Garmatyuk D. Cross-Range SAR Reconstruction with Multicarrier OFDM Signals [J]. IEEE Geoscience and Remote Sensing Letters, 2012, 9(5): 808-812.

[7] Riche V, Meric S, Pottier E. Range ambiguity suppression in an OFDM SAR configuration [C]. EUSAR, Nuremberg, Germany, 2012: 115-118.

[8] Franken G E A, Nikookar H, Genderen P V. Doppler tolerance of OFDM-coded radar signals [C]. European Radar Conference, Manchester, UK, 2006: 108-111.

[9] Garmatyuk D. Simulated Imaging Performance of UWB SAR Based on OFDM [C]. IEEE International Conference on Ultra-Wideband, Waltham, MA, 2006: 237-242.

[10] Sen S, Nehorai A. Adaptive design of OFDM radar signal with improved wideband ambiguity function [J]. IEEE Transactions on Geoscience and Remote Sensing, 2010, 58(2): 928-933.

[11] Kim J H, Younis M, Moreira A, et al. A Novel OFDM Chirp Waveform Scheme for Use of Multiple Transmitters in SAR [J]. IEEE Geoscience and Remote Sensing Letters, 2013, 10(3): 568-572.

[12] Kim J H, Younis M, Moreira A, et al. Spaceborne MIMO Synthetic Aperture Radar for Multimodal Operation [J]. IEEE Transactions on Geoscience and Remote Sensing, 2015, 53(5): 2453-2466.

[13] Wang J,Chen L Y,Liang X D,,et al. Implementation of the OFDM Chirp Waveform on MIMO SAR Systems[J]. IEEE Transactions on Geoscience and Remote Sensing,2015,53(9):5218-5228.

[14] Kim J H,Younis M,Moreira A et al. A novel OFDM chirp waveform scheme for use of multiple transmitters in SAR [J]. IEEE Geoscience and Remote Sensing Letters,2013,10(3):568-572.

[15] Kim J H,Younis M,Moreira A,et al. A Novel OFDM Waveform for Fully Polarimetric SAR Data Acquisition[C]. EUSAR,Aachen,Germany,2010:1-4.

[16] Yongwei Zhang,Wei Wang,Yunkai Deng,et al. Implementation of a MIMO-SAR Imaging Mode Based on OFDM Chirp Waveforms[J]. IEEE Geoscience and Remote Sensing Letters,2021,18(7):1249 - 1253.

[17] Manolakis D G,Proakis J G. Digital Signal Processing [M]. New York:Prentice Hall,2006.

[18] 张贤达. 现代信号处理 [M]. 北京:清华大学出版社,2002.

[19] Wang J,Liang X,Chen L,et al. Impact of radar systematic error on the orthogonal frequency division multiplexing chirp waveform orthogonality [J]. Journal of Applied Remote Sensing,2015,9(1):095099.

[20] 张澄波. 综合孔径雷达原理、系统分析与应用 [M]. 北京:科学出版社,1989.

[21] 王杰,梁兴东,丁赤飚,等. OFDM SAR 多普勒补偿方法研究[J]. 电子与信息学报,2013,35(12):3037-3040.

[22] Krieger G,Gebert N,Moreira A. Unambiguous SAR Signal Reconstruction From Nonuniform Displaced Phase Center Sampling [J]. IEEE Geoscience and Remote Sensing Letters,2004,1(4):260-264.

[23]王杰. 自适应多维波形 SAR 关键技术研究[D]. 北京:中国科学院大学,2015.

第5章 基于空间维、时间维和编码维的STBC方案

5.1 空时编码信号原理概述

空时编码定义为:综合考虑编码、调制、发射和接收,通过时间和空间维度的联合编码,使不同时刻从不同天线上发射的数据具有一定的相关性,从而增加系统冗余度,在不牺牲系统带宽的条件下有效地提高 MIMO 系统的传输性能[1]。当前研究较多的空时编码方案主要有空时分组码(Space Time Block Code,STBC)、空时网格码(Space Time Trellis Code,STTC)和分层空时码(Layered Space Time Code,LSTC)。其中,STTC 涉及对信道的卷积编码。LSTC 则是将信源数据分成若干个子数据流,并进行独立编码和调制。因此,STTC 和 LSTC 都不适合 SAR 成像。本书将重点探讨 STBC 技术在 SAR 成像中的应用。

5.1.1 单接收天线的 Alamouti STBC 码

1998 年,Alamouti 首次提出了一种适用于两发一收的 STBC 发射分集方案。Alamouti 码的生成矩阵为[2]

$$G = \begin{bmatrix} s_1 & s_2 \\ -s_2^* & s_1^* \end{bmatrix} \tag{5-1}$$

式中:s_1 和 s_2 是从具有 M 个信号点($M=2^b$)的 M 进制 PAM、PAK 或 QAM 信号星座中选出的两个符号。在第 1 个时隙,s_1 和 s_2 在两个天线上发射;在第 2 个时隙,符号 $-s_2^*$ 和 s_1^* 在两个天线上发射。因此,两个符号 s_1 和 s_2 在两个时隙中发射。

基于频率非选择性信道假设,对于两发一收模型,若对应于两个发射天线的信号分别为 h_{11} 和 h_{12},则 MISO 信道矩阵是

$$H = [h_{11} \quad h_{12}] \tag{5-2}$$

在 STBC 译码时,假定 H 是时不变的,即在两个时隙上是恒定的,则在两个时隙上接收机的匹配滤波器解调器的输出信号为

$$\begin{cases} y_1 = h_{11}s_1 + h_{12}s_2 + \eta_1, \\ y_2 = -h_{11}s_2^* + h_{12}s_1^* + \eta_2 \end{cases} \tag{5-3}$$

式中：η_1 和 η_2 是不相关的高斯随机变量，方差均为 σ_η^2 。

考虑式(5-3)中符号的最大似然(Maximum Likelihood,ML)译码，其中 y_1 和 y_2 的联合概率密度函数(Probability Density Function,PDF)为

$$P(y_1,y_2|h_{11},h_{12},s_1,s_2)=\frac{1}{2\pi\sigma_\eta^2}\exp[-(|y_1-h_{11}s_1-h_{12}s_2|^2+|y_2+h_{11}s_2^*-h_{12}s_1^*|^2)]/2\sigma_\eta^2 \tag{5-4}$$

所以，ML 译码的欧氏距离度量是

$$\mu(s_1,s_2)=|y_1-h_{11}s_1-h_{12}s_2|^2+|y_2+h_{11}s_2^*-h_{12}s_1^*|^2 \tag{5-5}$$

对于每一个可能的符号对，最佳 ML 译码器将计算欧氏度量 $\mu(s_1,s_2)$ 并选择导致最小度量的符号对作为译码输出结果。

5.1.2 多接收天线的 Alamouti STBC 码

当接收天线数增加到 $N_R(N_R\geqslant 2)$ 时，Alamout 码最大可能获得的分集自由度为 $N_TN_R=2N_R$ 。此时，$N_R\times 2$ 信道矩阵表示如下[3]：

$$H=[h_1\quad h_2]=\begin{bmatrix} h_{11} & h_{12} \\ h_{21} & h_{22} \\ \vdots & \vdots \\ h_{N_R1} & h_{N_R2} \end{bmatrix} \tag{5-6}$$

在第 1 个时隙，接收信号为

$$y_1=H\begin{bmatrix} s_1 \\ s_2 \end{bmatrix}+\eta_1 \tag{5-7}$$

在第 2 次时隙，接收信号为

$$y_2=H\begin{bmatrix} -s_2^* \\ s_1^* \end{bmatrix}+\eta_2 \tag{5-8}$$

联立式(5-7)与式(5-8)可得

$$\begin{bmatrix} y_1 \\ y_2^* \end{bmatrix}=H_{2N_R}\begin{bmatrix} s_1 \\ s_2 \end{bmatrix}+\begin{bmatrix} \eta_1 \\ \eta_2^* \end{bmatrix} \tag{5-9}$$

其中，H_{2N_R} 的定义为

$$H_{2N_R}=\begin{bmatrix} h_1 & h_2 \\ h_2^* & -h_1^* \end{bmatrix} \tag{5-10}$$

可采用下式估值 $\hat{s}_1$ 和 $\hat{s}_2$ ，即

$$\begin{bmatrix} \hat{s}_1 \\ \hat{s}_2 \end{bmatrix}=H^H{}_{2N_R}\begin{bmatrix} y_1 \\ y_2^* \end{bmatrix}=H^H{}_{2N_R}H_{2N_R}\begin{bmatrix} s_1 \\ s_2 \end{bmatrix}+H_{2N_R}^H\begin{bmatrix} \eta_1 \\ \eta_2^* \end{bmatrix} \tag{5-11}$$

式(5-11)可简化为

$$\begin{bmatrix} \hat{s}_1 \\ \hat{s}_2 \end{bmatrix} = \| H \|^2_F \begin{bmatrix} s_1 \\ s_2 \end{bmatrix} + H^H{}_{2N_R} \begin{bmatrix} \eta_1 \\ \eta_2^* \end{bmatrix} \tag{5-12}$$

其中

$$H^H{}_{2N_R} H_{2N_R} = \left[\sum_{i=1}^{N_R} (|h_{i1}|^2 + |h_{i2}|^2) \right] I_2 = \| H \|^2_F I_2 \tag{5-13}$$

易发现,这种编解码方法的一个前提是,发射信道是平坦衰落信道(符号持续时间大于大部分副本的延时),并且信道状态信息(Channel State Information,CSI)已知且在两个发射时刻保持不变。若信道是非平坦的(存在较明显的 ISI),并且事先并不知道信道状态信息,则译码会遇到较大困难,难度大大增加。

在合成孔径雷达成像中,不能试图完全按照上述 Alamouti 的方式进行空时分组编译码。首先,由于发射信号是连续的模拟信号,不存在严格意义上的符号或码元持续时间。即使可以把发射模拟信号视为一个个分离的符号,但由于带宽和采样率非常高,每个符号的持续时间非常小(只有几 ns),在这么短的时间内是不可能实现所有延时回波信号的 Alamouti 解码的。其次,测绘场景非常大(几千米到上百千米),最大时延和最小时延的差值可达 10μs~1ms,雷达不可能为每一小段发射信号分配这么长的时间时隙。此外,通信以检测信号为目的,SAR 则是以探测信道为目的,我们不能使用类似通信中的解码方式进行回波处理。

一种可行的方式是对整个发射正交波形而非符号进行空时分组编解码。此时,即上述的 s 不再表示符号,而是一段完整的信号波形[4,5]。当发射信号为调频率相反的两个 chirp 信号时,天线 1 发射$\{s_{up}, -s_{up}\}$,天线 2 发射$\{s_{down}, s_{down}\}$。

5.2 传统的 STBC-SAR 信号方案

空时分组编码信号(STBC)从多个维度的角度出发,综合利用时间、空间、编码等维度,在 SAR 相连的两个慢时间点发射不同的 chirp 波形,并利用两个相连慢时间的回波来分离混叠在一起的并行观测通道数据。基于传统 STBC 信号方案的两发四收 SAR 几何模型如图 5-1 所示[6]。该方案要求雷达平台在单个 PRI 内移动一个子天线的长度。若不满足此运动条件,可结合文献[7]提出的方法进行补偿。所有天线在不同 PRI 之间交替发射信号。例如,对于第 1 个 PRI,第三个天线和第四个天线发射信号,所有天线接收信号;对于第 2 个 PRI,第 1 个天线和第 2 个天线用于发射信号,所有天线接收信号。如此重复。

传统 STBC-SAR 信号模型是基于 Alamouti 编码矩阵设计的,即

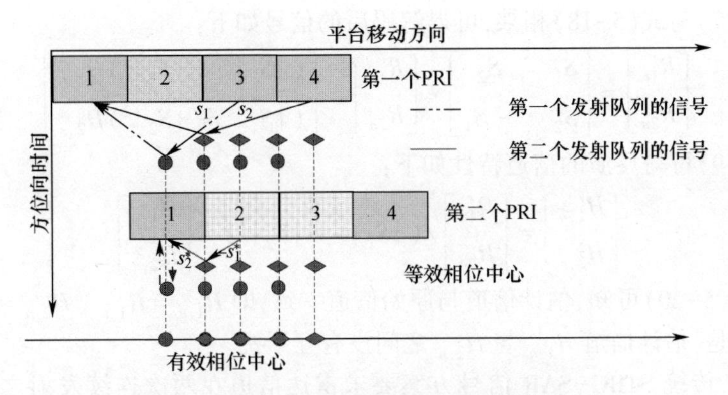

图 5-1 传统 STBC-SAR 信号方案收发模型图

$$S=\begin{bmatrix} s_1 & s_2^* \\ s_2 & -s_1^* \end{bmatrix} \tag{5-14}$$

在式(5-14)矩阵中,每一个矩阵元素都表示一个发射信号,每一行都表示一个发射信号队列。具体而言,s_1 和 s_2^* 表示一个发射信号队列,这两个信号分别由天线 3 和天线 1 在第 1 个 PRI 和第 2 个 PRI 发射;s_2 和 $-s_1^*$ 则表示第 2 个发射信号队列,分别由天线 4 和天线 2 在第 1 个 PRI 和第 2 个 PRI 发射。

由于相连 PRI 内同一个发射队列的等效相位中心是重合的(见图 5-1),则可以认为雷达信道特性在每个发射队列的两次连续发射之间是不变的。因此,可将两个发射队列的信号与第 n 个接收天线之间的雷达信道表示如下:

$$H=[h_{1,n}h_{2,n}] \tag{5-15}$$

式中:$h_{1,n}$ 表示第 1 个发射队列与第 n 个接收天线之间的雷达信道;$h_{2,n}$ 表示第 2 个发射队列与第 n 个接收天线之间的雷达信道。

第 n 个接收天线在两个相连 PRI 内的接收回波为

$$\begin{cases} r_{1n}=s_1\otimes h_{1,n}+s_2\otimes h_{2,n} \\ r_{2n}=s_2^*\otimes h_{1,n}-s_1^*\otimes h_{2,n} \end{cases} \tag{5-16}$$

将式(5-16)变换至频域,并转换成矩阵形式[8],可得

$$\begin{bmatrix} R_{1n} \\ R_{2n} \end{bmatrix}=\begin{bmatrix} S_1 & S_2 \\ S_2^* & -S_1^* \end{bmatrix}\cdot\begin{bmatrix} H_{1,n} \\ H_{2,n} \end{bmatrix} \tag{5-17}$$

式中:$H_{1,n}$ 为 $h_{1,n}$ 的频域形式;$H_{2,n}$ 为 $h_{2,n}$ 的频域形式。

构建 Alamouti 解码矩阵如下:

$$De=\begin{bmatrix} S_1^* & S_2 \\ S_2^* & -S_1 \end{bmatrix} \tag{5-18}$$

将式(5-17)与式(5-18)相乘,可得解码后的信号如下:

$$\begin{bmatrix} R'_{1n} \\ R'_{2n} \end{bmatrix} = \begin{bmatrix} S_1^* & S_2 \\ S_2^* & -S_1 \end{bmatrix} \cdot \begin{bmatrix} R_{1n} \\ R_{2n} \end{bmatrix} = \begin{bmatrix} (|S_1|^2 + |S_2|^2)H_{1,n} \\ (|S_1|^2 + |S_2|^2)H_{2,n} \end{bmatrix} \tag{5-19}$$

由式(5-19)可得反演的信道特性如下:

$$\begin{bmatrix} H'_{1,n} \\ H'_{2,n} \end{bmatrix} = \begin{bmatrix} R'_{1n} \\ R'_{2n} \end{bmatrix} / (|S_1|^2 + |S_2|^2) = \begin{bmatrix} H_{1,n} \\ H_{2,n} \end{bmatrix} \tag{5-20}$$

由式(5-20)可知,估计信道与原始信道一致,即 $H'_{1,n} = H_{1,n}$, $H'_{2,n} = H_{2,n}$ 。更为重要的是,估计信道 $H'_{1,n}$ 与 $H'_{2,n}$ 之间没有互干扰。

然而,传统 STBC-SAR 信号方案要求雷达信道在两次连续发射之间保持不变。若雷达在相连两次发射过程中出现了运动误差或平台扰动,使得等效相位中心不重合,或雷达观测场景存在较为剧烈的时变性,导致两次发射之间的观测场景发生相对变化,则该编码方案的正交性能将会出现严重的下降。

可从数学角度对此性能退化予以解释:假设信道特性发生了变化,则式(5-16)中会出现两个额外需要求解的信道。此时,未知数多于方程数,难以求解。下面将具体分析时变信道对传统 STBC-SAR 信号方案的影响。

假设信道是时变的,则雷达信道可表示为

$$H = [h_{1,n} h_{2,n} h_{3,n} h_{4,n}] \tag{5-21}$$

式中: $h_{1,n}$ 和 $h_{3,n}$ 分别表示第 1 个发射队列在两次发射时与第 n 个接收天线之间的信道; $h_{2,n}$ 和 $h_{4,n}$ 分别表示第 2 个发射队列在两次发射时与第 n 个接收天线之间的信道。

则接收回波可表示为

$$\begin{cases} r_{1n} = s_1 \otimes h_{1,n} + s_2 \otimes h_{2,n} \\ r_{2n} = s_2^* \otimes h_{3,n} - s_1^* \otimes h_{4,n} \end{cases} \tag{5-22}$$

将式(5-22)变换至频域形式可得

$$\begin{bmatrix} R_{1n} \\ R_{2n} \end{bmatrix} = \begin{bmatrix} S_1 & S_2 & 0 & 0 \\ 0 & 0 & S_2^* & -S_1^* \end{bmatrix} \cdot \begin{bmatrix} H_{1,n} \\ H_{2,n} \\ H_{3,n} \\ H_{4,n} \end{bmatrix} \tag{5-23}$$

对式(5-23)进行解码,并假设 $|S_1|^2 = |S_2|^2$,则可得反演信道特性

$$\begin{bmatrix} H'_{1,n} \\ H'_{2,n} \end{bmatrix} = \begin{bmatrix} H_{1,n} \\ H_{2,n} \end{bmatrix} + \begin{bmatrix} H_{3,n} \\ H_{4,n} \end{bmatrix} + \begin{bmatrix} S_1^* S_2 (H_{2,n} - H_{4,n}) \\ S_1 S_2^* (H_{1,n} - H_{3,n}) \end{bmatrix} \Big/ |S_1|^2 \tag{5-24}$$

由上式可见,当信道发生变化时,估计信道不等于实际信道,即 $H'_{1,n} \neq H_{1,n}$ 且 $H'_{2,n} \neq H_{2,n}$ 。$H'_{1,n}$ 和 $H'_{2,n}$ 中存在互模糊能量 $(H_{2,n} - H_{4,n})(H_{1,n} - H_{3,n})$ 以及鬼影

目标 $H_{3,n}$ 和 $H_{4,n}$。因此,传统 STBC-SAR 信号方案失效[9]。

需要对 STBC-SAR 信号方案进行改进,用以去除对时不变性信道的依赖。

5.3 机载改进型 STBC-SAR 信号方案

为了去除传统 STBC-SAR 编码方案对时不变性信道的依赖,可令 $s_1 = s_2^*$。此时,则式(5-14)可重写如下:

$$\boldsymbol{S} = \begin{bmatrix} s_1 & s_2^* \\ s_2 & -s_1^* \end{bmatrix} = \begin{bmatrix} s_1 & s_1 \\ s_2 & -s_2 \end{bmatrix} \tag{5-25}$$

与传统方案不一样的是,改进型 STBC-SAR 信号方案采用固天线作为发射天线。依据式(5-25)重写发射矩阵,可得两路发射信号为

$$\begin{cases} s_1'(t_r, t_a) = \omega(t_a) s_1(t_r) \\ s_2'(t_r, t_a) = \omega(t_a) \cdot s_2(t_r) \cdot \exp(jm\pi) \\ \qquad\qquad = \omega(t_a) \cdot s_2(t_r) \cdot \exp(j2\pi f_{ac} t_a) \end{cases} \tag{5-26}$$

式中:t_r为距离向快时间;t_a表示方位向慢时间;f_{ac}为第 2 路发射信号的多普勒载频,m(m=0,1,2,…)为方位向慢时间点,且有如下关系:

$$\begin{cases} f_{ac} = \dfrac{PRF}{2}, \\ t_a = \dfrac{m}{\text{PRF}} \end{cases} \tag{5-27}$$

由式(5-26)可知,该编码方案在一路发射信号上加载了方位向线性初相,本质上是一种方位向相位调制方法。而对于方位向相位调制这一类信号调制方法而言,其目的是利用方位向双程天线方向图来抑制并行观测通道之间的模糊能量。这种利用天线方向图抑制并行观测通道模糊的思路也是本方案的核心思想。

对于第 n 个接收天线而言,回波可表示为

$$r_n(t_r, t_a) = s_1'(t_r, t_a) \otimes h_{1,n}(t_r, t_a) + s_2'(t_r, t_a) \otimes h_{2,n}(t_r, t_a) \tag{5-28}$$

将式(5-28)变换至距离—多普勒域,可得

$$R_n(t_r, f_a) = s_1(t_r) \cdot W(f_a) \cdot H_{1,n}(t_r, f_a) + s_2(t_r) \cdot W(f_a - f_{ac}) \cdot H_{2,n}(t_r, f_a) \tag{5-29}$$

由上式可见,若系统 PRF 大于两倍多普勒带宽,则对于每个接收天线而言,来自不同发射天线的信号在距离—多普勒域中处于不同的多普勒频率中心,如图 5-2和图 5-3 所示。其中,图 5-2 表示方位时域的回波分布,红色虚线与蓝色实线代表的两路信号完全重叠,T_a 为方位向合成孔径时间。图 5-3 表示方位向傅里叶变换后信号在多普勒域中的频谱分布。未被编码的信号处于基带,被编码的信号

被调制到f_{ac}处[10]。为方便分析,在此假设两路信号的多普勒带宽相同且表示为B_a。鉴于两路信号的主瓣在多普勒域互不重叠,可针对每个天线接收回波,分别利用距离多普勒域滤波分离来自不同发射天线的回波,避免 Alamouti 解码。进而去除传统 STBC 对信道的时不变要求。实际上,由于天线方向图的旁瓣影响,信号在方位向并不是严格带限的,因而各路信号不可能在多普勒频域内完全隔离。每路信号中均存在由其余信号旁瓣引入的模糊能量。但通常来讲,双程天线方向图旁瓣所引入的模糊能量约为-40dB,不会对 SAR 成像质量构成过于严重的影响。

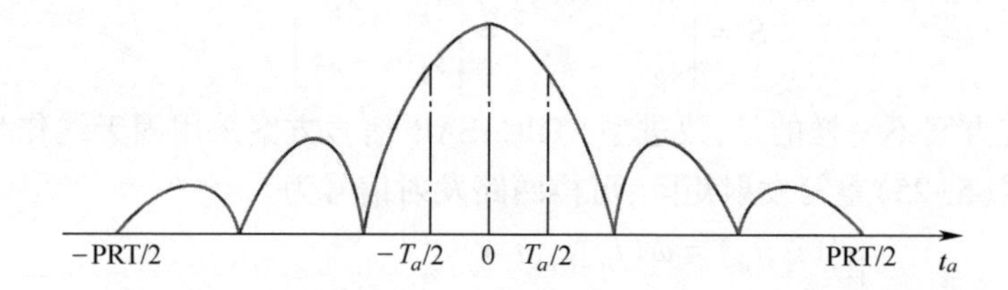

图 5-2　改进型 STBC-SAR 信号方案的时域分布示意图(见彩图)

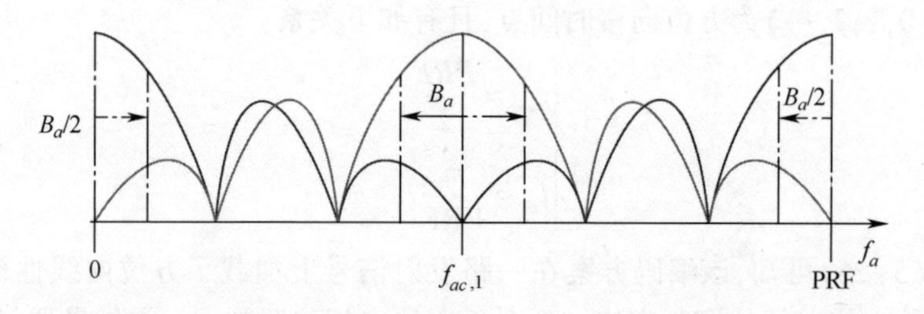

图 5-3　改进型 STBC-SAR 信号方案的频域分布示意图(见彩图)

不难发现,改进型 STBC-SAR 信号方案实为多普勒频分信号。为了抑制模糊,该方案要求系统 PRF 大于多普勒带宽的两倍。这势必会大幅降低星载 SAR 成像性能。相比之下,机载 SAR 成像性能主要受限于信噪比。因此,该方案适用于机载平台。我们称之为“机载改进型 STBC-SAR 信号方案”。基于机载改进型 STBC- SAR 信号方案的两发四收模型如图 5-4(a) 所示。其中,平台在 PRI 之间的移动距离为 P,子天线长度为 D。第一个和最后一个天线发射信号,所有天线接收信号。

若发射天线的数目大于两个,信号模型一致[11]。例如,假设 MIMO-SAR 系统中有 K 个发射天线, 则对 k ($k=1,2,3,\cdots,K$) 个发射天线的发射信号为

$$s_k'(t_r,t_a)=\omega(t_a)\cdot s_k(t_r)\cdot\exp\left[\mathrm{j}2\pi\frac{(k-1)M}{K}\right]$$

$$= \omega(t_a) \cdot s_k(t_r) \cdot \exp(\mathrm{j}2\pi f_{ac,k} t_a) \tag{5-30}$$

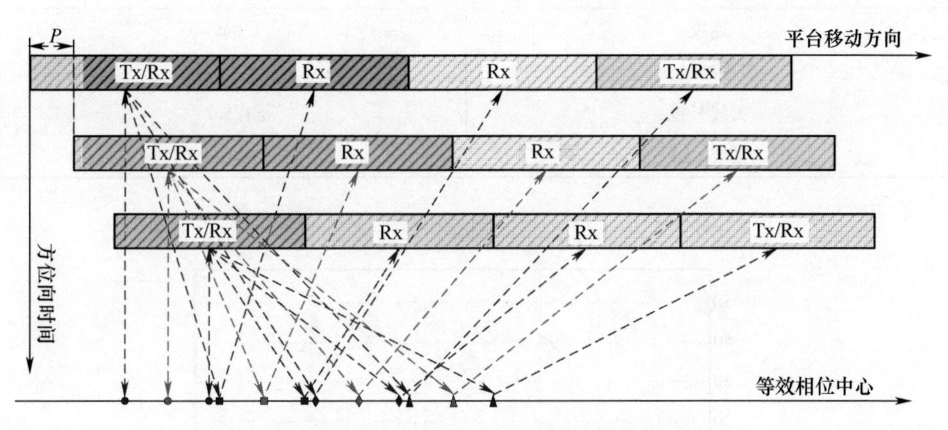

(a) 机载改进型STBC-SAR信号方案的多通道收发模型

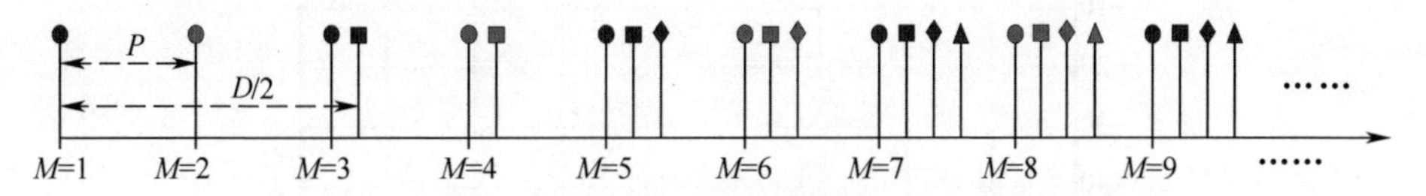

(b) 机载改进型STBC-SAR信号方案多通道回波重排后的初相关系

图 5-4 机载改进型 STBC-SAR 信号方案多通道回波重排后的初相分布图(见彩图)

其中

$$\begin{cases} f_{\mathrm{ac},k} = \dfrac{(k-1) \cdot \mathrm{PRF}}{K}, \\ t_{\mathrm{a}} = \dfrac{M}{\mathrm{PRF}}, M = 1,2,3,\cdots \end{cases} \tag{5-31}$$

且 $s_k(t_r)$ 表示调入第 k 个发射信号中的基本信号,可全部取为经典 chirp 信号。

为了验证机载改进型 STBC-SAR 信号方案相对于传统 STBC-SAR 信号方案的优势,本小节以两发四收 SAR 为例,分别进行点目标和分布式场景仿真试验,仿真参数如表 5-1 所列。仿真结果如图 5-5 和图 5-6 所示。

表 5-1 点目标和分布式场景的仿真参数

参数名	参数取值
脉宽	10μs
带宽	100MHz
载频	9. 6GHz

续表

参数名	参数取值
速度	150m/s
多普勒带宽	200Hz
天线长度	1.5m
系统 PRF	500Hz

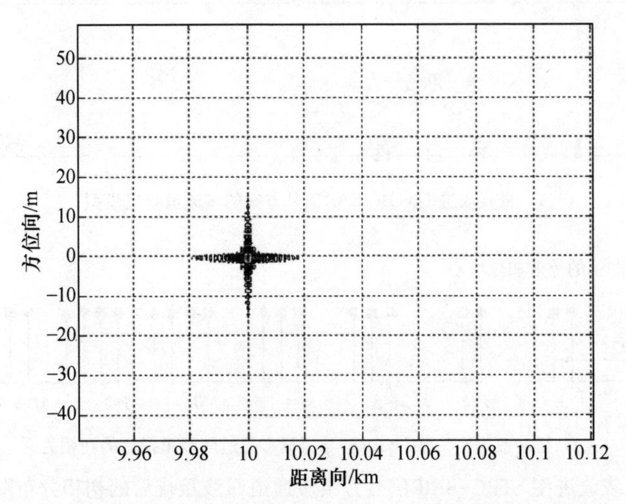

（a）时不变信道下传统STBC-SAR信号方案的点目标仿真结果

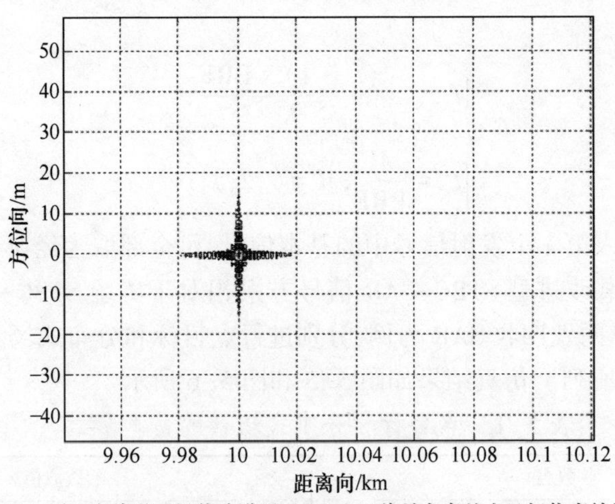

（b）时不变信道下机载改进型STBC-SAR信号方案的点目标仿真结果

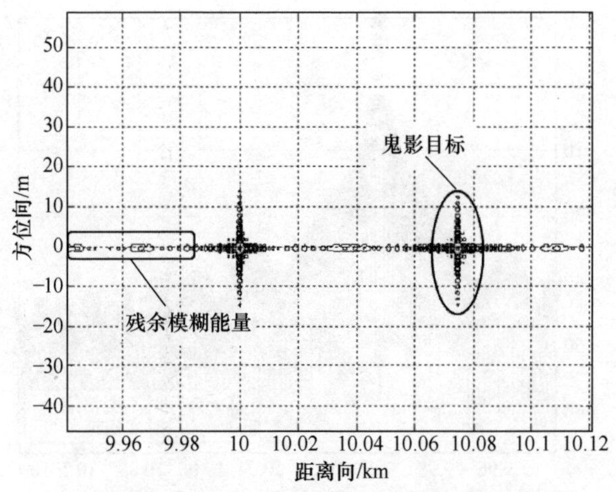

（c）时变信道下传统STBC-SAR信号方案的点目标仿真结果

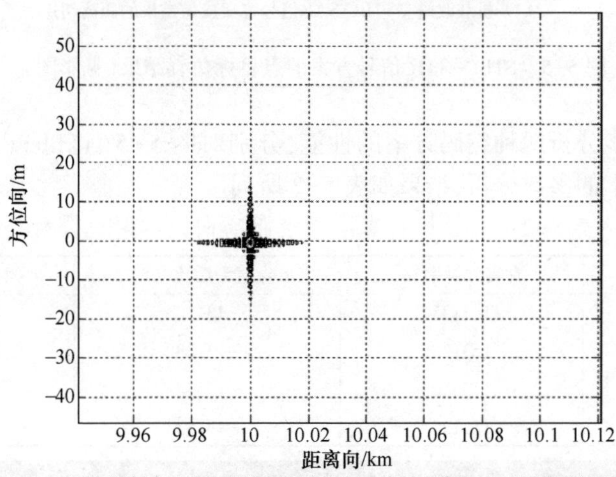

（d）时变信道下机载改进型STBC-SAR信号方案的点目标仿真结果

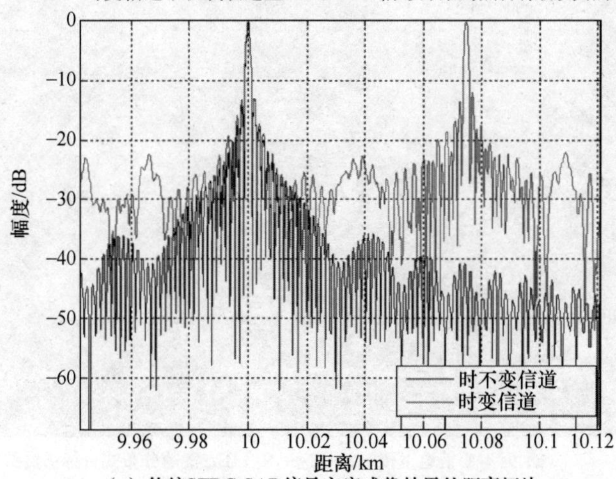

（e）传统STBC-SAR信号方案成像结果的距离切片

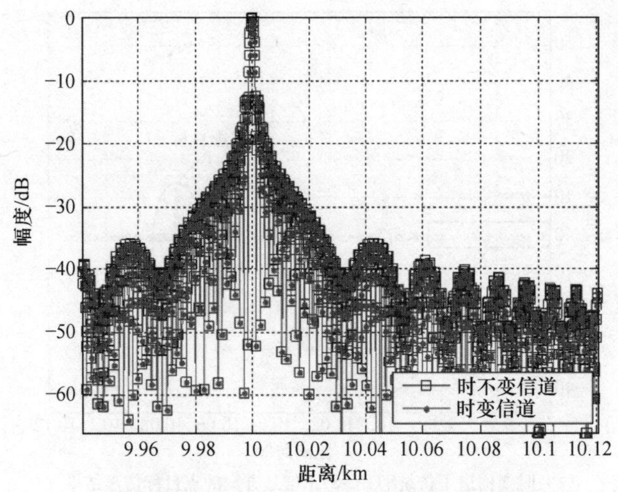

（f）机载改进型STBC-SAR信号方案成像结果的距离切片

图 5-5　STBC-SAR 信号方案的点目标仿真结果(见彩图)

为了进一步分析两种编码方案的性能,分别对图 5-5(a)(b)(c)(d)做了点目标在距离向上的参数分析,结果如表 5-2 所列。

表 5-2　点目标仿真结果在距离向上的对比分析

图像名	真实分辨率/m	峰值旁瓣比/dB	积分旁瓣比/dB
图 5-5(a)	1. 3125	−13. 28	−9. 3960
图 5-5(b)	1. 3125	−13. 33	−9. 4417
图 5-5(c)	1. 3500	−15. 44	5. 5827
图 5-5(d)	1. 3125	−13. 33	−9. 4417

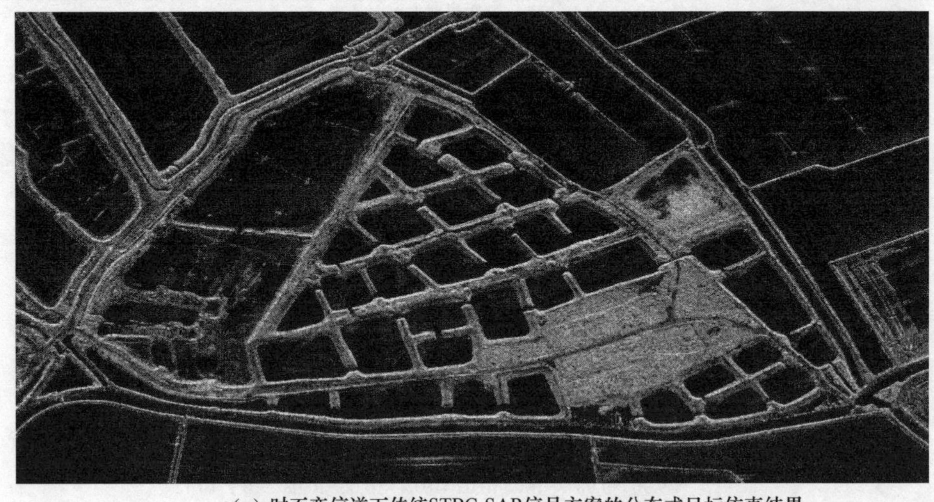
（a）时不变信道下传统STBC-SAR信号方案的分布式目标仿真结果

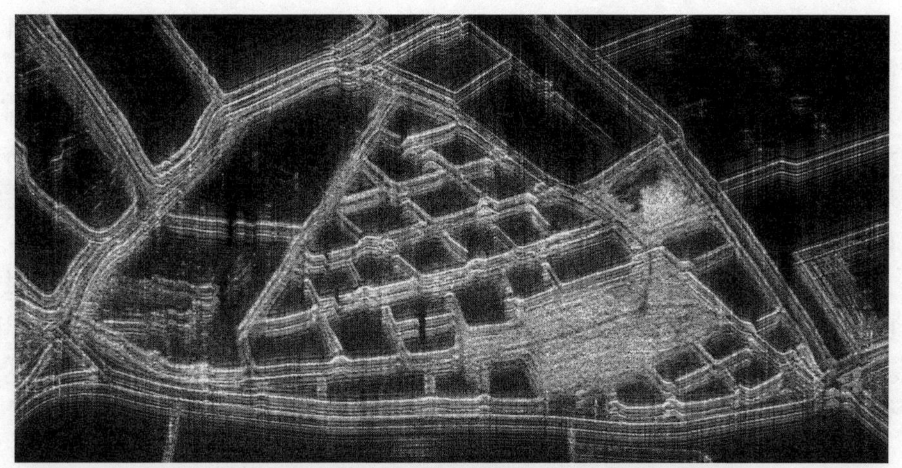

（b）时变信道下传统STBC-SAR信号方案的分布式目标仿真结果

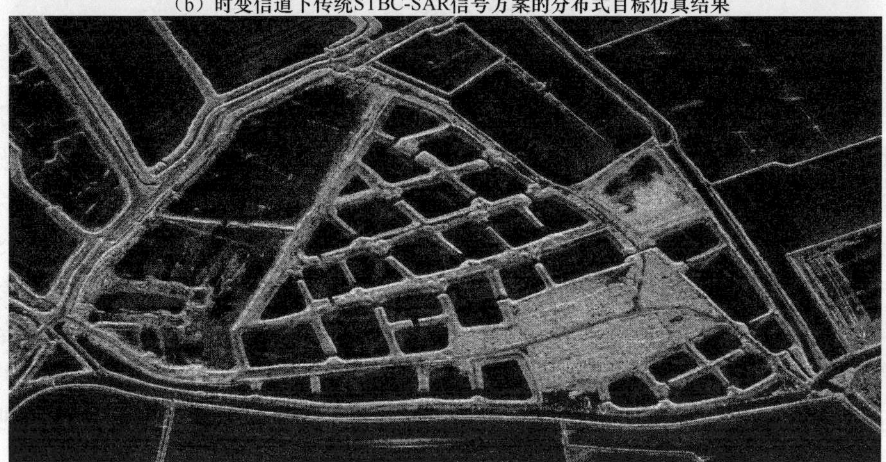

（c）时不变信道下机载改进型STBC-SAR信号方案的分布式目标仿真结果

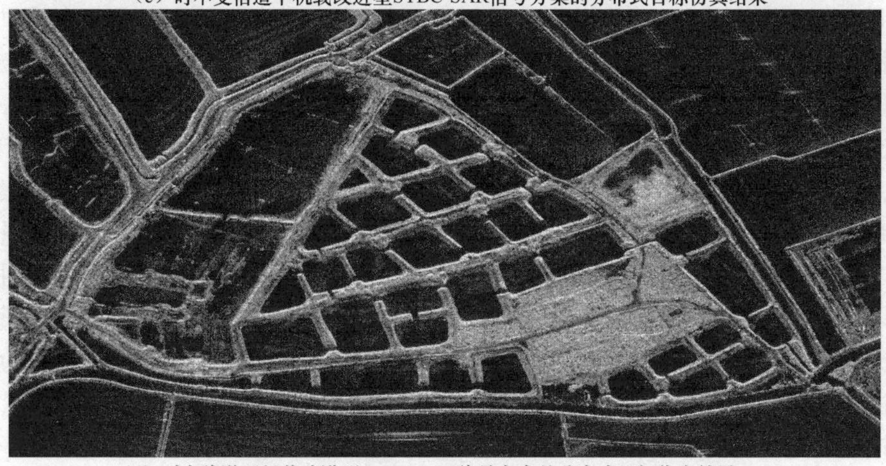

（d）时变信道下机载改进型STBC-SAR信号方案的分布式目标仿真结果

图 5-6　STBC-SAR 信号方案的分布式目标仿真结果(见彩图)

由图 5-5(a)和图 5-5 (c)可知,传统 STBC 性能严重依赖于信道的时不变性。若雷达信道在两次连续发射过程中发生了变化,则会出现鬼影目标和模糊能量,进而大幅降低 SAR 图像的信杂比,对应的图 5-5 (c)中的积分旁瓣比会得到提高,甚至超过了零值(见表 5-2)。由图 5-6(b)可知,这种现象在分布式场景的仿真结果中同样明显。但是,机载改进型 STBC 的性能是与信道特性无关的,因而图 5-5(b)与图 5-5(d)没有明显变化,图 5-6(c)与图 5-6(d)也没有明显变化。

但此处读者需要注意,机载改进型 STBC-SAR 信号方案的解调方法是针对每个接收天线单独进行的,要求系统 PRF 大于多普勒带宽的两倍。为了降低 PRF,使之适用于星载平台,需要借鉴方位向空间采样替代慢时间采样概念,进一步联合所有接收天线数据进行解调。下面将介绍星载改进型 STBC-SAR 信号方案。

5.4 星载改进型 STBC-SAR 信号方案

依据前文分析可知,对于两发系统而言,若被编码信号 $s_2'(t_r,t_a)$ 的回波初相满足 0、π 交替分布的线性关系,则 $s_2'(t_r,t_a)$ 回波处于多普勒高频。换言之,当且仅当被编码信号的回波初相是线性的,方可利用多普勒域的带通滤波来分离多普勒基带信号 $s_1'(t_r,t_a)$ 的回波和多普勒高频信号 $s_2'(t_r,t_a)$ 的回波。机载改进型 STBC- SAR 信号方案的缺陷在于,该方案仅考虑了发射信号 $s_2'(t_r,t_a)$ 的方位向线性编码,并没考虑到 $s_2'(t_r,t_a)$ 多通道回波经方位向重排后所构成的初相关系。若依据等效相位中心重排多接收通道数据,则被编码信号 $s_2'(t_r,t_a)$ 的回波初相往往难以满足 0、π 交替分布的线性关系。例如,图 5-4(a)对应的 $s_2'(t_r,t_a)$ 初相序列排列关系如图 5-4(b)所示。其中,红色代表回波初相为 0,蓝色代表回波初相为 π ,圆圈、正方形、菱形和三角形分别表示与第 1 个、第 2 个、第 3 个以及第 4 个接收天线相关的相位中心。此时,多通道回波的初相并不是 0、π 交替分布的。因而被编码信号 $s_2'(t_r,t_a)$ 的多通道回波不处于多普勒高频。即便未编码信号 $s_1'(t_r,t_a)$ 的多通道回波始终处于多普勒基带,我们也无法利用带通滤波分离混叠回波。相应地,我们只可以针对每个接收天线分别进行多普勒带通滤波。正因如此,该方案要求系统的实际 PRF 为相同条件下 SISO SAR 系统 PRF 的两倍以上,以保证系统 PRF 大于两倍的多普勒带宽。这种约束严重限制了 STBC-SAR 信号方案的应用。

为了突破上述约束,需要开展进一步优化设计,使重排后的 $s_2'(t_r,t_a)$ 多通道回波初相满足 0、π 交替分布的线性关系。我们可将优化后具备降低 PRF 能力的改进型 STBC-SAR 信号方案称为星载改进型 STBC-SAR 信号方案。不难发现,不同接收通道对应的等效相位中心位置与 PRT、平台速度、天线长度、天线数目等密切相关。等效相位中心位置与上述参数的关系是我们优化设计的基础[12]。

5.4.1 调制与解调原理

为了形成对比且不失一般性,假设收发模型与图 5-4(a) 一致。不同的是,此处接收天数的数目由 4 变成了 N。定义发射信号 $s_2'(t_r, t_a)$ 的初相持续脉冲数为 L,则天线在 $D/2$ 距离内的信号发射次数为 $A = \lfloor D/(2 \cdot V \cdot PRT) \rfloor$,其中 V 是平台速度, D 是子天线长度。方位向多通道数据重排后,我们不妨将位于紧密相邻的等效相位中心的 N 个数据定义为一个数据块(图 5-7)。其中,红色代表数据初相为 0,蓝色代表数据初相为 π,圆圈、正方形、菱形和三角形分别表示与第 1 个、第 2 个、第 3 个以及最后一个接收天线相关的相位中心。此时,对于位于雷达第 m 次发射时刻的数据块而言,这 N 个数据分别表示第 $n(n = 1,2,\cdots,N)$ 个天线接收的雷达第 $m - (n - 1) \cdot A$ 次的发射信号回波。为了方便后续推导,定义初相编码位 c,若初相为 0,则 c 为 1;若初相为 π,则 c 取-1。

依据图 5-7 可知,若方位向重排后的 $s_2'(t_r, t_a)$ 多通道回波初相满足 0、π 交替分布的线性关系,则每个数据块必须满足以下两个条件:

(1) 数据块内部的初相必须是 0、π 交替分布的,即每个数据块内部的 N 个数据的初相必须满足是 0、π 交替分布的;

(2) 数据块之间的初相必须是 0、π 交替分布的,即每个数据块的第 1 个数据的初相编码与前一个数据块的最后一个数据的初相编码相反。

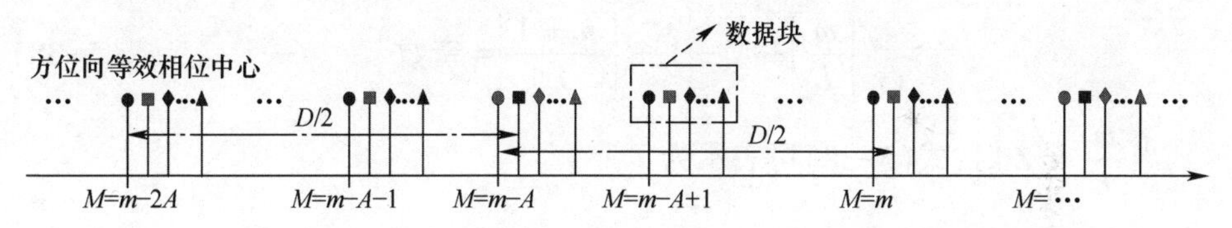

图 5-7 星载改进型 STBC-SAR 信号方案多通道回波重排后的初相关系(见彩图)

为了满足第一个条件,L 必须被 A 整除,且商 Q 为奇数。证明过程如下:

对于位于第 m 次发射时刻的 N 个数据块,其第 $a(a = 1,2,\cdots,N - 1)$ 个相位中心数据初相编码为 $(-1)^{\left\lceil \frac{m-(a-1)A}{L} \right\rceil}$。若第 $a + 1$ 个相位中心的数据初相编码与第 a 个相位中心的数据初相编码相反,则有

$$(-1)^{\left\lceil \frac{m-aA}{L} \right\rceil} \cdot (-1)^{\left\lceil \frac{m-(a-1)A}{L} \right\rceil} = -1 \tag{5-32}$$

即

$$\left\lceil \frac{m - aA}{L} \right\rceil + \left\lceil \frac{m - (a - 1)A}{L} \right\rceil = \left\lceil \frac{m - aA}{L} \right\rceil + \left\lceil \frac{m - aA}{L} + \frac{A}{L} \right\rceil = \text{奇数} \tag{5-33}$$

当 $\frac{m - aA}{L} \in \mathbf{Z}$ 时,式(5-33)可表示为

$$2\left\lceil \frac{m - aA}{L} \right\rceil + \left\lceil \frac{A}{L} \right\rceil = 奇数 \tag{5-34}$$

当 $\frac{m - aA}{L} \notin \mathbf{Z}$,且 $\left(\frac{m - aA}{L} - \left\lceil \frac{m - aA}{L} \right\rceil\right) + \left(\frac{A}{L} - \left\lceil \frac{A}{L} \right\rceil\right) > 1$ 时,

式(5-33)可表示为

$$2\left\lceil \frac{m - aA}{L} \right\rceil + \left\lceil \frac{A}{L} \right\rceil = 奇数 \tag{5-35}$$

当 $\frac{m - aA}{L} \notin \mathbf{Z}$, 且 $\left(\frac{m - aA}{L} - \left\lceil \frac{m - aA}{L} \right\rceil\right) + \left(\frac{A}{L} - \left\lceil \frac{A}{L} \right\rceil\right) \leqslant 1$ 时,

式(5-33)可表示为

$$2\left\lceil \frac{m - aA}{L} \right\rceil + \left\lfloor \frac{A}{L} \right\rfloor = 奇数 \tag{5-36}$$

因此,当且仅当 A 整除 L,商 Q 为奇数时,式(5-32)成立。

为了满足第 2 个条件,N 必须为奇数且 $L=1$。证明如下:

对于位于第 m 次发射时刻的 N 个数据块,若最后一个相位中心数据的初相编码与位于 $m+1$ 发射时刻数据块的第 1 个相位中心数据的初相编码相反,则有

$$(-1)^{\left\lceil \frac{m}{L} \right\rceil + N - 1} \cdot (-1)^{\left\lceil \frac{m+1}{L} \right\rceil} = -1 \tag{5-37}$$

即

$$\left\lceil \frac{m}{L} \right\rceil + N - 1 + \left\lceil \frac{m + 1}{L} \right\rceil = 奇数 \tag{5-38}$$

当 $\frac{m}{L} \in \mathbf{Z}$ 时,式(5-38)可表示为

$$\frac{m}{L} + N - 1 + \frac{m}{L} + 1 = 2\frac{m}{L} + N = 奇数 \tag{5-39}$$

此时,要求 N 为奇数。

当 $\frac{m}{L} \notin \mathbf{Z}$ 时,式(5-38 式可表示为

$$\left\lceil \frac{m}{L} \right\rceil + N - 1 + \left\lfloor \frac{m}{L} \right\rfloor + 1 = \left\lceil \frac{m}{L} \right\rceil + \left\lfloor \frac{m}{L} \right\rfloor + N = 奇数 \tag{5-40}$$

此时,要求 N 为偶数。

因此,当且仅当 $L=1$,N 为奇数时,式(5-37)成立。

综合(1)和(2)两个条件可知,当且仅当 A 为奇数,N 为奇数且 L 取值为 1 时,重排后的 $s_2'(t_\mathrm{r},t_a)$ 多通道回波初相满足 0、π 交替分布的线性关系。此时,$s_2'(t_\mathrm{r},t_a)$ 多通道回波位于多普勒高频处。由于 $s_1'(t_\mathrm{r},t_a)$ 多通道回波始终处于多普勒基带,我们可对重排后的多通道数据使用多普勒带通滤波,用以分离混叠

回波。

为了使等效相位中心均匀分布，可进一步对 A,N,PRI,D,V 和 L 的取值提出约束。对于每个数据块，其中等效相位中心之间的距离为

$$d_1=[D/(2\cdot V\cdot \mathrm{PRI})-A]\cdot(V\cdot \mathrm{PRI}) \tag{5-41}$$

数据块之间的距离为

$$d_2=(V\cdot \mathrm{PRI})-(N-1)\cdot d_1 \tag{5-42}$$

若等效相位中心均匀分布，则有

$$d_1=d_2 \tag{5-43}$$

联立以上三式，可得

$$N\cdot[D/(2\cdot V\cdot \mathrm{PRI})-A]=1 \tag{5-44}$$

从 SAR 收发模型来看，为了去除机载改进型空时分组编码(PRF)成倍于多普勒带宽的限制，A 的取值仅能为 1。若 A 为大于 1 的奇数，则平台在单个 PRI 内的移动距离将小于 $D/6$。此时，系统 PRF 将依然成倍于多普勒带宽。

当 A 取值为 1 时，平台在单个 PRI 内的移动距离大于 $D/4$ 且小于 $D/2$，平台移动速度 V，系统 PRF 及子天线长度存在如下关系：

$$\frac{D}{2}\geqslant\frac{V}{\mathrm{PRF}}>\frac{D}{4} \tag{5-45}$$

依据上式可知，星载改进型 STBC-SAR 信号方案的系统 PRF 取值范围为

$$\frac{4V}{D}>\mathrm{PRF}\geqslant\frac{2V}{D} \tag{5-46}$$

相比之下，机载改进型信号方案的 PRF 必须大于多普勒带宽的两倍，即

$$\mathrm{PRF}'=2\cdot\delta\cdot\frac{2V}{D}\cdot 0.886 \tag{5-47}$$

若方位向过采样率 $\delta=1.2$，则机载改进型 STBC-SAR 信号方案的 PRF 为

$$\mathrm{PRF}'>\frac{4V}{D} \tag{5-48}$$

对比式(5-46)和式(5-48)可知，星载改进型 STBC-SAR 信号方案去除了机载改进型信号方案 PRF 成倍于多普勒带宽的限制，且 PRF 与 SISO SAR 一致。

假设 SISO SAR 系统的天线长度为 D，移动速度为 V，则 PRF 为

$$\mathrm{PRF}_{\mathrm{SISO}}=\delta\cdot\frac{2V}{D}\cdot 0.886 \tag{5-49}$$

若方位向过采样率 δ 取值为 1.2，则 SISO SAR 系统 PRF 为

$$\mathrm{PRF}_{\mathrm{SISO}}\geqslant\frac{2V}{D} \tag{5-50}$$

对比式(5-46)和式(5-50)可知，星载改进型 STBC-SAR 信号方案的 PRF 与

SISO SAR 一致,即 $PRF = PRF_{SISO}$ 。换言之,星载改进型 STBC-SAR 信号的距离/方位模糊度与 SISO SAR 一致。因此,星载改进型 STBC-SAR 信号方案不能用于星载高分辨率宽测绘带成像,但能在不增加 PRF 的条件下实现高信噪比成像和多模式成像。对于多模式成像,若 $s_1'(t_r, t_a)$ 用于模式 1 且 $s_2'(t_r, t_a)$ 用于模式 2,则能够在不增加 PRF 的条件下同时、同频、同空域实现两种模式。在同等的系统参数下,这两个模式的信噪比均高于 SISO SAR 系统。因此,星载改进型 STBC-SAR 信号方案将有助于提升全极化 SAR 成像性能。如果 $s_1'(t_r, t_a)$ 和 $s_2'(t_r, t_a)$ 用于同一个模式,则可配准相加两组图像,用以进一步提升信噪比。

综上所述, 星载改进型 STBC-SAR 信号方案的调制约束如下

$$\begin{cases} L = 1 \\ A = 1 \\ N = 2g - 1 \\ N \cdot [D/(2 \cdot V \cdot \text{PRI}) - 1] = 1 \end{cases}, g = 1, 2, \cdots \tag{5-51}$$

对于实际 SAR 系统,受平台速度和姿态波动的影响,即便 A,N,PRI,D,V 和 L 等参数满足上述条件,也不能保证重排后的 $s_2'(t_r, t_a)$ 多通道回波初相严格满足 0、π 交替分布的线性关系,更不能保证等效相位中心是均匀分布的。此时,需要进一步设计后端处理与解调算法,用以去除运动误差的影响。

首先,依据平台实际运动参数和等效相位中心原理,算出破坏线性初相关系的相位中心位置,并丢弃位于这些相位中心位置的数据。由于丢弃的数据较少且等效相位中心的间距远小于 $D/2$,则该操作不会引起方位向混叠和模糊。

其次,将重排后的 0 初相和 π 初相的数据分离开来,构成两通道数据。再对这两通道数据分别进行重采样[13]。由于等效相位中心的间距远小于 $D/2$,则该操作不会在方位向上引起混叠和模糊,进而避免了 0、π 初相跳变数据的重采样难题。以多模式 SAR 成像为例,星载改进型 STBC-SAR 信号方案解调算法如图 5-8 所示。若应用场景为高信噪比成像,则需配准相加 0 初相通道图像和 π 初相通道图像。

5.4.2 潜在应用价值

如前所述,星载改进型 STBC-SAR 信号方案去除了机载改进型 STBC-SAR 信号方案的 PRF 成倍于多普勒带宽的限制。在同等系统参数条件下,星载改进型 STBC-SAR 信号方案的 PRF 与传统 SISO SAR 的 PRF 一致。鉴于此,星载改进型 STBC-SAR 信号方案并不能用于星载高分辨率宽测绘带成像,但能在不增加 PRF 的条件下实现高信噪比成像和多模式成像。下面将分析星载改进型 STBC-SAR 信号方案相对于 SISO SAR 和 SIMO SAR 的潜在应用价值。

依据功率孔径积约束,对于子天线长度为 D 的两发 N 收系统,两个模式的峰

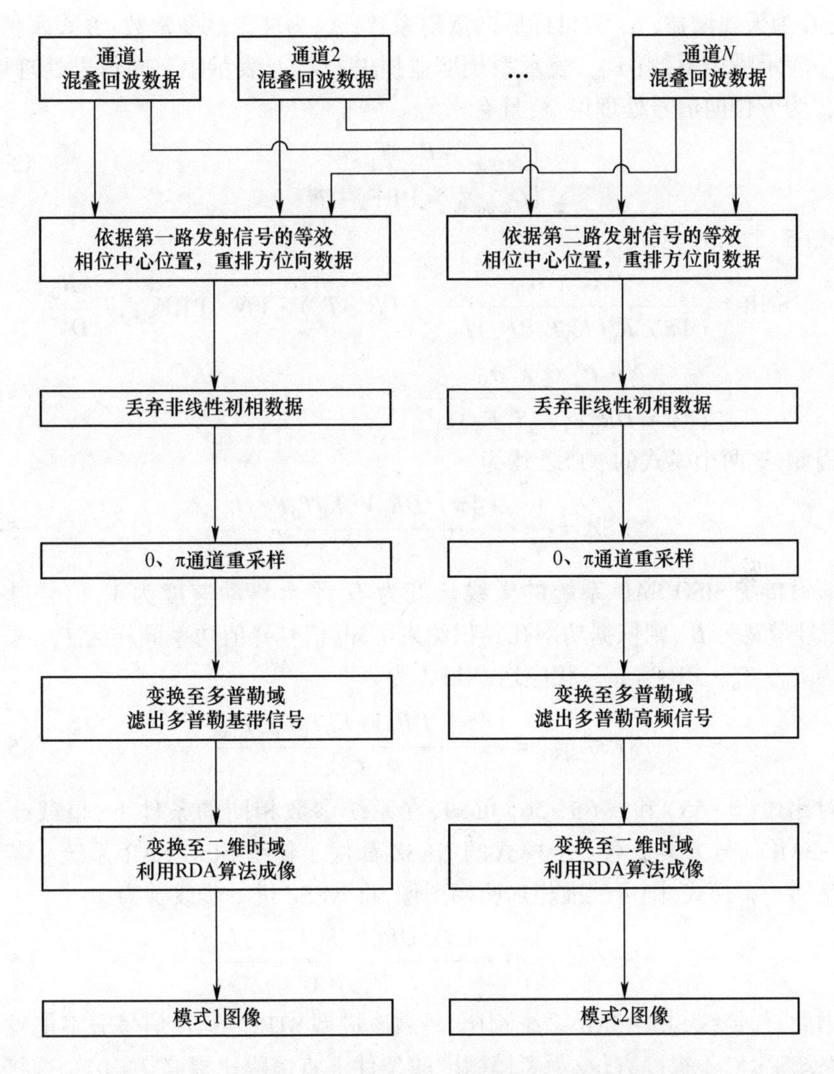

图 5-8　星载改进型 STBC-SAR 信号方案解调算法流程图

值功率是相同的。若进一步假设这两个模式的发射信号带宽、时宽也相同,则星载改进型 STBC-SAR 信号方案两个模式的平均发射功率 P_{av}、等效 PRF PRF_e、合成孔径时间 T_s 均相同,且分别为 $P_t \cdot T_p \cdot PRF_{SISO}$、$N \cdot PRF_{SISO}$ 和 $\lambda R_0/DV$,其中,P_t 为子天线峰值发射功率,T_p 为信号脉宽,λ 为波长,R_0 为目标斜距。

依据雷达方程可知,这两个模式的信噪比均为

$$\mathrm{SNR} = \frac{P_t G^2 \lambda^2 \sigma_0 G_{\mathrm{range}} G_{\mathrm{azimuth}}}{(4\pi)^3 R_0^4 (K_0 T_0 B F_n) L_{\mathrm{loss}}} \tag{5-52}$$

式中：G 为天线增益；σ_0 为目标后向散射系数；K_0 为玻尔兹曼常数；B 表示信号带宽；F_n 表示噪声系数；L_loss 表示系统增益损失；G_range 表示距离向信号处理增益；G_azimuth 为方位向信号处理增益，且有

$$\begin{cases} G_\mathrm{range} = B \cdot T_\mathrm{p}, \\ G_\mathrm{azimuth} = \mathrm{PRF}_\mathrm{e} \cdot T_\mathrm{s} \end{cases} \tag{5-53}$$

可将式(5-52)改写如下：

$$\begin{aligned} \mathrm{SNR} &= \frac{P_\mathrm{t} G^2 \lambda^2 \sigma_0}{(4\pi)^3 R_0^4 (K_0 T_0 B F_\mathrm{n}) L_\mathrm{loss}} \cdot (B \cdot T_\mathrm{p}) \cdot (N \cdot \mathrm{PRF}_\mathrm{SISO}) \frac{\lambda R_0}{DV} \\ &= \frac{N \cdot P_\mathrm{av} G^2 \lambda^3 \sigma_0}{(4\pi)^3 D R_0^3 V (K_0 T_0 F_\mathrm{n}) L_\mathrm{loss}} \end{aligned} \tag{5-54}$$

因此，这两个模式的 NESZ 均为

$$\mathrm{NESZ} = \frac{1}{N} \cdot \frac{(4\pi)^3 D R_0^3 V (K_0 T_0 F_n) L_\mathrm{loss}}{P_\mathrm{av} G^2 \lambda^3} \tag{5-55}$$

假设传统 SISO SAR 系统的天线长度为 D，平台移动速度为 V，信号脉宽为 T_p，信号带宽为 B，则依据功率孔径积约束可知，信号峰值功率同样为 P_t，平均功率则为 $P_\mathrm{t} \cdot T_\mathrm{p} \cdot \mathrm{PRF}_\mathrm{SISO}$。相应地，NESZ 为

$$\mathrm{NESZ}_\mathrm{SISO} = \frac{(4\pi)^3 D R_0^3 V (K_0 T_0 F_\mathrm{n}) L_\mathrm{loss}}{P_\mathrm{av} G^2 \lambda^3} \tag{5-56}$$

对比式(5-55)和式(5-56)可知，在系统参数相同的条件下，星载改进型 STBC-SAR 信号方案任意一个模式的 NESZ 都优于传统 SISO SAR 系统。若两个模式是同一个模式，则可配准相加两幅图像，将 NESZ 进一步改善为

$$\mathrm{NESZ}' = \frac{1}{2N} \cdot \frac{(4\pi)^3 D R_0^3 V (K_0 T_0 F_\mathrm{n}) L_\mathrm{loss}}{P_\mathrm{av} G^2 \lambda^3} \tag{5-57}$$

因此，与传统 SISO SAR 系统相比，星载改进型 STBC-SAR 信号方案能够在不增加系统 PRF、不提高方位/距离模糊度的条件下将信噪比提高 2N 倍。这将有助于提升雷达的目标检测与识别能力。

与 SIMO SAR 相比，星载改进型 STBC-SAR 信号方案同样能在不增加 PRF、不提高模糊度的条件下将信噪比提高 3dB。对于单发 N 收 SIMO SAR 系统，在相同的子天线长度、平台移动速度、天线增益、波长、系统 PRF 等参数条件下，我们可以获得 N 幅 SAR 图像。若配准相加这 N 幅图像，则 NESZ 为

$$\mathrm{NESZ}_\mathrm{SIMO} = \frac{1}{N} \cdot \frac{(4\pi)^3 D R_0^3 V (K_0 T_0 F_\mathrm{n}) L_\mathrm{loss}}{P_\mathrm{av} G^2 \lambda^3} \tag{5-58}$$

对比式(5-57)和式(5-58)可知，星载改进型 STBC-SAR 信号方案将 SIMO SAR 系统的信噪比提升了 3dB。在功率孔径积受限的条件下，3dB 增益对星载

SAR 成像是具备重要意义的。如果发射机工作在极限状态,SIMO SAR 系统需要翻倍子天线长度来获得这 3dB 的增益,这无疑会降低方位向分辨率。

综上所述,星载改进型 STBC-SAR 信号方案在高信噪比成像方面具备不可比拟的优势。下面将分析该系统在多模式成像方面的优势。

若模式 1 发射 H 极化信号,模式 2 发射 V 极化信号,接收天线都是双极化天线,通过前文介绍的 MIMO 解调算法,我们能够分离出 HH、HV、VH、VV 全极化回波数据。因此,星载改进型 STBC-SAR 信号方案能够在不增加 PRF、不提高模糊度的条件下实现全极化功能。相比之下,SISO SAR 仅能通过脉间信号切换实现全极化[14-16]。这势必会成倍增加系统 PRF、降低测绘带宽度或方位向分辨率。星载改进型 STBC-SAR 信号方案的全极化数据获取流程如图 5-9 所示。

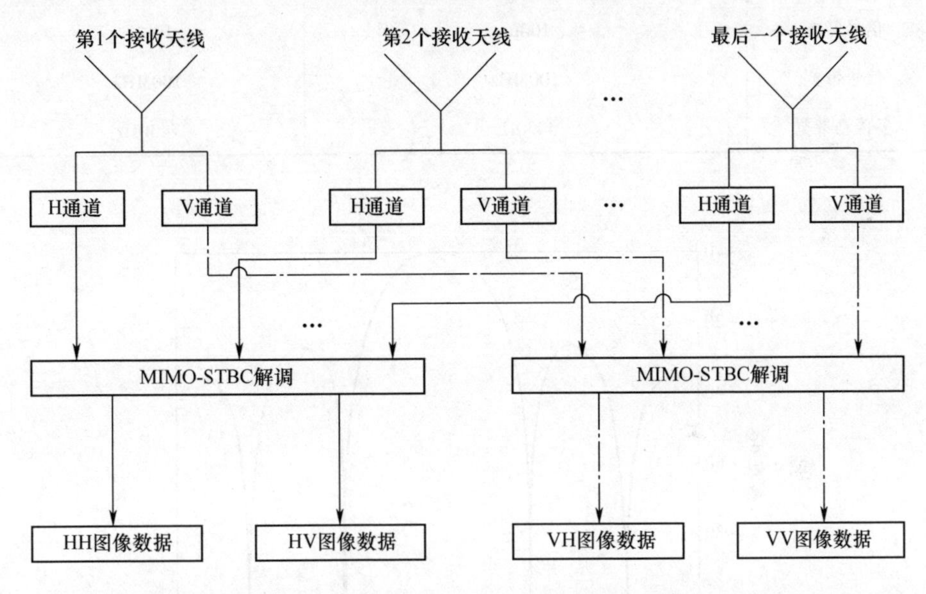

图 5-9　星载改进型 STBC-SAR 信号方案的全极化数据获取流程图

此外,星载改进型 STBC-SAR 信号方案能在利用宽测绘带模式进行普查的同时,利用聚束、GMTI 等多个模式对局部重点目标进行详查。这将大幅提升 SAR 对地观测效率。最后需要说明的是,星载改进型 STBC-SAR 信号方案并不局限于两路发射模型。上述两发假设将有助于读者推广至三发及以上情形。

5.4.3　仿真验证实验

为了验证星载改进型 STBC-SAR 信号方案的有效性,并与机载改进型 STBC-SAR 方案形成对比,本节在表 5-3 所列星载参数下设计了点目标仿真试验。仿真用到的双程天线方向图如图 5-10 所示。本仿真试验首先在 1.3 方位向过采样率、

11500Hz 系统 PRF 的条件下给出了机载改进型 STBC- SAR 信号方案结果。

表 5-3　点目标仿真参数

参数名	机载改进型 STBC-SAR 参数取值	星载改进型 STBC-SAR 参数取值
子天线长度	3m	3m
接收天线数目	4	3
发射天线数目	2	2
平台速度	7500m/s	7500m/s
轨道高度	560km	560km
信号脉宽	100μs	100μs
信号带宽	100MHz	100MHz
多普勒带宽	4430Hz	4430Hz

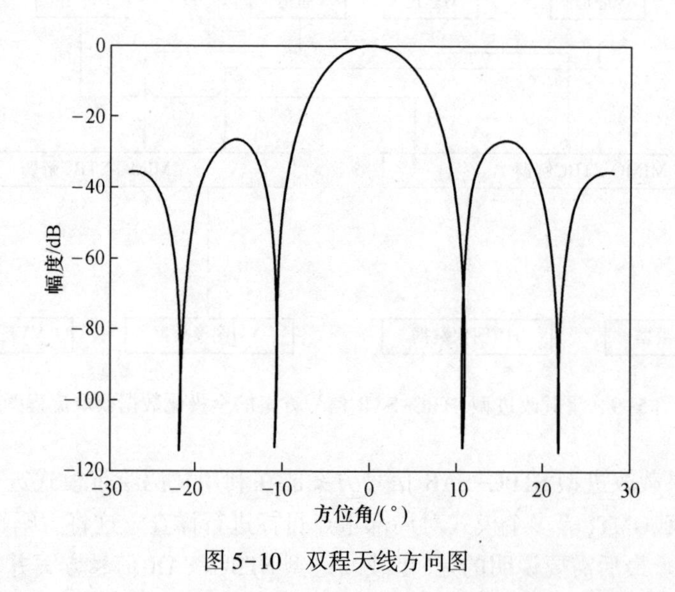

图 5-10　双程天线方向图

机载改进型 STBC-SAR 信号方案的仿真结果如图 5-11 和图 5-12 所示。

依据图 5-11 可知,对于机载改进型 STBC-SAR 信号方案,当 PRF 成倍于多普勒带宽时,单个天线接收的混叠回波在距离多普勒域是分开的。我们能通过距离多普勒滤波分离来自两个发射天线的回波数据。受方位向天线方向图的旁瓣影响,此时的残余干扰能量为-25. 3dB。随着 PRF 的增加,这种残余干扰能量会逐渐减小。

因此，机载改进型 STBC-SAR 信号方案仅能逐个接收天线处理回波。若尝试从降低 PRF 的角度联合处理多个接收通道数据，则被编码信号 $s_2'(t_r, t_a)$ 的回波初相是 0000，ππππ 周期分布的。初相编码分布违背了 0、π 交替分布的线性关系，

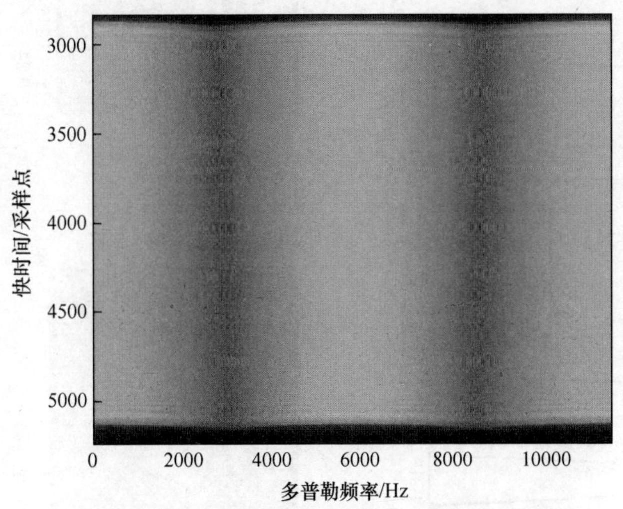

（a）单个天线接收信号的距离多普勒域回波分布图

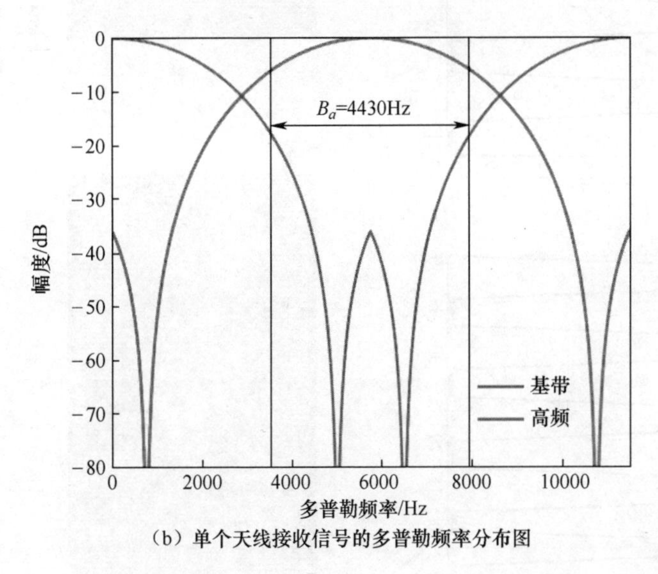

（b）单个天线接收信号的多普勒频率分布图

图 5-11　机载改进型 STBC-SAR 信号方案单个天线的仿真结果(见彩图)

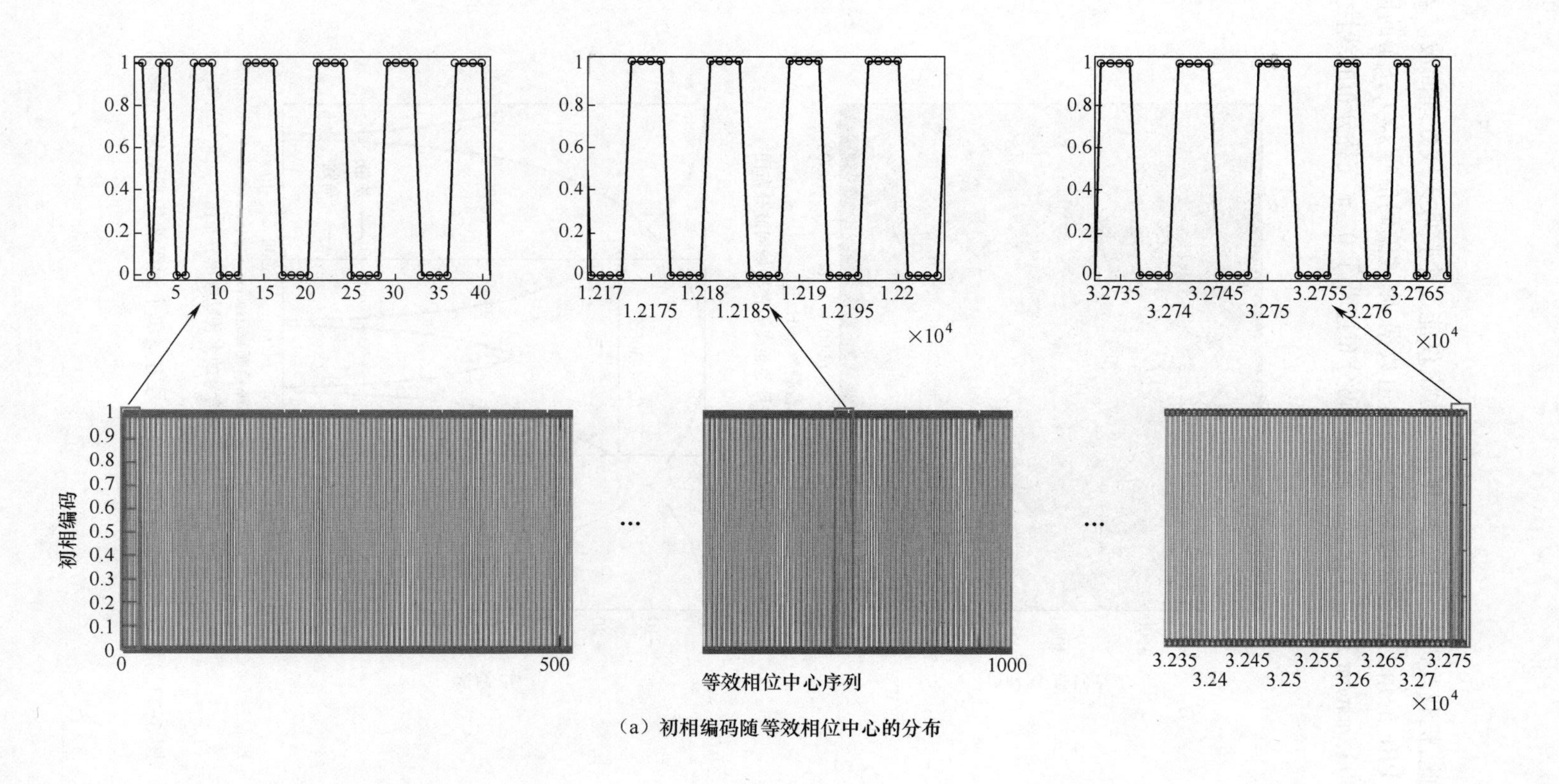

（a）初相编码随等效相位中心的分布

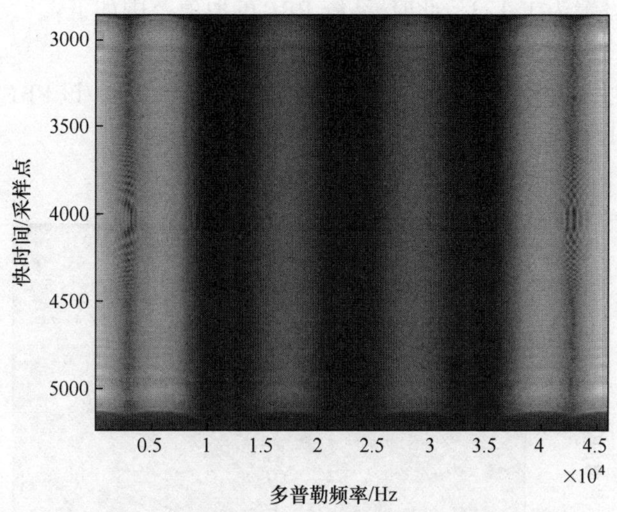

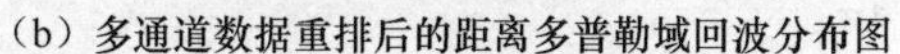

（b）多通道数据重排后的距离多普勒域回波分布图

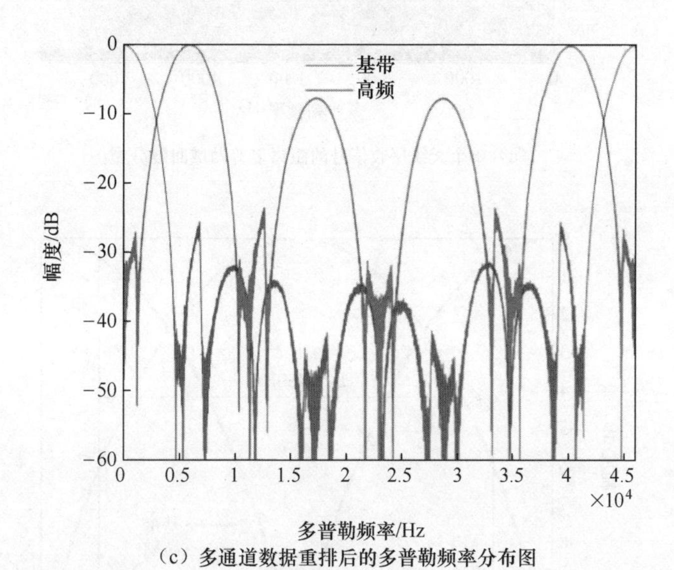

（c）多通道数据重排后的多普勒频率分布图

图 5-12　机载改进型 STBC-SAR 信号方案的多通道联合处理仿真结果(见彩图)

如图 5-12(a)所示。此时，$s_2'(t_{\mathrm{r}},t_a)$ 的回波不处于多普勒高频处，而是分裂成了四个部分且与多普勒基带信号 $s_1'(t_{\mathrm{r}},t_a)$ 的回波混叠在一起，如图 5-12(b)和图 5-12(c)所示。我们无法通过多普勒滤波分离 $s_1'(t_{\mathrm{r}},t_a)$ 和 $s_2'(t_{\mathrm{r}},t_a)$ 回波。星载改进型 STBC-SAR 信号方案的仿真结果如图 5-13~图 5-17 所示。

依据表 5-3 仿真参数和星载改进型 STBC-SAR 信号方案调制约束，将 L,A 和

N 的取值分别设置为 1,1,3。此时,系统 PRF 的取值范围如下:

$$10000\text{Hz} > \text{PRF} \geqslant 5000\text{Hz} \tag{5-59}$$

若方位向过采样率取值为 1.3,则 PRF 取值为 5750Hz。该 PRF 取值是机载改进型 STBC-SAR 信号方案的一半,是多普勒带宽的 1.3 倍。

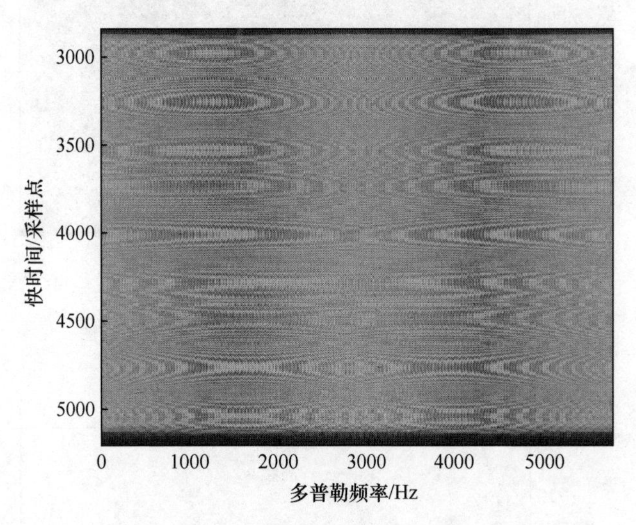

(a) 单个天线接收信号的距离多普勒域回波分布图

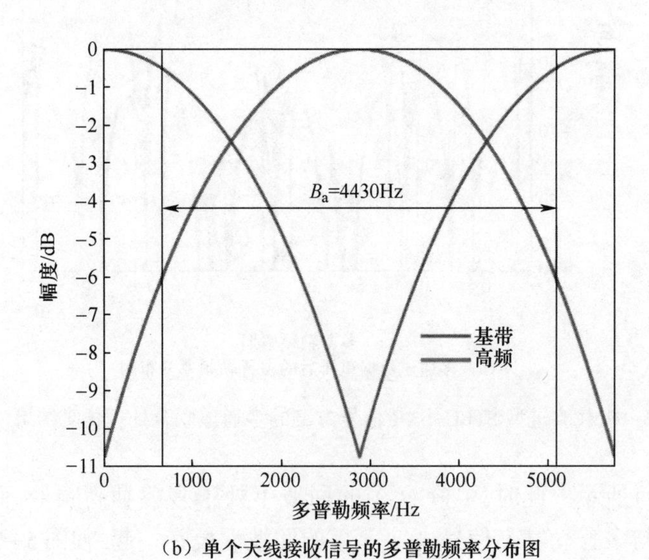

(b) 单个天线接收信号的多普勒频率分布图

图 5-13 星载改进型 STBC-SAR 信号方案单个天线的仿真结果(见彩图)

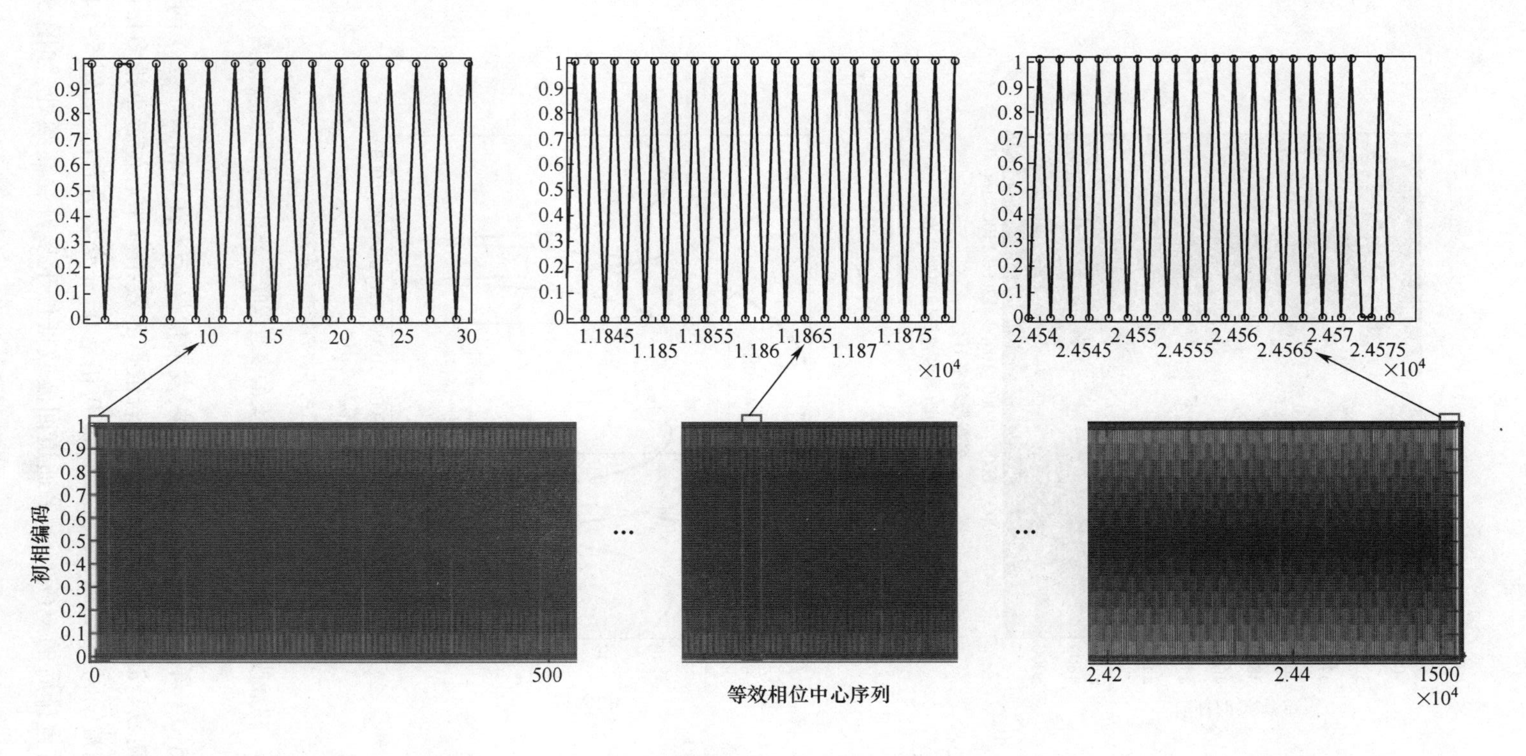

（a）初相编码随等效相位中心的分布

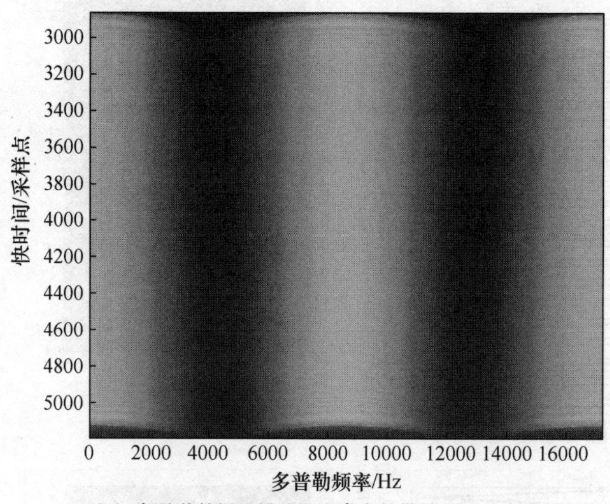

（b）多通道数据重排后的距离多普勒域回波分布图

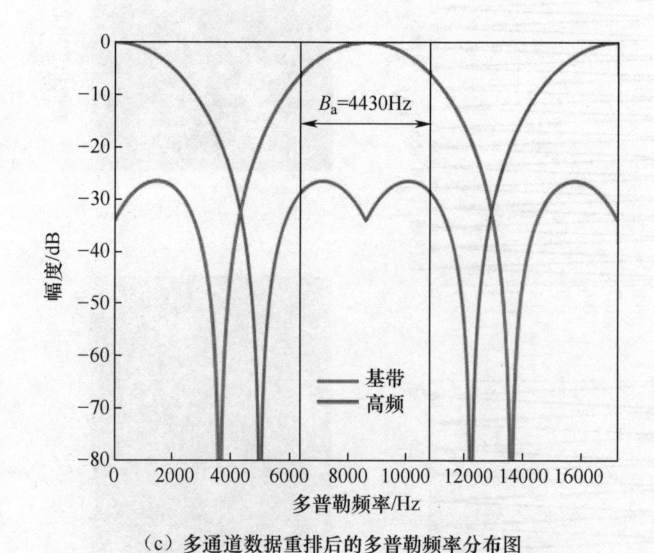

（c）多通道数据重排后的多普勒频率分布图

图 5-14　星载改进型 STBC-SAR 信号方案的多通道联合处理仿真结果(见彩图)

依据图 5-13 可知,对于单个接收天线,发射信号 $s_1'(t_r,t_a)$ 和 $s_2'(t_r,t_a)$ 的回波在距离多普勒域是混叠在一起的。然而,若依据等效相位中心位置重排多接收通道的数据,则被编码信号 $s_2'(t_r,t_a)$ 的回波初相是 0、π 交替分布的,如图 5-14(a)所示。此时,重排后的 $s_2'(t_r,t_a)$ 多通道回波数据位于多普勒高频处,如图 5-14

(b)和 5-14(c)所示。鉴于未编码信号 $s_1'(t_r,t_a)$ 的多通道回波数据始终处于多普勒基带,我们可在距离多普勒域利用多普勒带通滤波分离 $s_1'(t_r,t_a)$ 和 $s_2'(t_r,t_a)$ 的多通道回波数据。此时的等效 PRF = 17250Hz。该取值大于机载改进型 STBC-SAR 信号方案 11500Hz 的 PRF。因此,星载改进型 STBC-SAR 信号方案残余干扰能量优于机载改进型方案,且实际取值为-26.3dB。从 PRF 值和残余干扰能量的角度来看,星载改进型 STBC-SAR 信号方案与机载改进型 STBC-SAR 信号方案性能对比如表 5-4 所列。

表 5-4 星载改进型 STBC-SAR 信号方案与机载改进型 STBC-SAR 信号方案性能对比

参数名	机载改进型 STBC-SAR 参数取值	星载改进型 STBC-SAR 参数取值
系统 PRF	11500Hz	5750Hz
残余干扰能量	-25.3dB	-26.3dB

依据图 5-14(b),可利用多普勒滤波分离混叠回波。若进一步利用 RD 经典成像算法,可获得对应于两路发射信号的 SAR 图像,如图 5-15 和图 5-16 所示。

若接收子天线都是双极化天线,则星载改进型 STBC-SAR 信号方案能够在不增加 PRF、不提高模糊度的条件下实现全极化功能。全极化仿真结果如图 5-17 所示。其中,点目标的 HH、HV、VH、VV 散射系数分别设置为 1,0.3,0.5,和 0.8。

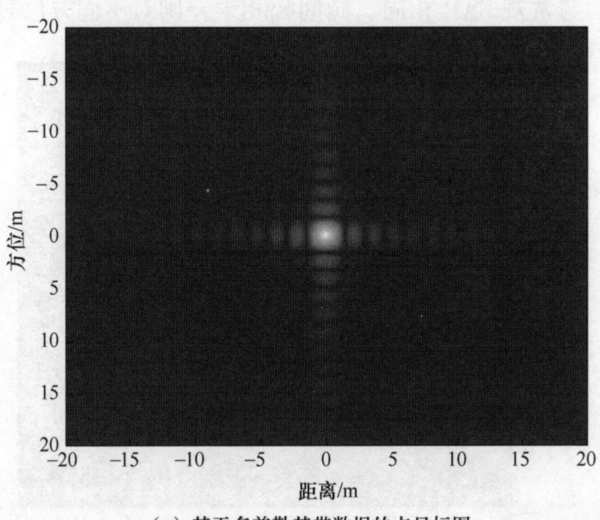

(a) 基于多普勒基带数据的点目标图

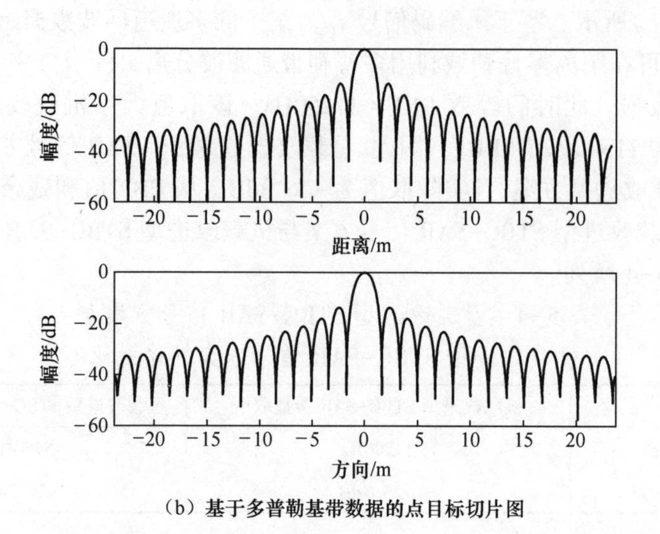

（b）基于多普勒基带数据的点目标切片图

图 5-15　星载改进型 STBC-SAR 信号方案的多普勒基带数据点目标仿真结果(见彩图)

5.4.4　物理可实现性分析

在实际系统中,器件的非理想特性将产生脉内和脉间幅相误差[17]。其中,脉内幅相误差主要影响距离向脉压性能,该误差对改进型 STBC-SAR 信号方案的影响和补偿方法均与常规 SAR 相同。脉间幅相误差则对不同方位时刻的回波产生

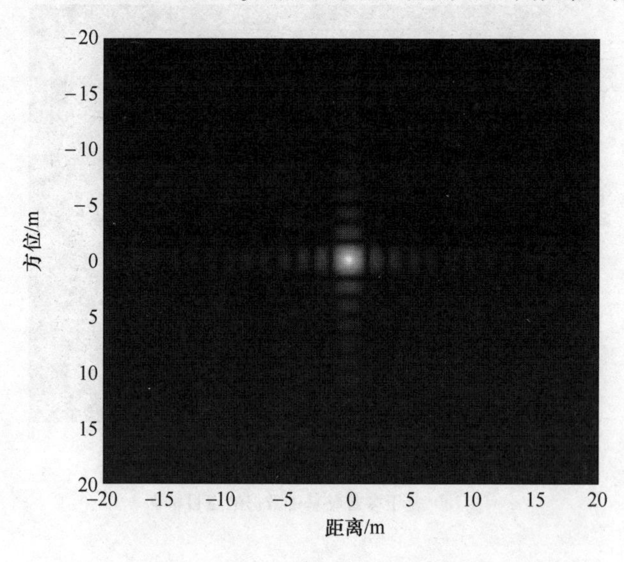

（a）基于多普勒高频数据的点目标图

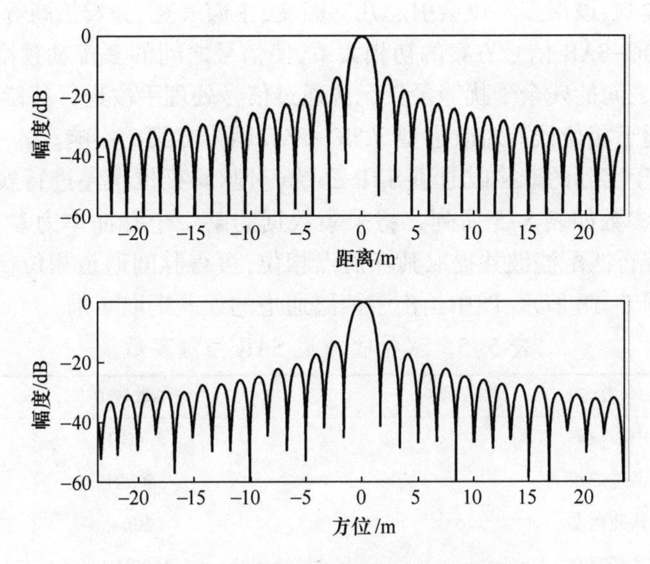

（b）基于多普勒高频数据的点目标切片图

图 5-16　星载改进型 STBC-SAR 信号方案的多普勒高频数据点目标仿真结果(见彩图)

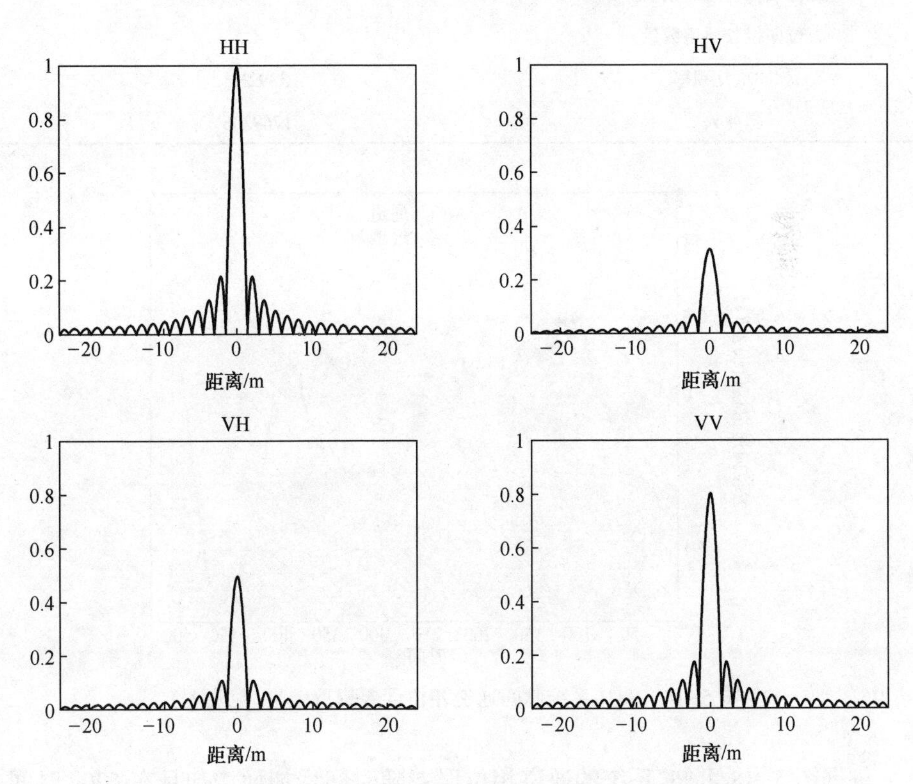

图 5-17　星载改进型 STBC-SAR 信号方案的全极化仿真结果

幅度与相位调制，该误差不仅会引起几何畸变、主瓣展宽、旁瓣抬高等现象，还会破坏改进型 STBC-SAR 信号方案的初相关系，使信号之间的多普勒频率间隔发生改变，增大信号之间的残余干扰能量且无法通过信号处理手段进行补偿。因此，需要分析方位向通道相位误差对改进型 STBC-SAR 信号方案的影响。

首先，基于实际的双接收通道 SAR 系统，对脉间相位误差进行实际测试与提取，SAR 系统参数如表 5-5 所列。将采集数据的某一个脉冲作为参考信号，对所有脉冲数据进行匹配滤波并提取其峰值点相位，可得脉间通道相位误差随时间的变化曲线如图 5-18 所示，图中给出了两路通道的误差提取结果。

表 5-5　双接收通道 SAR 系统参数

参数名	参数取值
中心频率	5.4GHz
系统带宽	560MHz
脉冲宽度	30μs
采样频率	1500MHz
采样点数	65536
方位向发射通道数量	1
方位向接收通道数量	4
脉冲重复频率	3392Hz
脉冲数	1769306

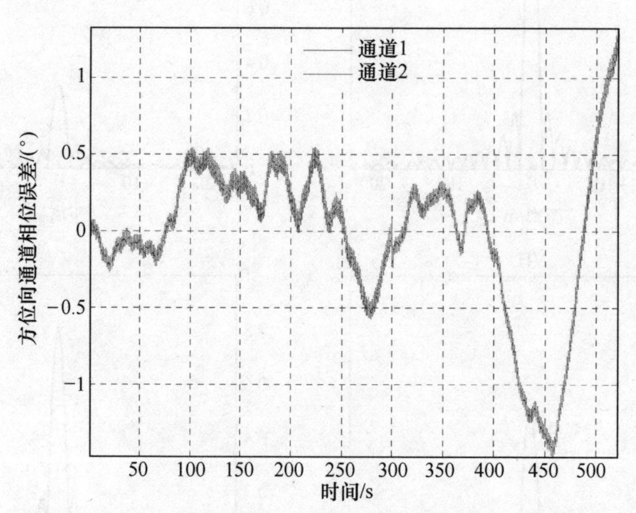

图 5-18　SAR 系统脉间通道相位误差提取结果(见彩图)

依据图 5-18 可知，系统的通道相位误差随时间增加而增加且在 520s 时间内小于±1.5°。相位误差可看作由趋势性误差和通道不一致性误差组成。其中,趋势性误差是因工作时间较长时系统温度升高产生相位漂移而导致的。而通道不一致性误差主要由器件的非理想特性等导致。趋势性误差不会对信号性能产生影响,这是因为该误差对不同信号进行了相同调制。相比之下,通道不一致性误差会破坏改进型 STBC-SAR 信号方案的初相关系,其随时间的变化规律如图 5-19 所示。

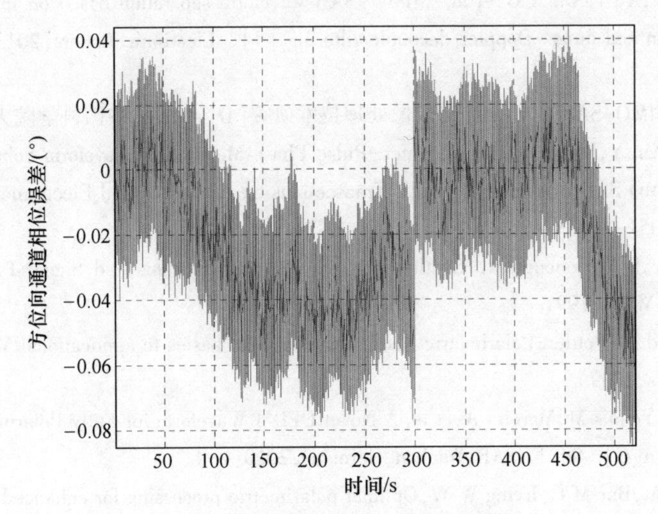

图 5-19 通道间的脉间相位误差之差

然而,依据图 5-19 可知,实际系统中的通道间不一致性相位误差非常小,520s 内仅为 0.1°,因此通道间相位误差对改进型 STBC-SAR 信号方案的影响可忽略不计。改进型 STBC-SAR 信号方案具备良好的物理可实现性。

参 考 文 献

[1] 罗涛,乐光新. 多天线无线通信原理与应用[M]. 北京:北京邮电大学出版社,2005。

[2] Alamouti A. A Simple Transmitter Diversity Scheme for Wireless Communications [J]. IEEE J. Selected Areaas Commun. ,1998,JSAC-16:1451-1458.

[3] John G. Proakis, M S. Digital Communications [M]. Fifth Edition. New York: McGraw-Hill,2008.

[4] He F,Dong Z,Liang D. A novel space-time coding Alamouti waveform scheme for MIMO-SAR implementation[J]. IEEE Geosci. Remote Sens. Lett. ,2014,11,1-5.

[5] Kim J H,Ossowska A,Wiesbeck W. Investigation of MIMO SAR for Interferometry[C]. Proceedings of European Radar Conference (EuRAD),Munich,Germany,2007:51-54.

[6] Wang W Q. Space-time coding MIMO-OFDM SAR for high-resolution imaging [J]. IEEE Transactions on Geoscience and Remote Sensing,2011,49(8):3094-3104.

[7] Krieger G, Gebert N, Moreira A. Unambiguous SAR Signal Reconstruction From Nonuniform Displaced Phase Center Sampling [J]. IEEE Geoscience and Remote Sensing Letters, 2004, 1(4): 260-264.
[8] Sanjit K. Mitra. Digital Signal Processing [M]. New York: McGraw-Hill, 2004.
[9] Wang J, Chen L Y, Liang X D, et al. A novel space-time coding scheme used for MIMO-SAR systems [J]. IEEE Geoscience and Remote Sensing Lettter, 2015, 12(7): 1156-1560.
[10] Meng C Z, Xu J, Xia X G, et al. MIMO-SAR waveform separation based on inter-pulse phase modulation and range-Doppler decouple filtering [J]. Electronic Letters, 2013, 49(6): 420-422.
[11] 李堃. MIMO-SAR 信号设计与成像处理技术研究[D]. 北京:中国科学院大学, 2017.
[12] Wang J, Xin Y, Liang X D, et al. Inter-Pulse Phase Modulation Waveform Scheme forv Spaceborne MIMO SAR Systems [J]. IEEE Transactions on Aerospace and Electronic Systems, 2021, 57(6): 4051-4066.
[13] Curlander J, McDonough R. Synthetic Aperture Radar: Systems and Signal Processing [M]. Hoboken: Wiley, 1991.
[14] J. Lee and E. Pottier, Polarimetric Radar Imaging: from basics to applications[M]. Boca Raton: CRC Press, 2009.
[15] Kim J H, Younis M, Moreira A, et al. A Novel OFDM Waveform for Fully Polarimetric SAR Data Acquisition[C]. 8th EUSAR, Aachen, Germany, 2010: 1-4.
[16] Novak L M, Bur M C, Irving W W, Optimal polarimetric processing for enhanced target detection [J]. IEEE Trans. Aerosp. Electron. Syst., 1993, 29(1): 234-244.
[17] 贾颖新, 王岩飞. 一种宽带多通道合成孔径雷达系统幅相特性测量与校正方法[J]. 电子与信息学报, 2013, 35(9): 2168-2174.

第 6 章　机载同时同频 MIMO-SAR 系统

6.1 引　　言

从 MIMO-SAR 体制特征、国内外文献研究现状和雷达系统研制经验等方面来看,机载同时同频 MIMO-SAR 系统面临的关键技术问题包括多维正交波形设计与分离技术、MIMO 天线一体化快速波控、宽带多通道射频技术、同步多通道数字技术与多通道重建成像技术等。其中,脉内扫描相控阵天线、宽带多通道的射频、数字、同步与成像技术已经具备较高成熟度。而作为核心的多维正交波形设计与分离技术仍处于初级研究阶段,是 MIMO-SAR 从理论研究走向实际应用的关键。因此,在突破多维正交波形技术的基础上,中国科学院空天信息创新研究院、南京信息工程大学针对传统合成孔径雷达(SAR)体制带来的模式单一、核心指标已接近极限等瓶颈问题,从信号、通道、天线、处理等多个层面开展了关键性技术攻关,研制了机载同时同频 MIMO-SAR 系统,在国际上首次实现了机载 0. 3m 分辨率 34km 测绘带的高分辨率宽测绘带成像与多模式/功能一体化。

该系统主要指标要求如下:

· 波段:C

· 波形隔离度:优于 30dB

(1) 高分辨率宽测绘带模式:

分辨率优于 0. 3m(方位)×0. 3m(斜距);幅宽大于 30km。

(2) 多模式工作能力:同时具有宽测绘成像、聚束成像和动目标检测的能力。

宽测绘带模式:分辨率优于 3m(方位)×3m(斜距);幅宽大于 50km。

聚束成像模式:分辨率优于 0. 15m(方位)×0. 3m(斜距);幅宽大于 6km。

动目标检测模式:最小动目标可检测径向速度小于 10km/h。

本章将在前一章的基础上,介绍机载同时同频 MIMO-SAR 系统构型,设计机载改进型 STBC-SAR 信号方案,论证关键技术指标,并分析飞行试验结果。

6.2　系统构型与框架

机载同时同频 MIMO-SAR 系统的构型与框架分别如图 6-1 和图 6-2 所示。

为了满足多模式协同工作的要求,该雷达是一个可重构的 MIMO 系统,主要包括相控阵天线、低功率射频、实时成像、数据记录、本地控制等模块。

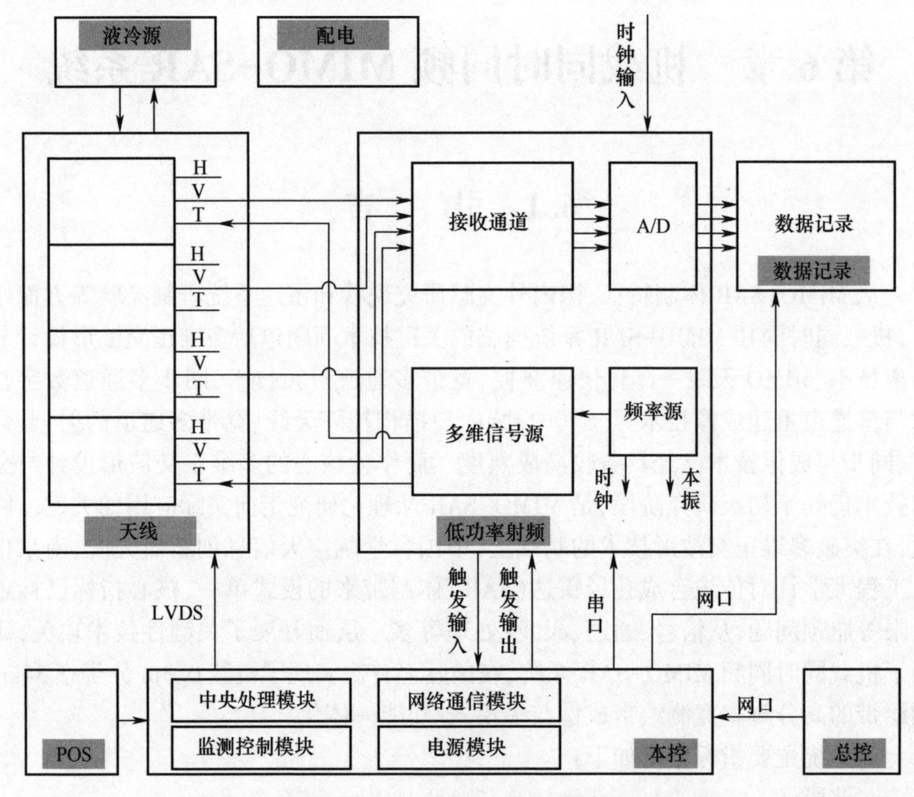

图 6-1 机载同时同频 MIMO-SAR 系统构型(见彩图)

该雷达包含两个发射通道和四个接收通道。改进型 STBC-SAR 信号以数字信号形式存储于 FLASH。在发射端,中频数字信号先经 D/A 播放为模拟信号,再通过混频器上变频至射频波段,最后由相控阵天线放大并辐射到目标区域。在接收端,回波信号分别被射频放大、下变频、滤波和采样。其中,中频为 1.5GHz,射频为 5.4GHz,采样频率为 1.8GHz。需要说明的是,为简单起见,本系统采用机载改进型 STBC- SAR 信号方案。虽然,此时的系统 PRF 大于两种模式的多普勒带宽之和,但这并不会影响机载 SAR 系统的距离/方位模糊度。另外,对于多模式成像,本系统实现的是宽幅、GMTI 和聚束模式。宽幅模式信号和聚束模式信号由不同子天线同时发射。宽幅模式不需要扫描,聚束模式则要利用相控阵天线的扫描。

天线是有源相控阵的双极化天线,主要用于完成线性调频信号的功率放大和发射,以及回波信号的接收、放大与输出。该天线分别在发射和接收时分别重构为两个和四个子阵,天线结构如图 6-3 所示。该相控阵天线有 256 个单元,其中方位

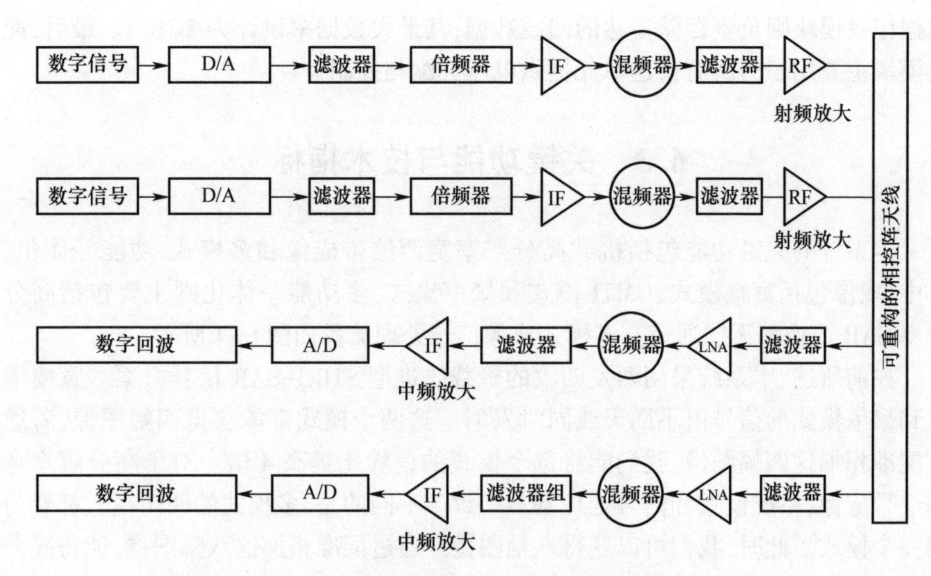

图 6-2　机载同时同频 MIMO-SAR 系统框架

向有 16 个单元,俯仰向也有 16 个单元。水平极化和垂直极化单元在方位向是交织分布的且每种极化方式在方位向和俯仰向都有 4 个单元。天线子单元在方位向和俯仰向上的间距分别为 38mm 和 32mm。因此,该有源相控阵天线能够在方位向和俯仰向分别实现±20°和±15°的扫描范围,为聚束提供了条件。

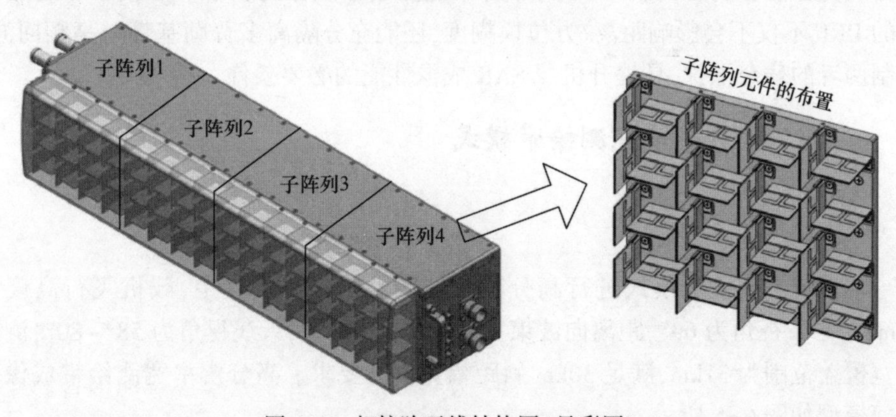

图 6-3　相控阵天线结构图(见彩图)

低功率射频模块用于产生雷达基准频率和线性调频信号。根据工作模式不同,低功率射频需要完成雷达回波信号的放大、变频、滤波、幅度调整以及采样。与此同时,低功率射频还需要完成收发功能转换、发射信号预功率放大等,并能完成回波数据的采集和数据形成等功能。该模块包含两个发射通道和四个接收通道。

数据记录模块则负责存储雷达的回波数据,其最大数据率设计为3GB/s。最后,配电模块主要用于为所有雷达单元提供电压分配与控制。

6.3 关键功能与技术指标

本系统的关键功能包括机载高分辨率宽测绘带成像和多模式/功能一体化。其中,成像包括宽幅模式、GMTI 模式和聚束模式,多功能一体化则主要包括高分辨率 SAR 成像和无线通信。多模式成像信号处理流程如图 6-4 所示。

如前所述,本系统采用两发四收的机载改进型 STBC-SAR 信号方案。宽幅模式和聚束模式的信号由不同天线同时发射。这两个模式都能获得四幅图像,若通过配准相加这四幅图像,我们能将每个模式的信噪比提高 4 倍。对于高分辨率宽测绘带成像,系统设置和信号处理基本一致。不同的是,多模式的两个模式都变为同一个模式。此时,我们可以获得八幅图像。通过配准相加这八幅图像,能将高分辨率宽测绘带成像模式的信噪比提高八倍。需要说明的是,这种配准相加多幅图像来提升信噪比的处理方式与典型的利用多通道数据降低 PRF 的高分辨率宽测绘带成像处理方式是有区别的。一般而言,星载 SAR 高分辨率宽测绘带成像性能主要受限于最小天线面积的限制。对于机载 SAR,高分辨率宽测绘带成像性能主要受限于信噪比。PRF 不是机载 SAR 的主要矛盾。因此,上述 STBC-SAR 信号处理方式完全能够满足机载 SAR 高分辨率宽测绘带成像的要求。成倍于多普勒带宽的 PRF 不仅不会影响距离/方位模糊度,还能充分隔离多普勒基带与高频回波,抑制两者的残余干扰,是提升机载 SAR 成像性能的必要条件。

6.3.1 高分辨率宽测绘带模式

6.3.1.1 方案设计

本系统采用条带模式进行高分辨率宽测绘带成像。其中,载机飞行高度为 8km,中心下视角为 69°,距离向波束宽度为 22°。因此,天线视角为 58°~80°,测绘幅宽覆盖范围为 31km,满足 30km 斜距幅宽设计要求。高分辨率宽测绘带成像的几何模型如图 6-5 所示。

相控阵天线沿方位向排列。发射时将相控阵天线重构为两个子阵,发射信号选取为中心频率相同、调频斜率绝对值相同正负线性的调频信号。正线性调频信号经机载改进型 STBC-SAR 编码,位于多普勒高频处。负线性调频信号未被编码,位于多普勒基带。接收时相控阵天线重构为四个子阵,用于同时接收回波信号。相控阵天线发射与接收的重构布局如图 6-6 所示。

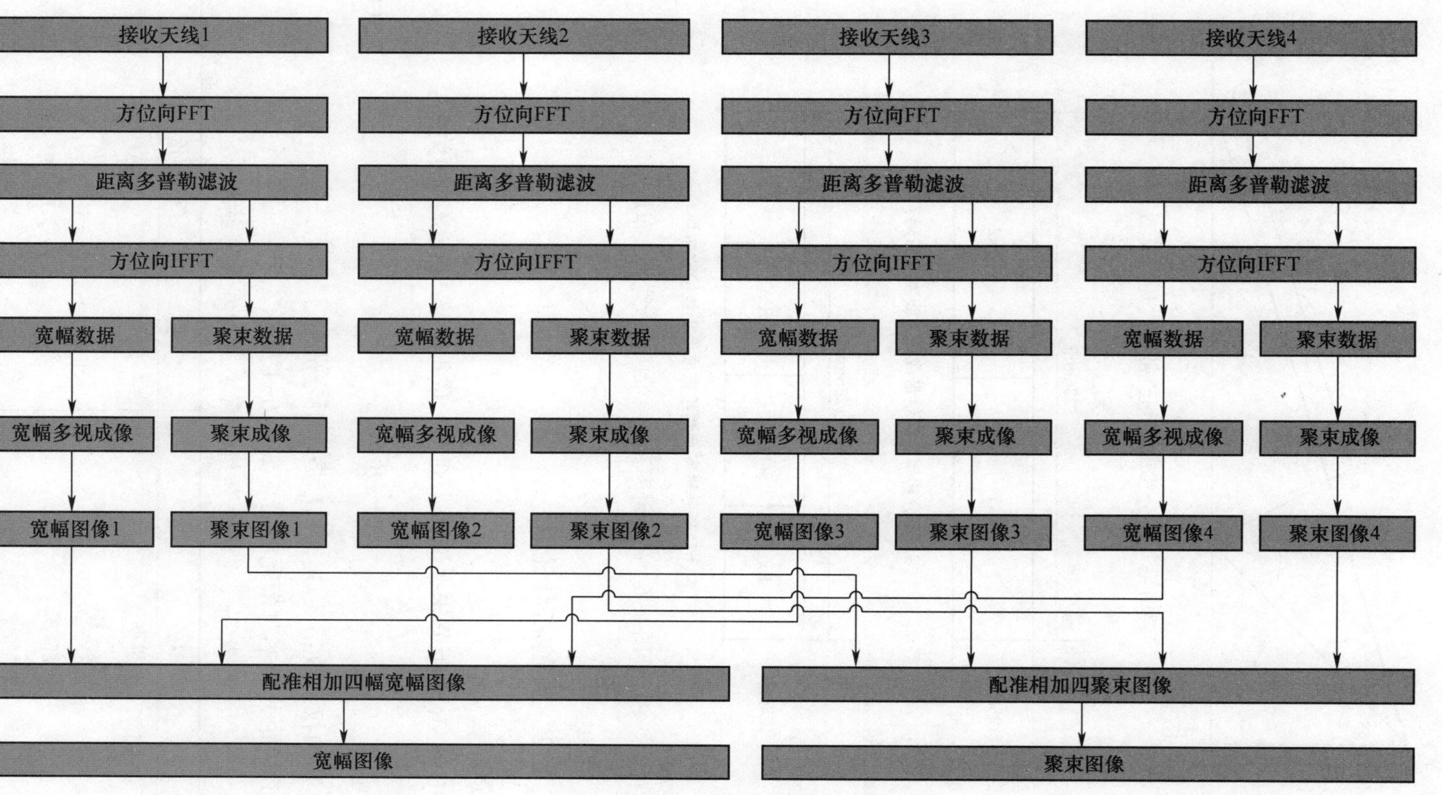

图6-4 多模式成像信号处理流程图

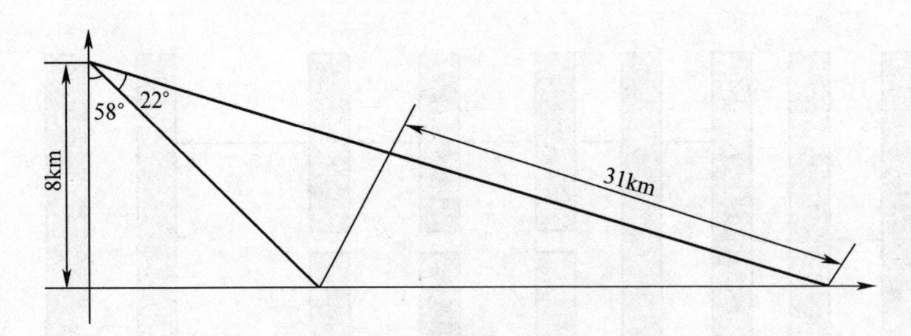

图 6-5　高分辨率宽测绘带模式几何模型

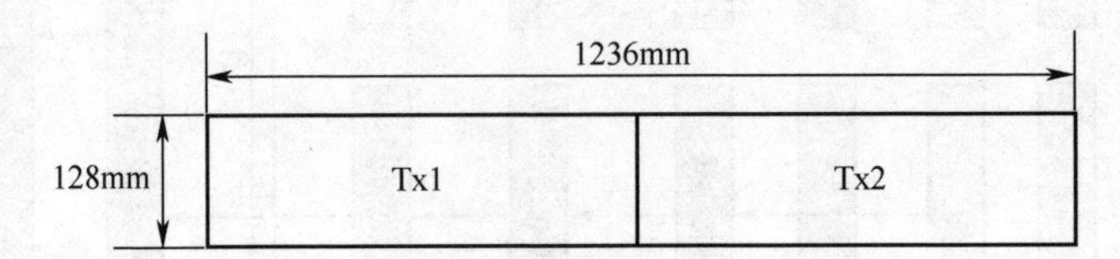

（a）高分辨率宽测绘带成像天线发射布局

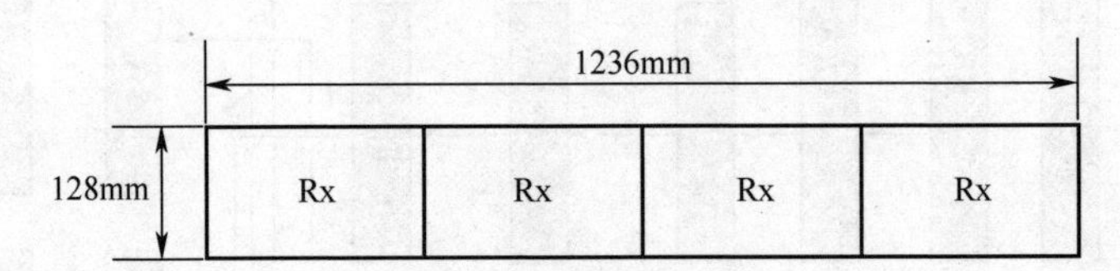

（b）高分辨率宽测绘带成像天线接收布局

图 6-6　高分辨率宽测绘带成像天线收发布局

6.3.1.2　关键指标论证

1）分辨率

MIMO-SAR 斜距分辨率设计为 0.3m，依据带宽与分辨率的关系：

$$B = \eta_r \frac{c}{2\rho_r} \tag{6-1}$$

式中：η_r 是加权系数；c 是光速；ρ_r 是地距分辨率。

可知，斜距分辨率对带宽的需求如表 6-1 所示。

表 6-1　斜距分辨率需求及带宽设计结果

参数名	参数取值
分辨率	0.3m
加权系数	1.1
带宽需求	550MHz
设计带宽	560MHz

因此,设计系统带宽为 560MHz 时,可满足 0.3m 斜距分辨率的需求。一般而言,合成孔径雷达的方位分辨率主要由天线的方位尺寸 D 决定,即

$$\rho_a = \frac{D}{2} \tag{6-2}$$

在实际应用中,还要考虑方位脉冲压缩过程中加权函数引起的波形展宽系数 η_a。因此,实际的方位分辨率为

$$\rho_a = \frac{D}{2} \times \eta_a \tag{6-3}$$

MIMO-SAR 方位分辨率设计为 0.3m,天线长度理论上应小于 0.6m。依据高分宽幅天线的收发布局,设计 0.3m 方位分辨率下的参数见表 6-2。

表 6-2　方位分辨率约束下的天线参数

参数名	参数取值
分辨率	0.3m
发射天线宽度尺寸	0.6m
接收天线宽度尺寸	0.3m
发射方位波束宽度	≥4.2°
接收方位波束宽度	≥8.4°
合成波束宽度	≥5°

依据表 6-2 参数和表 6-3 天线参数的要求,本小节将具体分析论证本系统采用的相控阵天线是否满足方位向分辨率的设计需求。

表 6-3　方位分辨率仿真参数

参数名	参数取值
方位向阵元间距	0.038 m
发射天线阵元个数	16
接收天线阵元个数	8
载频	5.4GHz
PRF	2000Hz
飞机速度	150m/s

通过数值仿真,获得发射天线和接收天线的方向图如图 6-7 所示。收发合成的天线方向图如图 6-8 所示。截取 6dB 带宽信号,多普勒频谱如图 6-9 所示。若通过 IFFT 将截取后的多普勒频谱变换到时域,则可得方位分辨率为 0.27m,如图 6-10所示。因此,本系统相控阵天线收发设置满足方位向分辨率的设计需求。

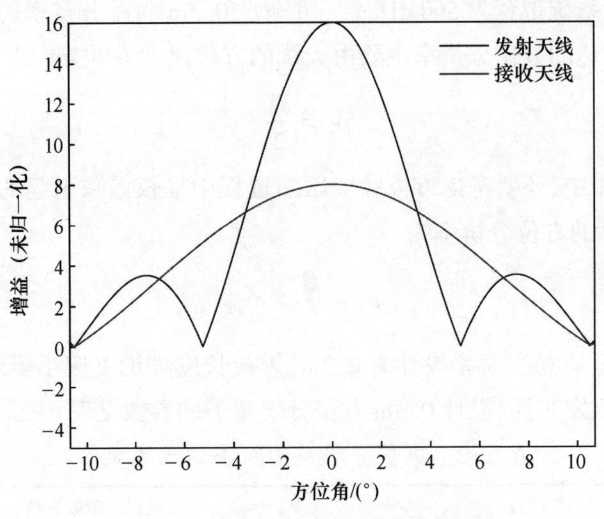

（a）收发天线方向图与方位角的关系

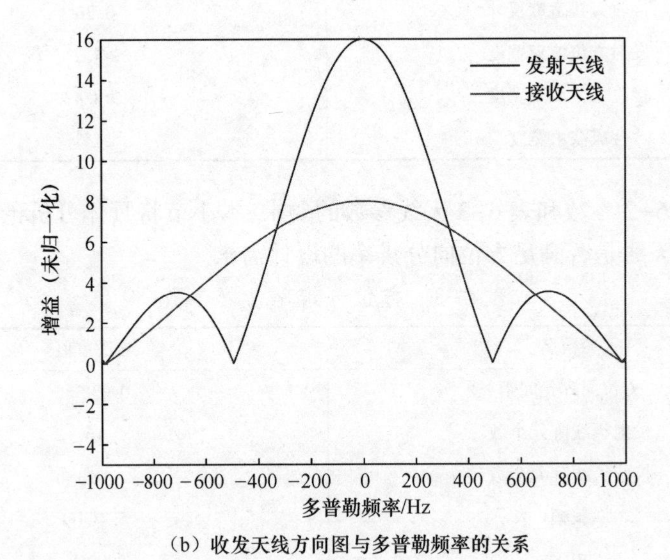

（b）收发天线方向图与多普勒频率的关系

图 6-7　收发天线方向图

2）脉冲宽度与脉冲重复频率

脉冲重复频率(PRF)是 SAR 系统非常重要的参数。通常来讲,较低的 PRF 会增加方位向模糊;较高的 PRF 会增加距离向模糊或者减小测绘带宽度。然而,机载 SAR 的飞行速度相对较低,PRF 不会对模糊度构成影响。本系统主要从抑制机

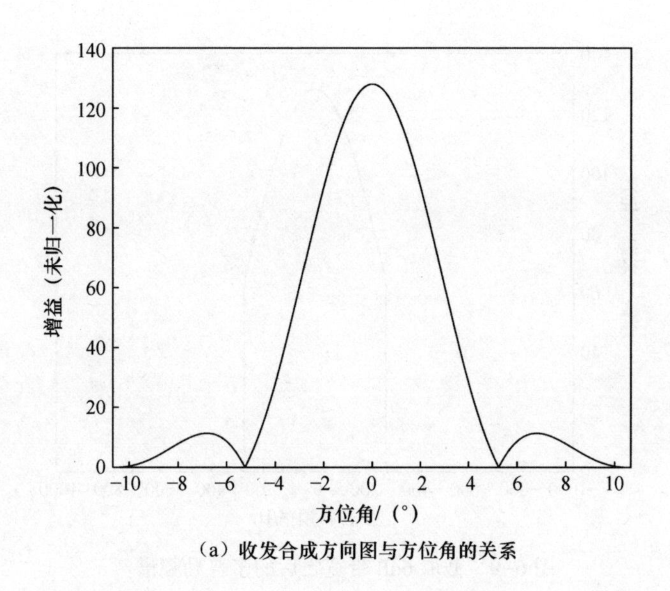

（a）收发合成方向图与方位角的关系

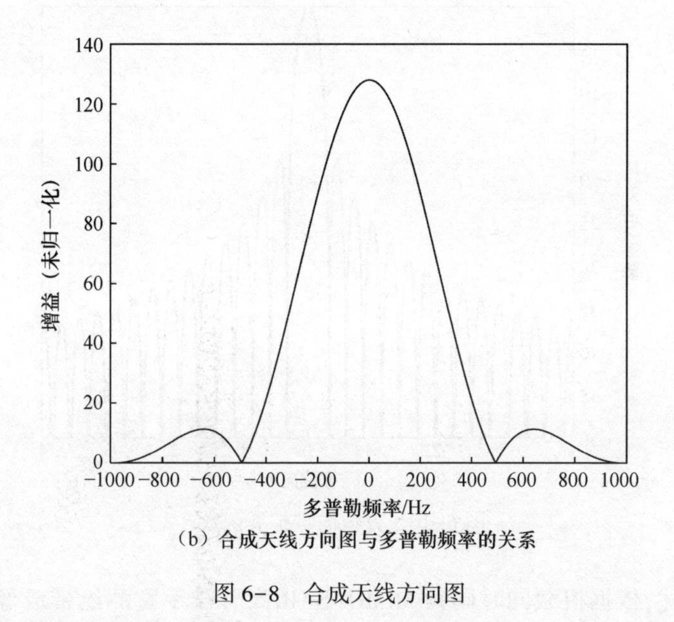

（b）合成天线方向图与多普勒频率的关系

图 6-8　合成天线方向图

载改进型 STBC-SAR 信号方案残余干扰的角度设计 PRF。考虑到设计多普勒带宽为 547Hz，本系统设置 PRF 为 2000Hz。另外，为了提高雷达信号的信噪比，需要尽可能地增大系统的辐射功率。即在综合考虑数据采集与记录指标的情况下，尽量提高雷达系统的占空比。一般而言，C 波段雷达的占空比不超过 15%。因此，本系统在 2000Hz PRF 的条件下设计信号脉冲宽度为 75μs。

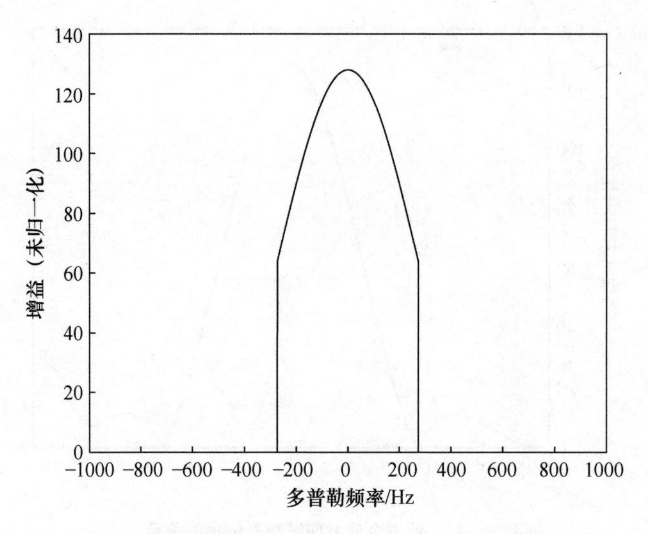

图 6-9　截取 6dB 带宽之后的多普勒频谱

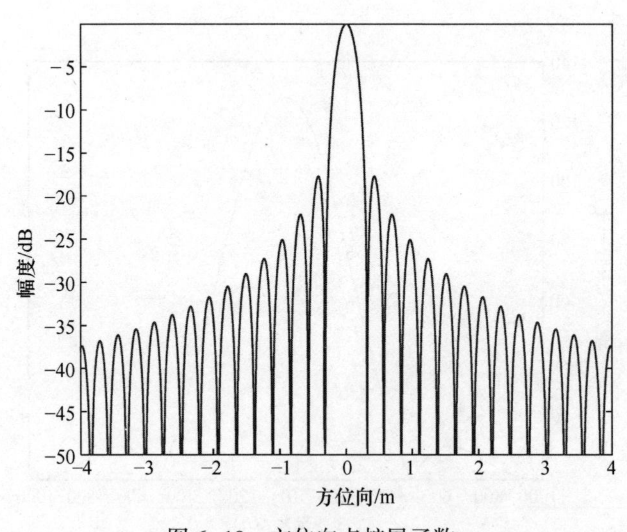

图 6-10　方位向点扩展函数

综上所述，依据机载同时同频 MIMO-SAR 高分辨率宽测绘带成像几何模型、分辨率、脉宽、PRF 等多项指标要求，设计该模式的参数见表 6-4。

表 6-4　高分辨率宽测绘带模式下的系统参数

参数名	参数取值
中心频率	5.4GHz
极化方式	VV

续表

参数名	参数取值
发射天线增益	22dB
发射通道数量	2 个
接收天线增益	19dB
接收通道数量	4 个
距离向波束宽度	22°
飞行速度	150m/s
噪声系数	3.5dB
脉冲宽度	75μs
信号带宽	560MHz
重复频率	2000Hz

6.3.2 多模式/功能一体化

6.3.2.1 方案设计

多模式成像主要包括聚束、宽测绘带与动目标检测三种模式，系统几何模型如图 6-11 所示。三个模式测绘带重合。发射时，将相控阵天线重构为两个子阵。子阵 1 用于聚束模式，发射信号的带宽为 560MHz 且位于多普勒基带。子阵 2 用于宽测绘带模式，发射信号的带宽为 100MHz 且位于多普勒高频处。接收时，相控阵天线重构为四个子阵，用于同时接收回波信号。相控阵天线中心下视角为 72.5°，距离向波束宽度为 22°，天线视角范围为 61.5°～83.5°，载机飞行高度为 8km。因此，宽测绘带模式的测绘幅宽覆盖范围约为 53km，满足 50km 设计要求。聚束模式则选取测绘带近端的 7km 区域进行数据记录。动目标检测模式的有效基线长度为 0.3m。相控阵天线收发重构布局如图 6-12 所示。

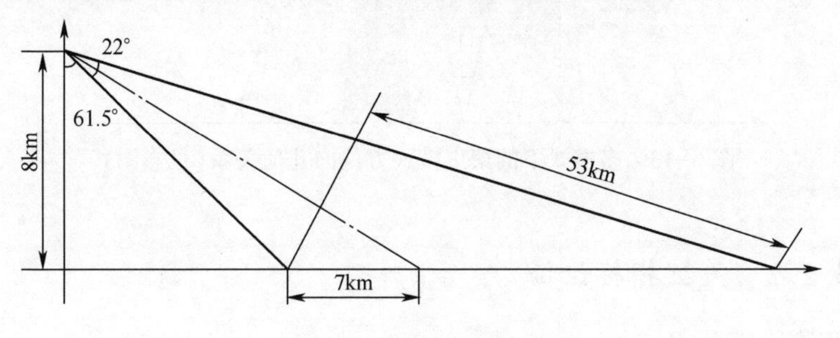

图 6-11 多模式几何模型

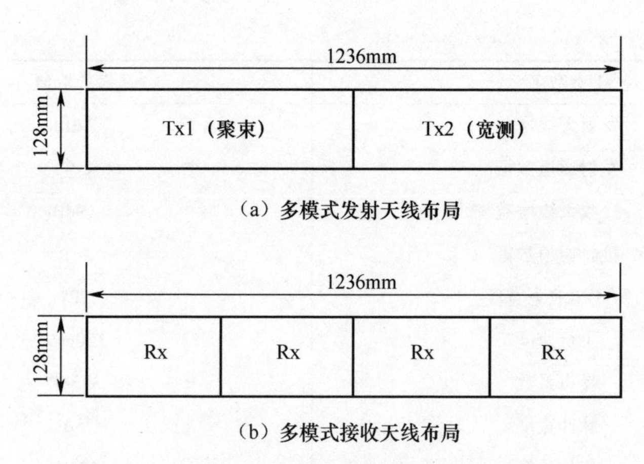

图 6-12　高分辨率宽测绘带成像天线收发布局

宽幅模式的信号收发在距离向和方位向都没有扫描。聚束模式的信号接收也不需要扫描,但聚束模式的信号发射在方位向用到了天线的扫描功能。子阵 1 的扫描范围为-5.5°~+5.5°。因此,聚束模式的方位向理论分辨率为 0.14m。需要说明的是,鉴于聚束模式发射波束的主瓣照射范围被四个接收子阵的接收波束覆盖,四个接收子阵能接收聚束模式的回波。聚束模式方位向几何关系如图 6-13 所示。

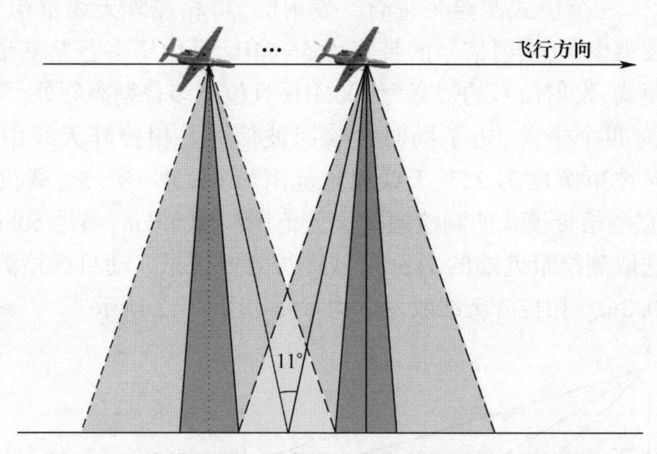

图 6-13　多模式下的聚束模式方位向几何关系(见彩图)

6.3.2.2　关键指标论证

1. 宽测绘带模式

宽幅模式的斜距分辨率设计为 3m。依据式(6-1)所示带宽与分辨率关系,可知斜距分辨率对带宽的需求为55MHz。若设计带宽为100MHz,则可满足3m斜距分辨率需求。斜距分辨率需求及带宽设计结果如表6-5所列。

表6-5 斜距分辨率需求及带宽设计结果

参数名	参数取值
分辨率	3m
加权系数	1.1
带宽需求	55MHz
设计带宽	100MHz

宽幅模式的方位分辨率要求为3m。理论上要求天线宽度尺寸小于6.0m。当发射天线方位波束宽度为4.2°、接收天线方位波束宽度为8.4°时,可采用多视处理,获得2m理论分辨率,进而满足3m需求。

综合考虑多普勒带宽、改进型STBC信号方案残余干扰抑制以及占空比,设计宽测绘带模式的PRF为2000Hz,脉宽为150μs。具体系统参数如表6-6所示。

表6-6 多模式下的宽测绘带模式系统参数

参数名	参数取值
中心频率	5.4GHz
极化方式	VV
发射天线增益	22dB
发射通道数量	1个
接收天线增益	19dB
接收通道数量	4个
距离向波束宽度	22°
飞行速度	150m/s
噪声系数	3.5dB
脉冲宽度	150μs
信号带宽	100MHz
重复频率	2000Hz

2. 聚束模式

聚束模式斜距分辨率设计为0.3m,带宽需求为550MHz。若设计带宽560MHz,可满足0.3m斜距分辨率要求。对于0.15m方位分辨率需求,需要在方位向形成11°扫描范围。综合考虑多普勒带宽、改进型STBC信号方案残余干扰抑制以及占空比,设计PRF为2000Hz,脉宽为150μs。具体系统参数如下表所列。

表 6-7　多模式下的宽测绘带模式系统参数

参数名	参数取值
中心频率	5.4GHz
极化方式	VV
发射天线增益	22dB
发射通道数量	1 个
接收天线增益	19dB
接收通道数量	4 个
距离向波束宽度	22°
飞行速度	150m/s
噪声系数	3.5dB
脉冲宽度	150μs
信号带宽	560MHz
重复频率	2000Hz

3. SAR 与通信一体化

随着 5G 乃至未来 6G 通信技术的发展,无线通信设备的数量呈现爆炸式增长趋势。据报道,2025 年全球将有超过 7.5×10^{10} 台无线互联设备[1]。在此背景下,全球通信产业对无线频谱资源的需求日益迫切。然而,与之矛盾的是,电磁环境日趋拥堵[2,3],传统通信频段的频谱资源几近枯竭。因此,为了发掘额外的频谱资源,无线通信频段正积极扩张,逐步与雷达工作频段重合[4]。例如,Sub-6G 频段(450MHz~6GHz)是中国、日本、韩国、欧洲等国家部署 5G 的主要频段[5,6],该频段同样是传统军用或民用雷达系统的工作频段。又如,美国重点将 5G 部署在毫米波频段(24~71GHz),该频段与车载毫米波雷达工作频段重合。虽然,雷达频段能够在一定程度上缓解通信对无线频谱资源的紧迫需求,但这势必导致雷达受到越来越多的通信干扰。例如,在图 6-14 中,无线通信信号对 P 波段合成孔径雷达成像构成了严重同频干扰,大幅提升了信杂比。

为了使无线通信高效利用雷达频段,并避免与雷达形成干扰,国内外专家学者对雷达通信频谱共享技术展开了广泛的研究和探索[7-10]。其中,雷达通信一体化信号是实现这一目标的最佳解决手段之一。通过发射、接收和处理一体化信号,我们可以利用一个信号,同时、同频、同空域实现雷达和通信两种功能。

在本系统中,SAR 信号处于多普勒高频处,信号参数与高分宽幅模式一致,由子阵 1 发射。通信信号由子阵 2 发射且处于多普勒基带。

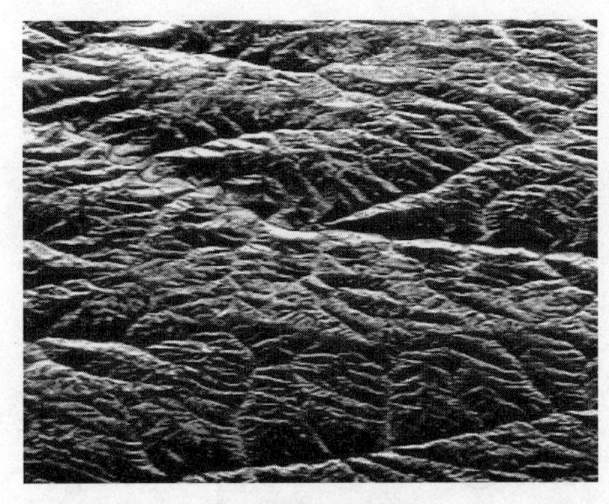

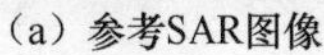

(a) 参考SAR图像

(b) 无线通信同频干扰下的SAR图像

图 6-14　无线通信对 P 波段 SAR 图像的同频干扰示意图

6.4　核心优势分析

基于机载改进型 STBC-SAR 信号方案,结合可重构有源相控阵天线,MIMO-SAR 系统能够实现多模式成像和高分辨率宽测绘带成像。然而,为了充分抑制多普勒基带和多普勒高频之间的相互干扰,系统 PRF 必须成倍于多普勒带宽。以多模式成像为例,系统 PRF 必须大于宽幅模式和聚束模式的多普勒带宽之和。此时,部分学者难免会有以下疑问:若通过单个天线来脉间切换宽幅模式和聚束模式的收发信号,则同样能实现多模式成像且系统 PRF 与文中系统一致。如此看来,MIMO 体制下的机载改进型 STBC-SAR 信号方案是没有必要的。

接下来,我们将从多模式成像的角度来对比分析 MIMO-SAR 和单天线切换 SAR,并指明信噪比是 MIMO-SAR 的核心优势。

假设两个模式的多普勒带宽相同且单天线切换系统 PRF 与本文系统 PRF 相同,皆为多普勒带宽的两倍。则不难发现,虽然两个系统的 PRI 相同,但对于单天线切换系统而言,由于脉间切换多模式信号,两个模式的实际 PRI 都是系统 PRI 的两倍,如图 6-15 所示。下面将基于这样一个事实分析信噪比。

在图 6-15 中,$\mathrm{PRI}_{\mathrm{STBC}}$ 和 $\mathrm{PRI}_{\mathrm{toggle}}$ 分别表示本系统 PRI 和单天线切换系统 PRI,且 $\mathrm{PRI}_{\mathrm{toggle}}=\mathrm{PRI}_{\mathrm{STBC}}$。$\mathrm{PRI}_{\mathrm{toggle-Mode1}}$ 和 $\mathrm{PRI}_{\mathrm{toggle-Mode2}}$ 则分别表示单天线切换系统中模式 1 和模式 2 的实际 PRI,且有

$$\mathrm{PRI}_{\mathrm{toggle-Mode1}}=\mathrm{PRI}_{\mathrm{toggle-Mode2}}=2\cdot\mathrm{PRI}_{\mathrm{toggle}}=2\cdot\mathrm{PRI}_{\mathrm{STBC}} \tag{6-4}$$

对于本文系统而言,子阵 1 和子阵 2 分别用于发射模式 1 和模式 2 的信号。此时,两种模式的平均发射功率为

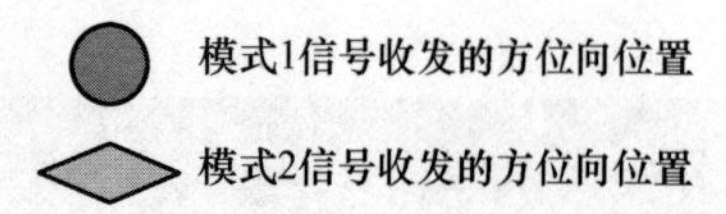
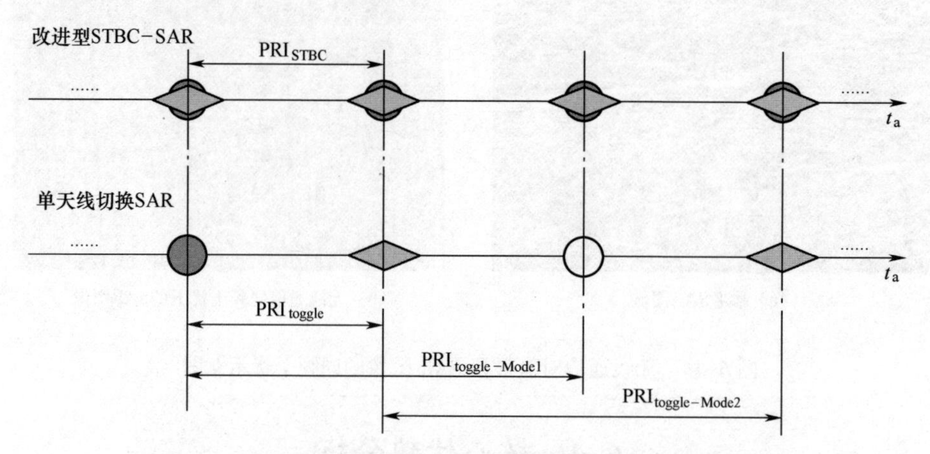

图 6-15　单天线切换系统与 MIMO 系统方位向收发位置对比图

$$\begin{cases} \overline{P}_{\mathrm{STBC-Mode1}} = P \cdot \dfrac{T_1}{\mathrm{PRI}_{\mathrm{STBC}}}, \\ \overline{P}_{\mathrm{STBC-Mode2}} = P \cdot \dfrac{T_2}{\mathrm{PRI}_{\mathrm{STBC}}} \end{cases} \tag{6-5}$$

式中：T_1 和 T_2 分别表示模式 1 和模式 2 的信号时宽。由于子阵 1 和子阵 2 的尺寸一致，则两者峰值功率相等，均为 P。

对于单天线切换系统而言，若要求多普勒带宽与本文系统相同，则模式 1 和模式 2 的信号均由同一个子阵发射（图 6-12（a）中的子阵 1 或子阵 2）。此时，这两种模式的平均发射功率为

$$\begin{cases} \overline{P}_{\mathrm{toggle-Mode1}} = P \cdot \dfrac{T_1}{\mathrm{PRI}_{\mathrm{toggle-Mode1}}} = P \cdot \dfrac{T_1}{2 \cdot \mathrm{PRI}_{\mathrm{STC}}}, \\ \overline{P}_{\mathrm{toggle-Mode2}} = P \cdot \dfrac{T_2}{\mathrm{PRI}_{\mathrm{toggle-Mode2}}} = P \cdot \dfrac{T_2}{2 \cdot \mathrm{PRI}_{\mathrm{STC}}} \end{cases} \tag{6-6}$$

对比式（6-5）和式（6-6）可知，本文系统能够获得更高的信噪比。

若模式 1 和模式 2 的信号由全阵发射（子阵 1 和子阵 2 重构为一个通道），则模式 1 和模式 2 的平均发射功率为

$$\begin{cases} \overline{P}_{\mathrm{toggle-Mode1}} = 2P \cdot \dfrac{T_1}{\mathrm{PRI}_{\mathrm{toggle-Mode1}}} = P \cdot \dfrac{T_1}{\mathrm{PRI}_{\mathrm{STC}}}, \\ \overline{P}_{\mathrm{toggle-Mode2}} = 2P \cdot \dfrac{T_2}{\mathrm{PRI}_{\mathrm{toggle-Mode2}}} = P \cdot \dfrac{T_2}{\mathrm{PRI}_{\mathrm{STC}}} \end{cases} \tag{6-7}$$

对比式(6-5)和式(6-7)可知,单天线切换系统的信噪比与本文系统一致。然而,多普勒带宽是本文系统的一半。对于高分辨率宽测绘带成像,减半的多普勒带宽会损失分辨率;对于多模式成像,减半的多普勒带宽会减少宽幅模式的视数,进而降低信噪比。如前所述,机载 SAR 的主要矛盾是信噪比,而非 PRF。因此,本系统对机载高分辨率宽测绘带和多模式成像具有重要意义。

6.5 机载飞行试验

机载 C 波段同时同频 MIMO-SAR 系统的测试图、挂载图分别如图 6-16 和图 6-17 所示。相控阵天线方位向方向图如图 6-18 所示。在该天线方向图的影响下,多普勒高频和多普勒基带信号之间的残余干扰能量优于-35dB,如图 6-19 所示。

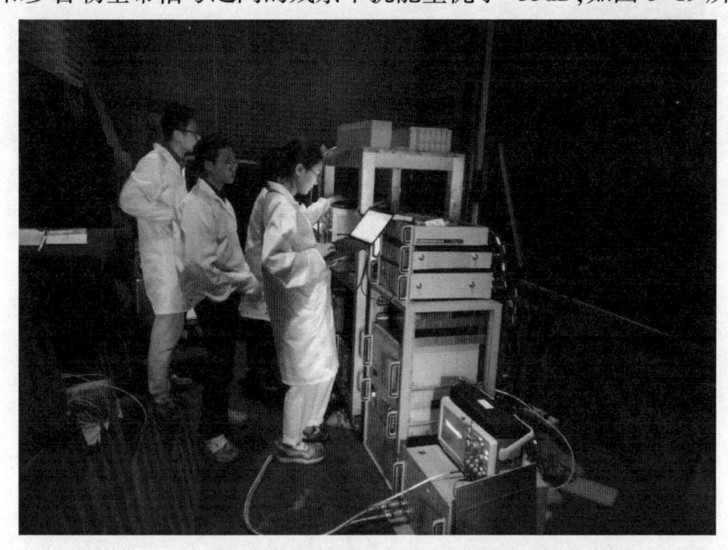

图 6-16 机载同时同频 MIMO-SAR 系统测试图(见彩图)

(a)机载同时同频MIMO-SAR系统舱内图

(b) 机载同时同频MIMO-SAR天线正面图

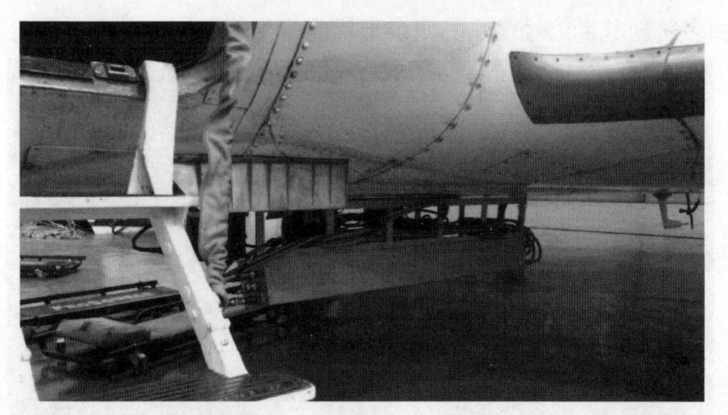

(c) 机载同时同频MIMO-SAR天线反面图

图 6-17　机载同时同频 MIMO-SAR 系统挂载图(见彩图)

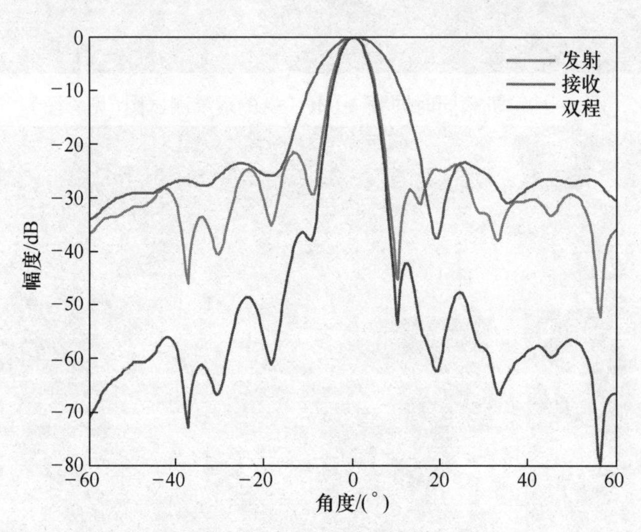

图 6-18　相控阵天线方位向方向图(见彩图)

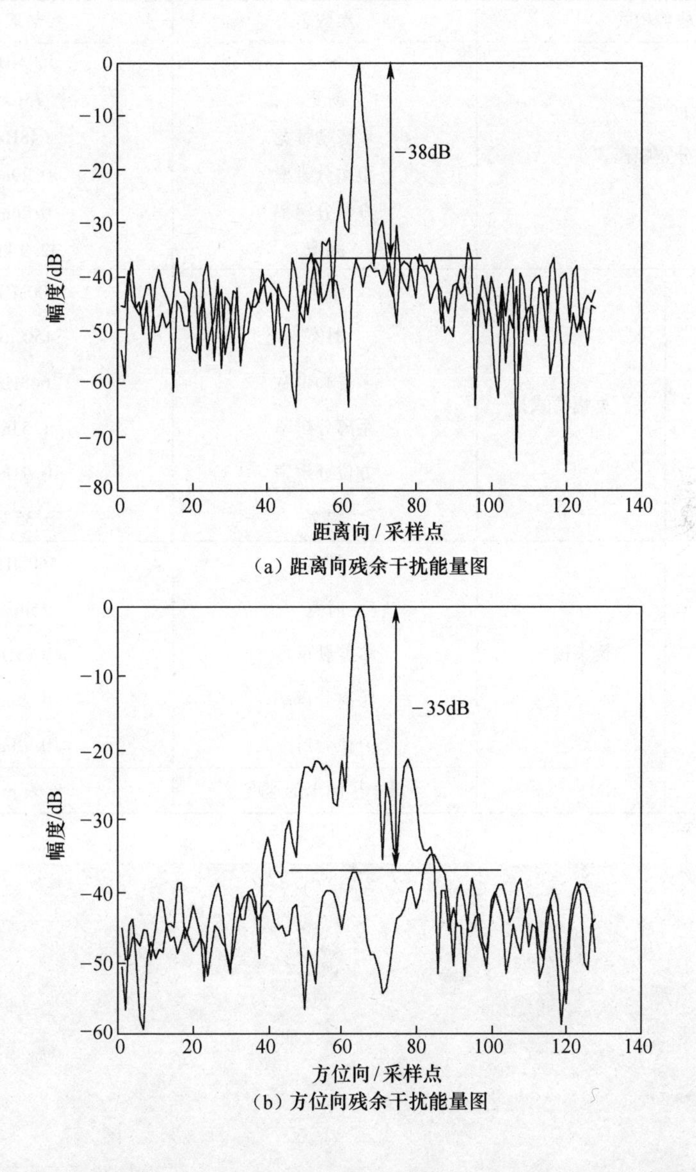

(a) 距离向残余干扰能量图

(b) 方位向残余干扰能量图

图 6-19　机载改进型 STBC-SAR 信号方案残余干扰能量示意图(见彩图)

依据文献[11]可知,-35dB 的并行观测通道互干扰能量水平能满足 SAR 成像要求。本次试验在天津进行,高分辨率宽测绘带成像试验与多模式成像试验的飞行区域如图 6-20 所示。本次飞行试验获得的性能参数如表 6-8 所示。

表 6-8 机载 MIMO-SAR 成像性能参数

成像模式		参数名	参数取值
高分宽幅模式		带宽	560MHz
		时宽	75μs
		多普勒带宽	648Hz
		距离分辨率	0.29m
		方位分辨率	0.26m
		幅宽	32.9 km
多模式协同	宽幅模式	带宽	100MHz
		时宽	150 μs
		多普勒带宽	648Hz
		距离分辨率	1.54m
		方位分辨率	0.91m
		幅宽	50.35 km
	聚束模式	带宽	560MHz
		时宽	150μs
		多普勒带宽	1035Hz
		距离分辨率	0.29m
		方位分辨率	0.15m
	GMTI 模式	最小检测出的速度	1.69 m/s

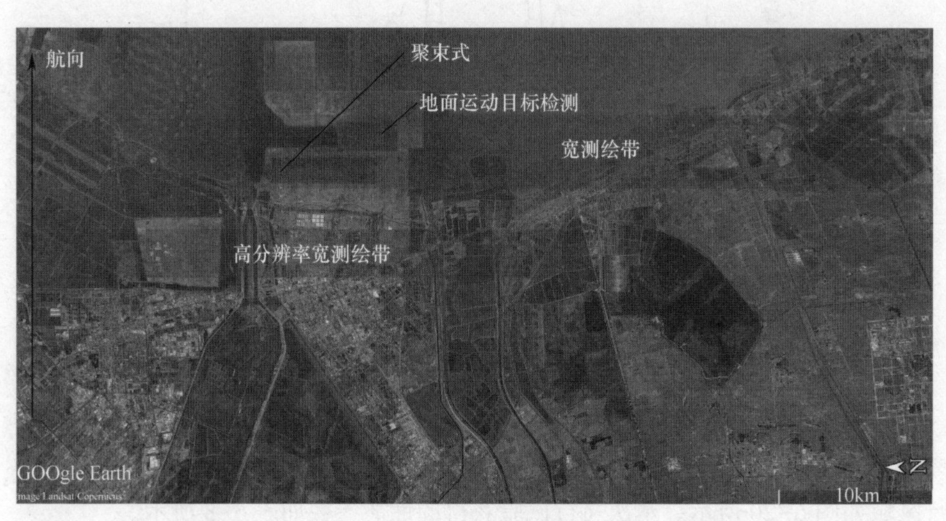

图 6-20 机载 MIMO-SAR 飞行试验区域图(见彩图)

6.5.1 高分辨率宽测绘带成像结果

高分辨率宽测绘带成像结果如图 6-21 所示。其中,红色点表示角反射器的位置,白色方框表示用于对比分析信噪比的区域。该模式点扩展函数如图 6-22 所示。该点扩展函数来自图中第 2 个角反射器。依据试验结果可知,距离分辨率为 0.29m,方位分辨率为 0.26m。经计算,测绘带宽为 32.9km。其中距离向像素点宽度为 0.2m,距离向总像素点数目为 164500。如前所述,两发四收 MIMO-SAR 系统能获得八个等效收发通道。由于每个等效收发通道都能够产生一幅高分辨率宽测绘带模式 SAR 图像,则该系统能够获得八幅高分辨率宽测绘带图像。通过配准相加这八幅图像,理论上可以将信噪比提升 9dB。然而,受雷达系统误差、运动误差和配准误差等诸多误差影响,理论信噪比增量会有一定的损失。

单幅高分辨率宽测绘带模式的 SAR 图像如图 6-23(a)所示。该图像信噪比较低,与图 6-21 形成明显对比。为了量化分析信噪比增量,我们从图 6-23(a)和图 6-21 中选取了同一个区域(图中白色方框内的区域),用于对比分析分布式目标的信噪比增量。被分析区域的局部放大图分别如图 6-23(b)和图 6-23(c)所示。其中,红色方框内的区域表示分布式目标,蓝色方框内的区域表示噪底。经计算,图 6-23(b)中的信噪比为 9.41dB,图 6-23(c)中的信噪比为 15.60dB。因此,对于分布式目标而言,MIMO-SAR 系统可将信噪比提升 6.19dB。图 6-24 为单幅高分辨率宽测绘带图像的点扩展函数。图 6-22 和图 6-24 皆来自同一个角反射器。对比这两幅图可知, MIMO-SAR 系统将点目标的信噪比提升了 7dB 左右。提升的信噪比是实现机载高分辨率宽测绘带成像的必要条件。

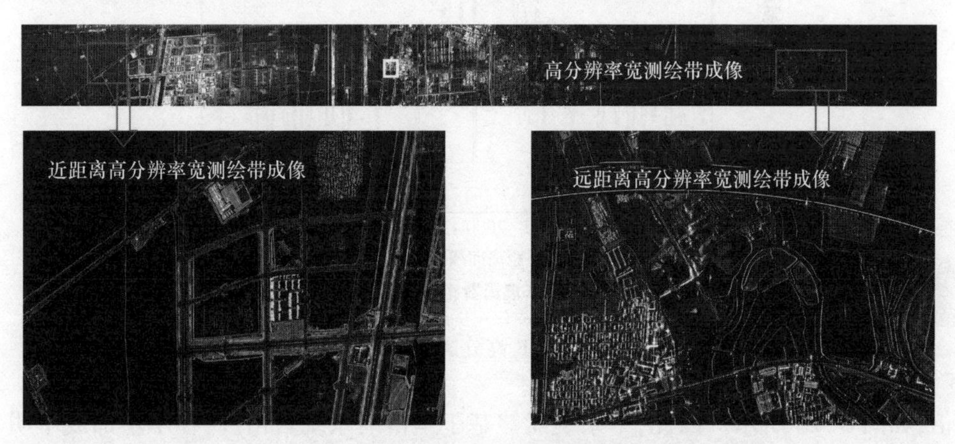

图 6-21 机载 MIMO-SAR 高分辨率宽测绘带成像结果图

与德国 F-SAR 系统[12]相比,机载同时同频 MIMO-SAR 系统在较低的 PRF、较小的发射功率、较高的分辨率、相同的载频等条件下,将测绘带宽度提升了近 3

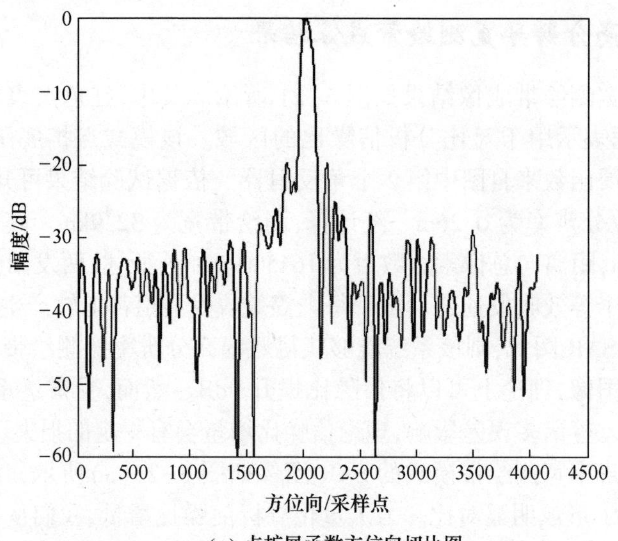

(a) 点扩展函数方位向切片图

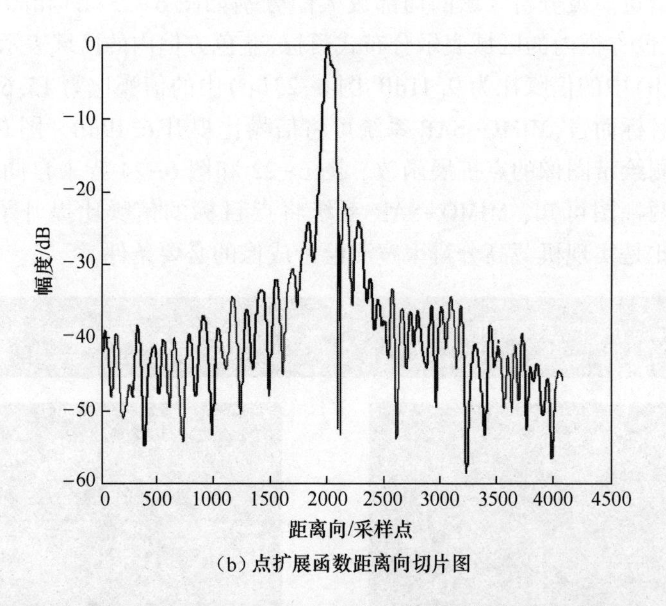

(b) 点扩展函数距离向切片图

图 6-22 机载 MIMO-SAR 高分辨率宽测绘带点扩展函数图

倍,如图 6-25 所示。因此,本系统能够基于丰富的系统自由度,在不增加或不明显增加系统资源的条件下,大幅提升系统分辨率、测绘带等核心性能指标。这将变革对地观测效率,是传统单通道 SAR 或多通道 SAR 都不具备的优势。

（a）单幅高分辨率宽测绘带图像

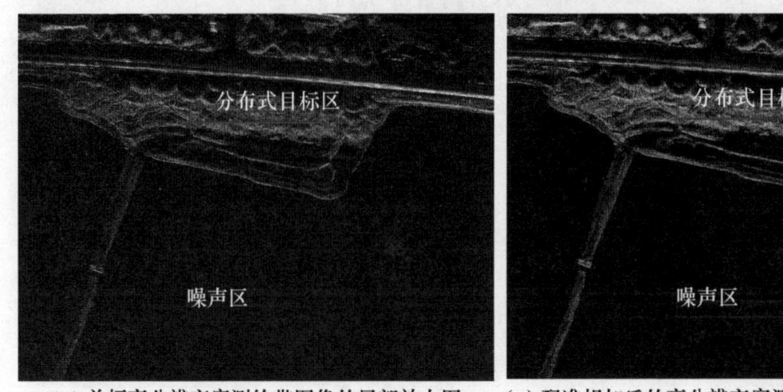

（b）单幅高分辨率宽测绘带图像的局部放大图　（c）配准相加后的高分辨率宽测绘带图像局部放大图

图 6-23　高分辨率宽测绘带信噪比对比分析图(见彩图)

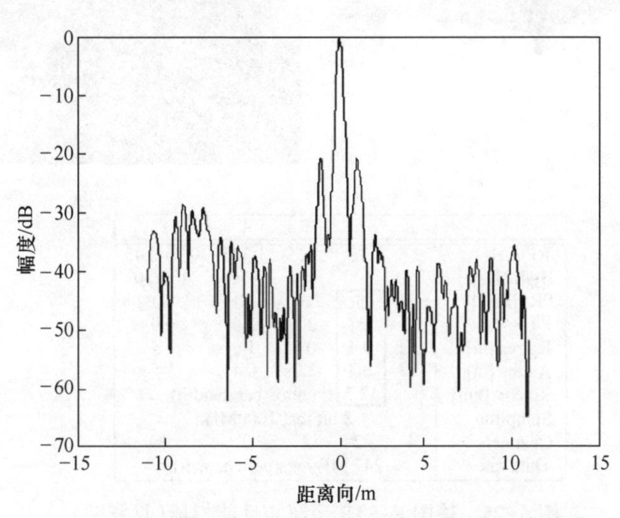

（a）单幅高分辨率宽测绘带图像点扩展函数距离向切片图

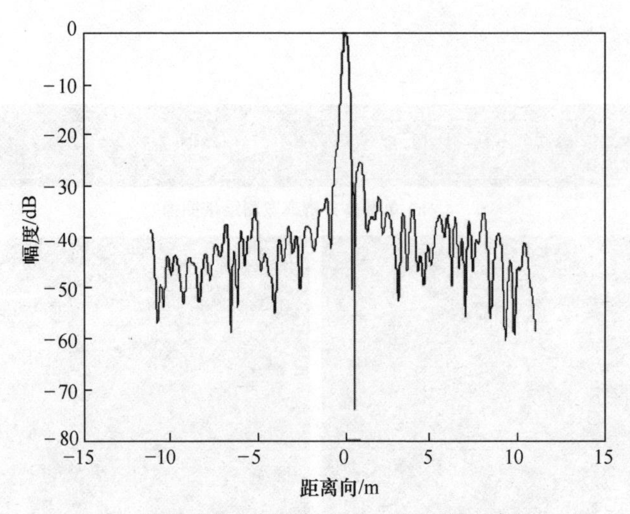

(b) 单幅高分辨率宽测绘带图像点扩展函数距离向切片图

图 6-24 单幅高分辨率宽测绘带图像点扩展函数

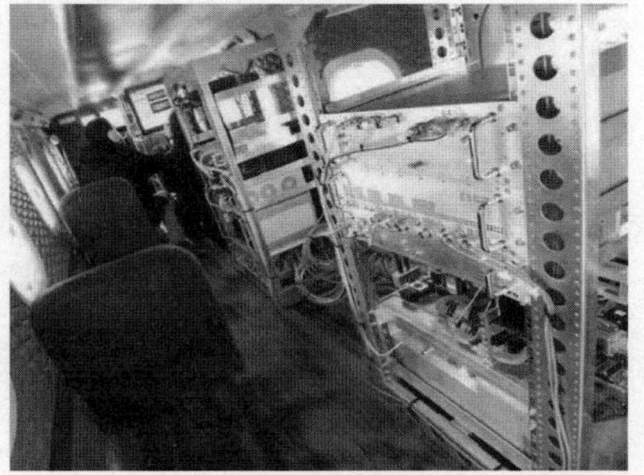

	X	C	S	L	P
RF[GHz]	9.6	5.3	3.25	1.325	0.35/0.45
Bw[MHz]	760	400	300	150	100/50
PRF[kHz]	5	5	5	10	10
PT[kW]	2.5	2.2	2.2	0.9	0.9
Rg res.[m]	0.2	0.4	0.5	1.0	1.5
Az res.[m]	0.2	0.3	0.35	0.4	1.5
Rg cov.[km]		12.5	(at max. bandwidth)		
Sampling		8 bit real,1000MHz			
Channels	4	2	2	2	1
Data rate		247 MByte/s(per channel)			

图 6-25 德国 F-SAR 系统与性能指标(见彩图)

6.5.2 多模式成像结果

多模式成像包括宽测绘带模式、聚束模式和动目标检测模式,其中,宽测绘带模式同时覆盖了聚束模式和 GMTI 模式的区域[13-14]。成像结果如图 6-26 所示。其中,红点表示角反射器位置。宽测绘带模式的方位向分辨率为 0.91m,距离向分辨率为 1.54m,测绘带宽度为 50.35km。聚束模式的方位向分辨率为 0.15m,距离向分辨率为 0.29m。需要说明的是,若不做额外方位向处理,宽测绘带模式的方位向分辨率为 0.23m。为了进一步提升信噪比,我们对宽测绘带模式的数据进行了多视处理且处理后的方位向分辨率为 0.91m。图 6-27 为宽测绘带模式和聚束模式的点扩展函数。点扩展函数来自图 6-26 中的角反射器。

对于动目标检测模式,通过差分 GPS 测得两个合作式目标的速度分别为 -3.13m/s和 1.69m/s。在顺轨干涉中,测得这两个目标的径向速度分别为 -3.21m/s和 1.49m/s,测速误差分别为 0.08m/s 和 0.2m/s。因此,本次试验 MIMO-SAR 系统检测出的最小目标速度为 1.69m/s,且对低速目标的测速误差大于对高速目标的测试误差。

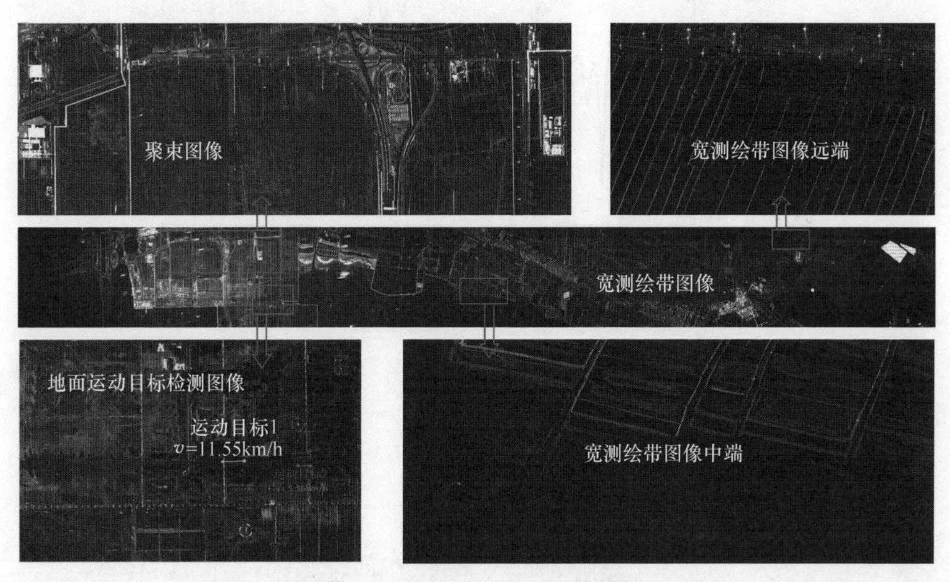

图 6-26　多模式成像结果(见彩图)

除此之外,本系统还开展了圆周 SAR 试验。雷达平台绕成像区域进行圆周飞行,收集各方位的 SAR 回波数据,然后进行圆周成像处理,可生成全方位的圆周 SAR 影像数据。平台的飞行轨迹及成像结果分别如图 6-28、图 6-29 所示。

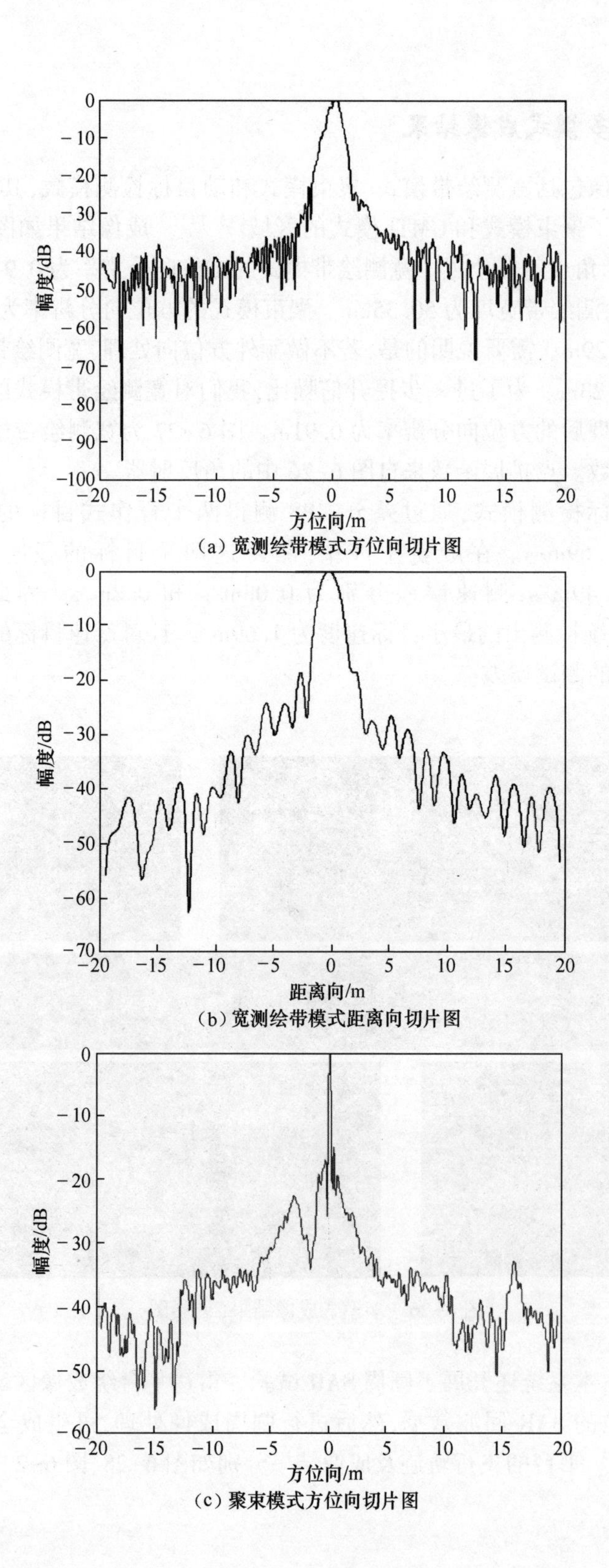

（a）宽测绘带模式方位向切片图

（b）宽测绘带模式距离向切片图

（c）聚束模式方位向切片图

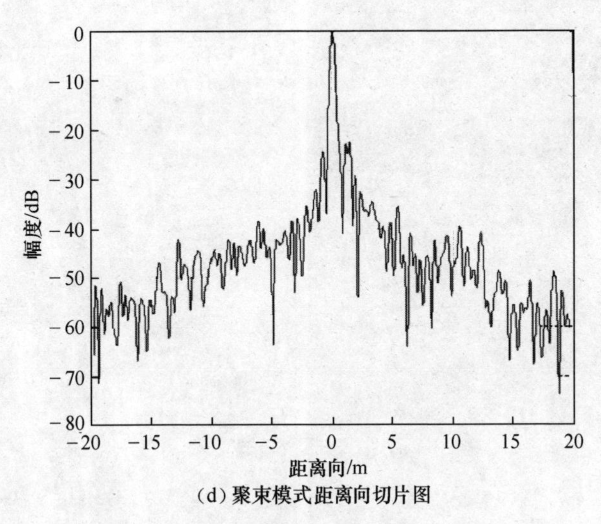

(d) 聚束模式距离向切片图

图 6-27　多模式成像点扩展函数图

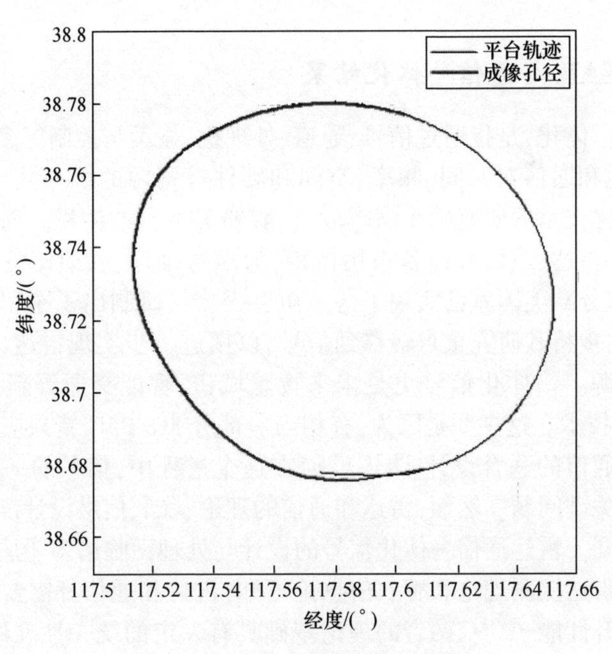

图 6-28　平台飞行轨迹(见彩图)

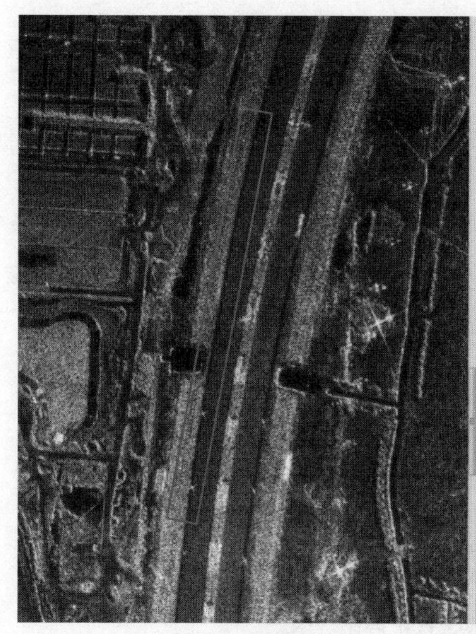

(a) 4°子孔径SAR图像

(b) 50°孔径SAR非相干合成图像

图 6-29　圆周 SAR 模式成像结果(见彩图)

6.5.3　SAR 与通信一体化结果

雷达通信一体化,是指通过信号、通道、处理机、显示与控制等多个层面的统一设计,实现雷达和通信对时间、频率、空间和硬件等资源的统一共享利用[15]。对雷达通信一体化技术的研究始于缩减战机、舰船等平台的体积。通过共用硬件资源,可大幅减小雷达、通信等设备占用体积,为隐身设计、燃油储备和弹药腾出空间。现阶段,部分欧美国家已实现了这一初衷[16-18],研制出了军用多功能一体化电子系统,并逐步将其研究重点转移到信号,以期进一步实现雷达、通信等多种功能共享频谱资源。一体化信号更是未来智慧城市、智能交通等新兴民用领域的“卡脖子”关键技术。这主要是因为,有相当一部分 5G/B5G 新兴应用需要进行雷达感知与无线通信的联合设计[19-21]。而在这个过程中,信号的一体化设计是亟待解决的核心关键问题。然而,雷达和通信的理论基础、信号设计准则和信号处理方法等不尽相同。雷达通信一体化信号的设计与处理面临诸多矛盾和约束。

依据经典雷达探测理论和香农信息论可知,雷达和通信都需要通过提高信噪比和带宽来提升性能[22,23],两者的理论基础具有一定的统一性。然而,雷达和通信对信号的要求是矛盾的。雷达的探测目的是感知空间中的目标信息。为了防止探测空间中多个目标形成相互干扰,我们需要雷达信号模糊函数具备较低的旁瓣[24]。与雷达相比,通信的目的是传输信息。为了减小信道引入的失真,我们需要在通信信号中嵌入导频、循环前缀等。与此同时,为了逼近香农定理规定的通信性能上界,我们需要对通信信号进行高阶的幅相调制。依据模糊函数理论可知,导频和循环前缀会在信号模糊函数中引入伪峰,高阶幅相调制会导致较高的频谱起伏,进而抬高模糊函数旁瓣。因此,雷达和通信对信号的要求是矛盾的。若雷达通信共用一个信号,则高速无线通信势必会对雷达探测构成干扰。

为了兼顾雷达和通信对信号的矛盾要求,部分学者提出了利用码分复用技术设计雷达通信一体化信号的研究思路[25,26]。其核心思想是,先设计满足雷达和通信各自要求的专用信号,再利用码分复用技术将两个信号复合为一体化信号。然而,码分复用技术不是严格的正交技术,会在雷达和通信之间引入相互干扰。这主要是因为,码分复用技术仅能使同频信号之间的零延时内积为0。与之相比,雷达正交的定义源于互模糊函数,要求两路同频信号在任意延时的内积都为0[27]。显然,在帕塞瓦尔定理的约束下,码分复用技术并不满足雷达的正交要求。若采用码分复用技术复合雷达专用信号和通信专用信号,则通信势必在雷达脉压结果中引入同频干扰。从时域看,同频干扰表现为雷达信号与通信信号的互相关电平。若场景中存在大量散射体,则干扰能量必然产生积累效应,进而大幅抬升噪底。

鉴于经典雷达探测理论、香农信息论和帕塞瓦尔定理等对一体化信号设计与处理的束缚,我们提出了基于拓展、挖掘和利用新维度设计雷达通信一体化信号的新思路[28]。其核心思想是,在快时间—频率—空间维度之外拓展新维度或者在快时间—频率—空间维度之内挖掘新维度,并利用拓展、挖掘的新自由度设计雷达通信一体化信号。在多维信号体制下,雷达与通信对频谱资源的共享等效于两者同时同空域且无干扰地独占频谱资源。拓展、挖掘的新自由度用于充分抑制两者之间的相互干扰。因此,多维信号可同时、同频、同空域兼顾雷达和通信性能。

本系统利用机载改进型STBC信号方案,使SAR信号和通信信号在多普勒域处于分离状态。该方案本质上是一种多普勒频分方案,可通过多普勒滤波充分隔离SAR和通信之间的相互干扰,进而同时、同频、同空域兼顾高分辨率SAR和无线通信性能。飞行试验参数如表6-9所列。其中,天线收发构型与多模式成像一致。飞行试验场景如图6-30所示。飞行试验结果如图6-31~图6-33所示。

表6-9 SAR与通信一体化试验参数

参数名	参数取值
中心频率	5.4GHz
时宽(雷达/通信)	75μs/35μs
带宽(雷达/通信)	560MHz
多普勒带宽	480Hz
子天线长度	0.3m
飞行高度	8km
重复频率	2000Hz

依据图 6-31 可知,在同时同频约束下,SAR 回波和通信回波在距离多普勒域是分离的。鉴于此,我们能够通过多普勒滤波来充分隔离两者之间的干扰。

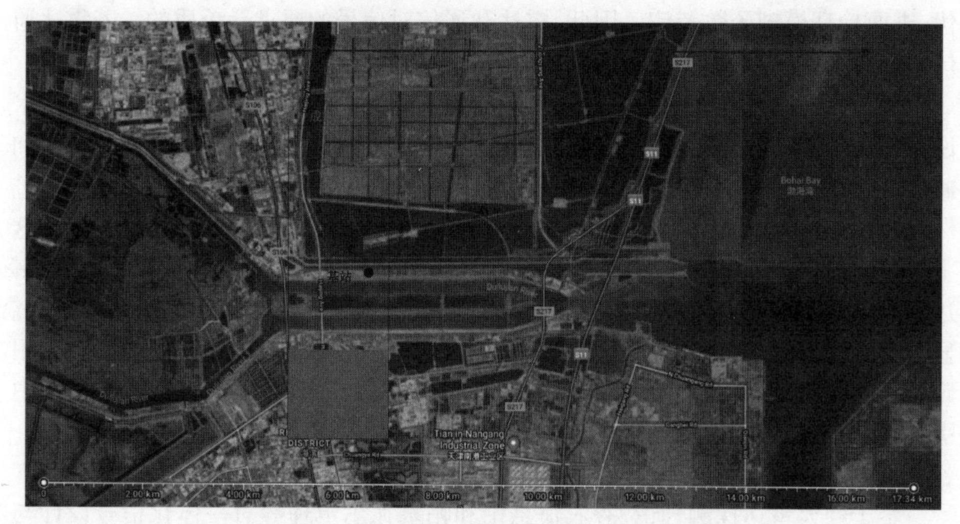

图 6-30　SAR 与通信一体化飞行区域图(见彩图)

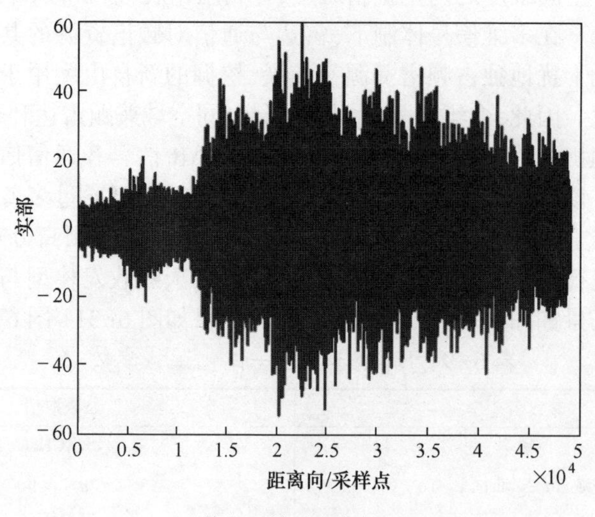

(a)单个PRI内雷达接收的混叠回波

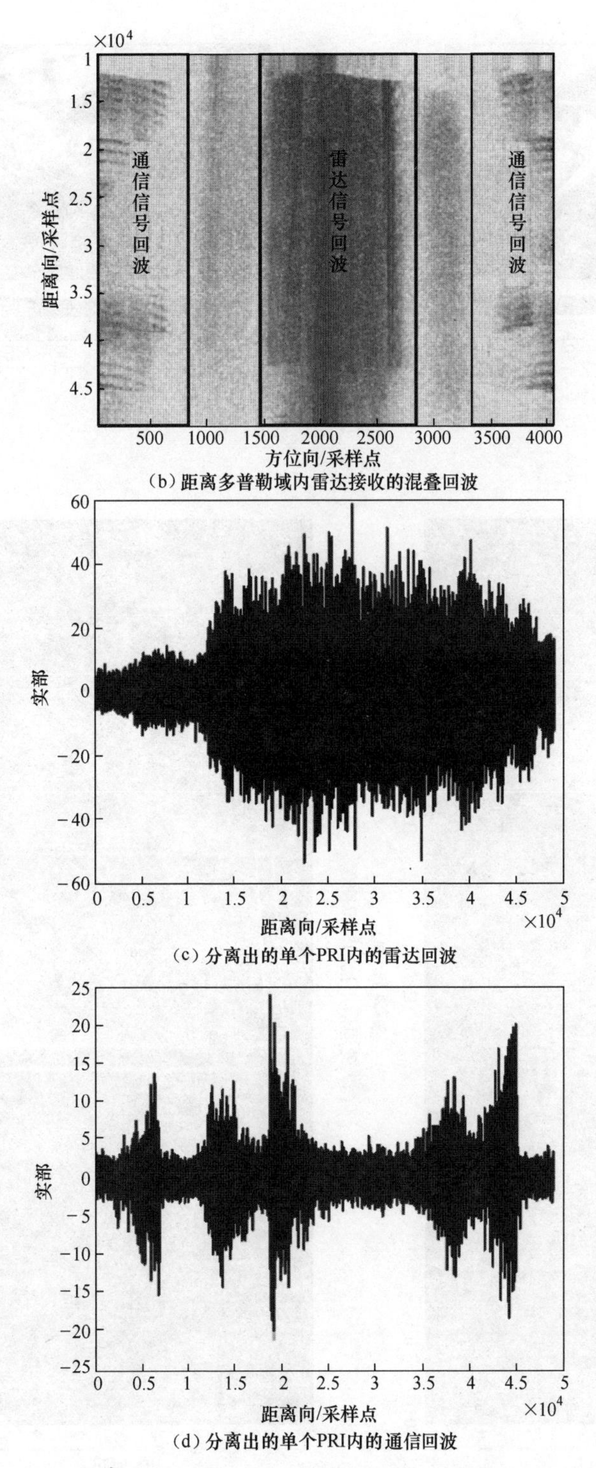

(b) 距离多普勒域内雷达接收的混叠回波

(c) 分离出的单个PRI内的雷达回波

(d) 分离出的单个PRI内的通信回波

图 6-31 混叠回波与分离结果图(见彩图)

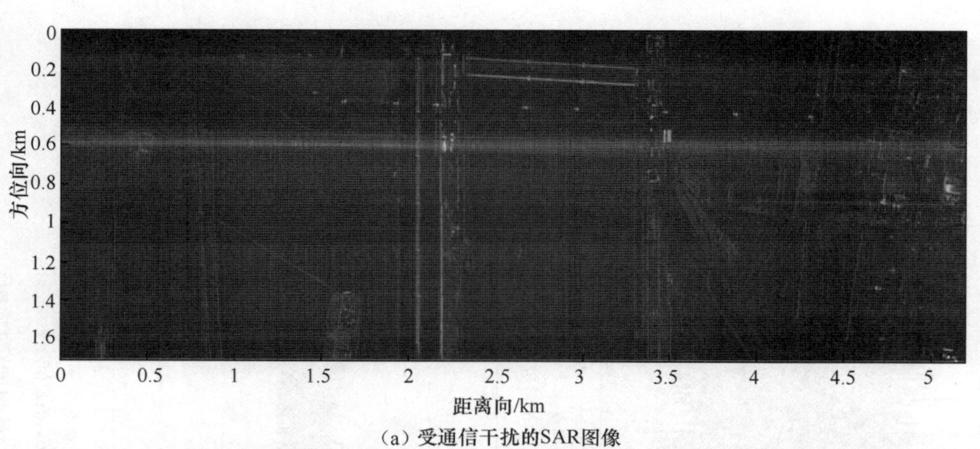

（a）受通信干扰的SAR图像

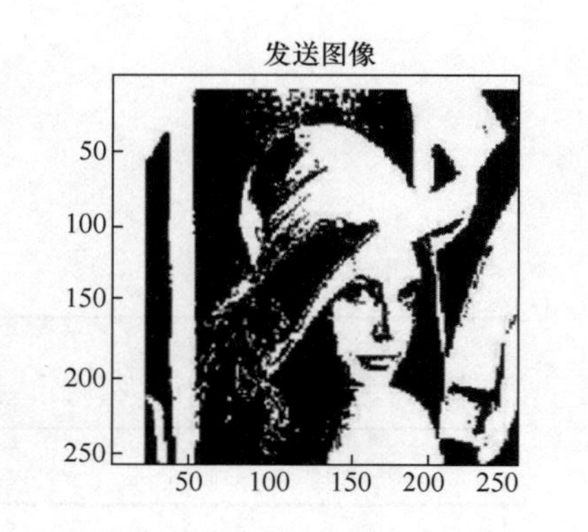

（b）通信发射图像

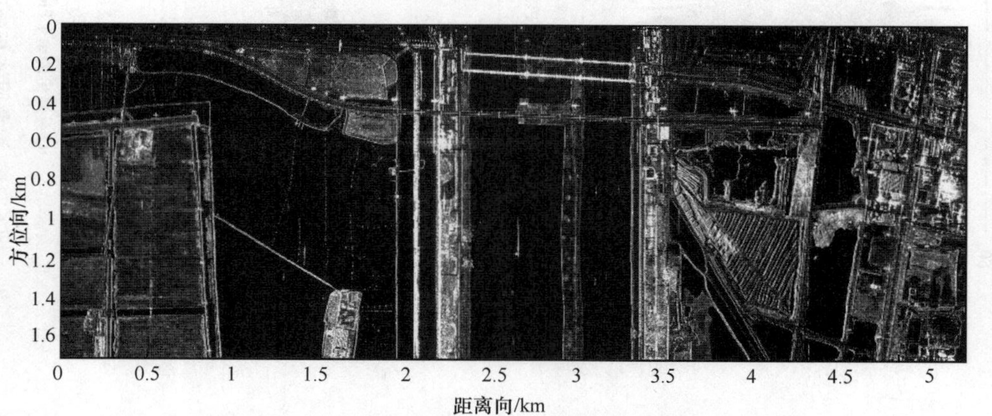

（c）STBC解调获取的SAR图像

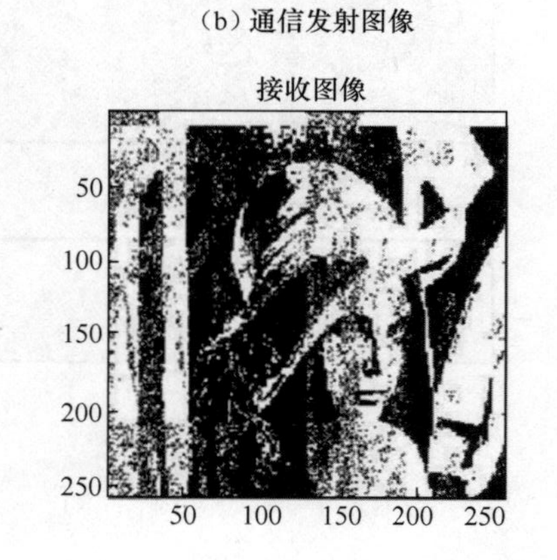

（d）STBC解调获取的通信图像

图6-32 雷达通信一体化试验结果图

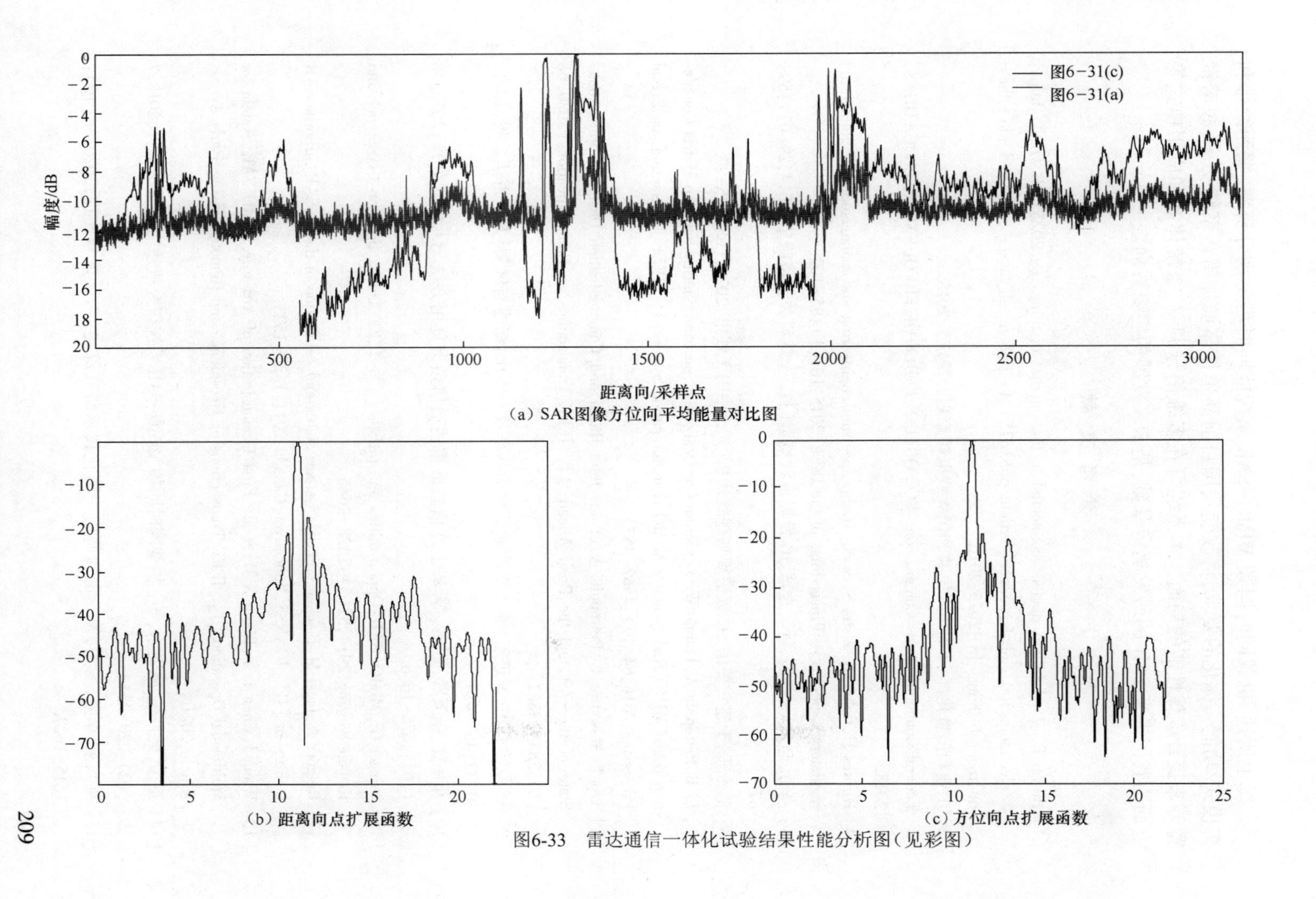

(a) SAR图像方位向平均能量对比图

(b) 距离向点扩展函数

(c) 方位向点扩展函数

图6-33　雷达通信一体化试验结果性能分析图(见彩图)

综上所述,机载同时同频 MIMO-SAR 系统能同时满足高分辨率、宽测绘带和多模式/功能一体化的要求,将改变我国目前简单依靠增加雷达系统功率、频谱带宽等来提升成像性能的局面。本系统可在多维信号调制、系统体制和应用模式等方面为我国未来 SAR 的研发奠定基础,是未来发展的主要方向之一。

参 考 文 献

[1] Brown P. 75.4 billion devices connected to the internet of things by 2025[EB/OL]. https://electronics360. globalspec. com/article/6551/75 - 4 - billion - devices - connected - to - the - internet-of-things-by-2025,2016.

[2] 工业和信息化部.《中华人民共和国无线电频率划分规定》,2018.

[3] Federal Communications Commission. FCC ONLINE TABLE OF FREQUENCY ALLOCATIONS, 2018.

[4] Riffiths H,Cohen L,Wstts S,et al. Radar spectrum engineering and management:Technical and regulatory issues [J]. Proceedings of the IEEE,2015,103(1):85-102.

[5] 高芳,赵志耘,张旭,等. 全球 5G 发展现状概览[J]. 全球科技经济瞭望,2014,29(07):59-67.

[6] 范希茜,于超. 美国 5G 频谱规划现状浅析[J]. 中国无线电,2020,(08):25-27.

[7] LI B,Petropulu A,Trappe W. Optimum Co-Design for Spectrum Sharing between Matrix Completion Based MIMO Radars and a MIMO Communication System[J]. IEEE Transactions on Signal Processing,2016,64(17):4562-4575.

[8] Liu F,Masouros C,Petropulu A,et al. Joint Radar and Communication Design:Applications, State-of-the-Art,and the Road Ahead[J]. IEEE Transactions on Communications,2020,68(6):3834-3862.

[9] 刘凡,袁伟杰,原进宏,等. 雷达通信频谱共享及一体化:综述与展望[J]. 雷达学报,2021,10(3):467-484.

[10] 邓艳红,张天贤,贾瑞,等.基于互信息的雷达通信频谱复用方法[J].信号处理,2020,36(10):1678-1686.

[11] Krieger G. MIMO-SAR:Opportunities and pitfalls [J]. IEEE Transactions on Geoscience and Remote Sensing,2014,52(5):2628-2645.

[12] Reigber A,Jager M,Fischer J,et al. Systems status and calibration of the F-SAR airborne SAR instrument [C]. IGARSS,Vancouver,Canada,2011:1520-1523.

[13] Wang J,Chen L Y,Liang X D,et al. First Demonstration of Airborne MIMO SAR System for Multimodal Operation [J]. IEEE Transactions on Geoscience and Remote Sensing,Early Access Article,2021.

[14] 王杰,梁兴东,陈龙永,等; 机载同时同频 MIMO-SAR 系统研究概述[J],雷达学报,2018,7(02):220-234.

[15] 梁兴东,李强,王杰,等. 雷达通信一体化技术研究综述[J]. 信号处理,2020,36(10):1615-1627.

[16] 霍曼,邓中卫. 国外军用飞机航空电子系统发展趋势[J]. 航空电子技术,2004,35(4):5-10.
[17] Hughes P K,Choe J Y. Overview of advanced multifunction RF System (AMRFS)[C]. IEEE International Conference on Phased Array System and Technology,Dana Point,U. S. A. ,2000:21-24.
[18] Brousseaur R,Huffmand R,Abercrombie H,et al. An Open System Architecture for Integrated RF Systems[C]. Digital Avionics Systems Conference,Irvine,CA,USA,1997:1-5.
[19] Jiao C-x,Zhang Z-y Zhong C-J,et al.. An Indoor mmWave Joint Radar and Communication System with Active Channel Perception[C]. IEEE International Conference on Communications, Kansas City,USA,2018:1-6.
[20] Ali W,Zahid M,Shoaib S,et al. W-Band Plumb Shaped Patch Antenna for Automotive Radar and 5G Applications[C]. International Conference on Electrical,Communication and Computer Engineering. Istanbul,Turkey,2020:1-4.
[21] Vala M,Reis J,Caldeirinha R F S. A 28 GHz Fully 2D Electronic Beamsteering Transmitarray for 5G and future RADAR applications[C]. Loughborough Antennas & Propagation Conference. Loughborough,2018:1-6.
[22] 丁鹭飞,耿富录,陈建春. 雷达原理[M]. 5版. 北京:电子工业出版社,2013.
[23] 张辉,曹丽娜. 现代通信原理与技术[M]. 2版. 西安:西安电子科技大学出版社,2008.
[24] 林茂庸,柯有安. 雷达信号理论[M]. 北京:国防工业出版社,1984.
[25] Xu S-J,Chen B,Zhang P. Radar-Communication Integration Based on DSSS Techniques[C]. IEEE International Conference on Signal Processing,Guilin,China,2006:1-4.
[26] HassanienA,Amin M G,Zhang Y D,et al. Signaling strategies for dual-function radar communications:an overview[J]. IEEE Aerospace and Electronic Systems Magazine,2016,31(10):36-45.
[27] Woodward P. Radar ambiguity analysis [M]. New York:RRE,1967.
[28] Wang J,Liang X-D,Chen L-y,et al. First Demonstration of Joint Wireless Communication and High-Resolution SAR Imaging Using Airborne MIMO Radar System [J]. IEEE Transactions on Geoscience and Remote Sensing,2019,57(9):6619-6632.

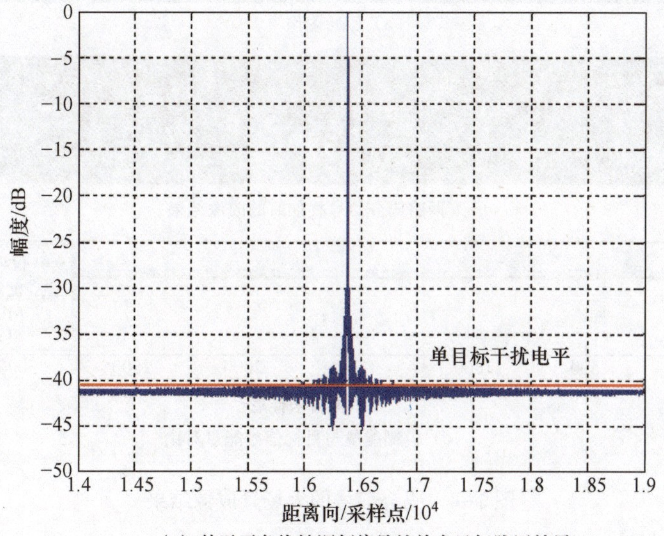

（a）基于正负线性调频信号的单个目标脉压结果

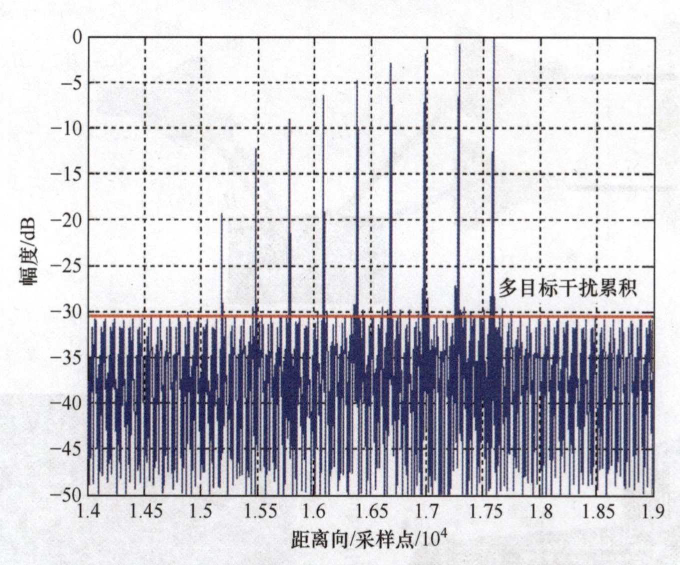

（b）基于正负线性调频信号的多个目标脉压结果

图 1- 2　正负线性调频信号脉压干扰示意图

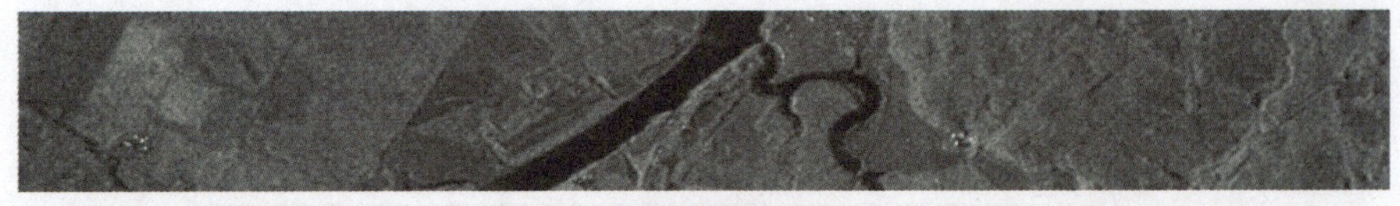

（a）原始图像

（b）两路码分信号叠加时的成像结果

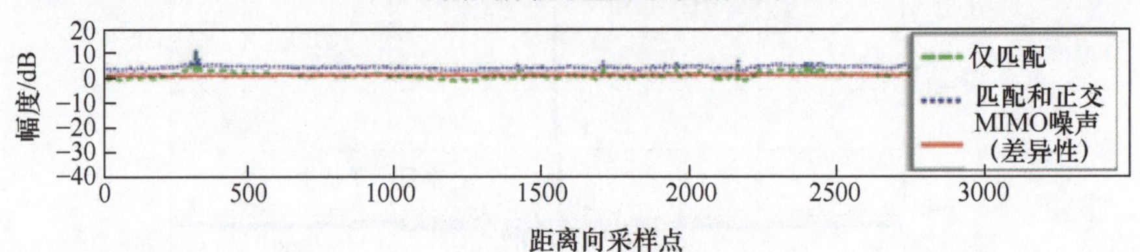

（c）模糊能量与目标信号能量对比

图 1-4 码分信号的大场景成像结果

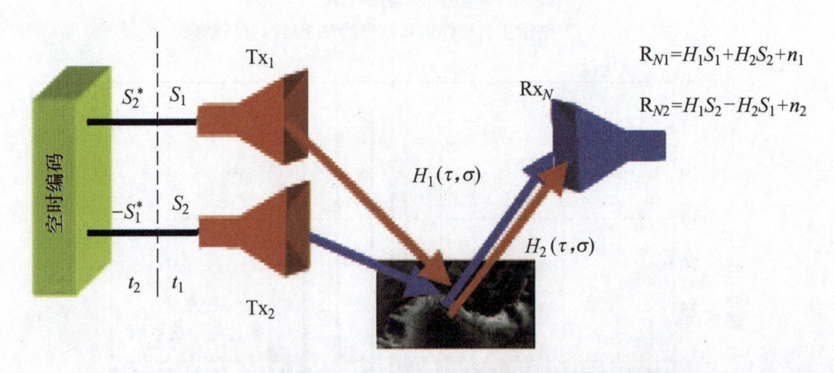

图 1-6 基于 Alamouti 空时编码的 MIMO-SAR 示意图

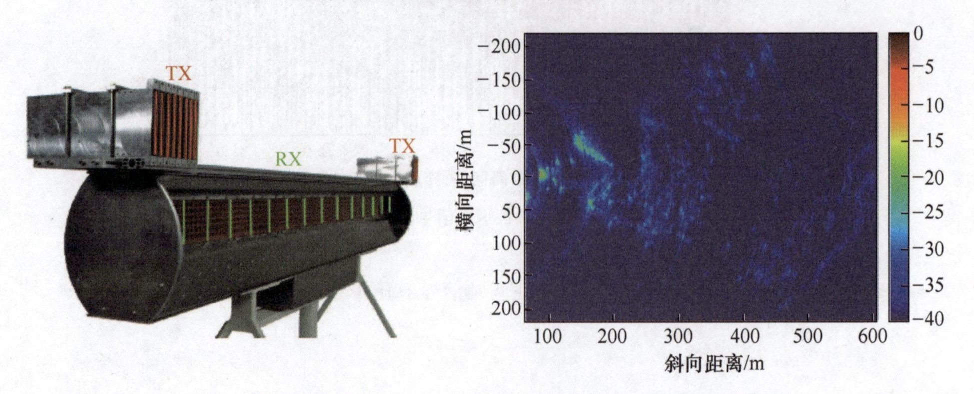

图 1-13 MIRA-CLE X 系统天线及其 BP 算法成像结果[71]

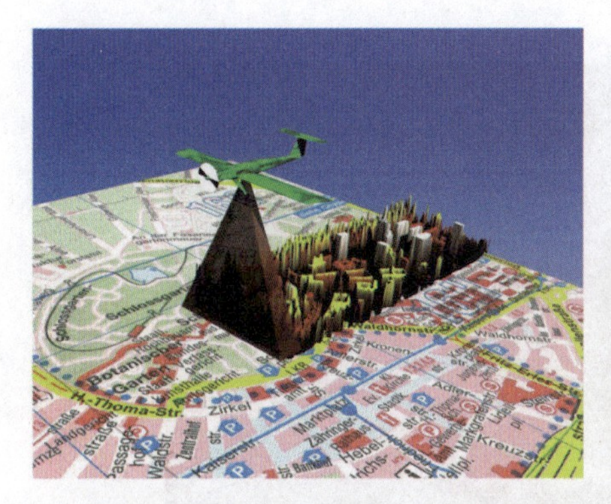

图 1-14　ARTINO 系统数据采集示意图与飞行实验场景[72]

图 1-15　城区光学图像和 RAMSES 高分辨率 SAR 成像图(分辨率 12cm)对照[73]

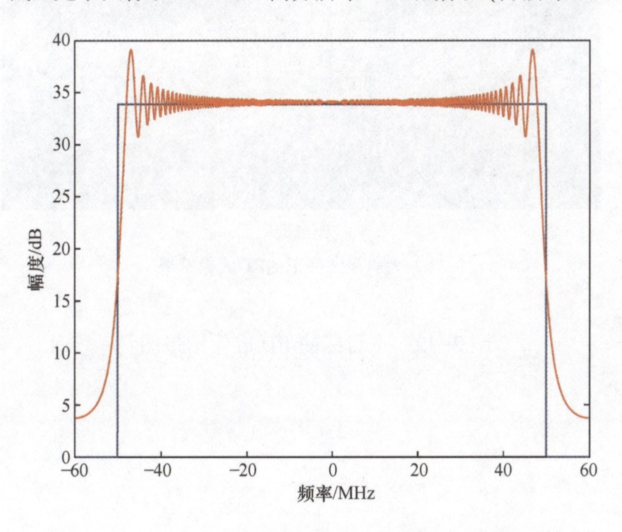

图 2-6　POSP 与傅里叶变换的 LFM 信号频谱对比图

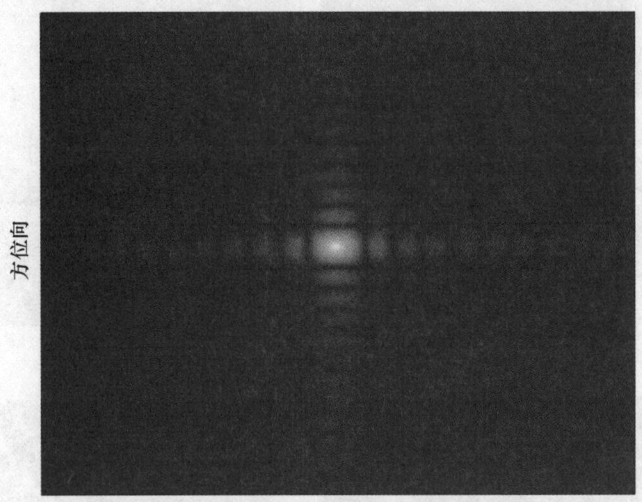

（a）正侧视条件下的RD成像结果

（b）大斜视条件下的RD成像结果

图 2-12　点目标的 RD 成像结果图

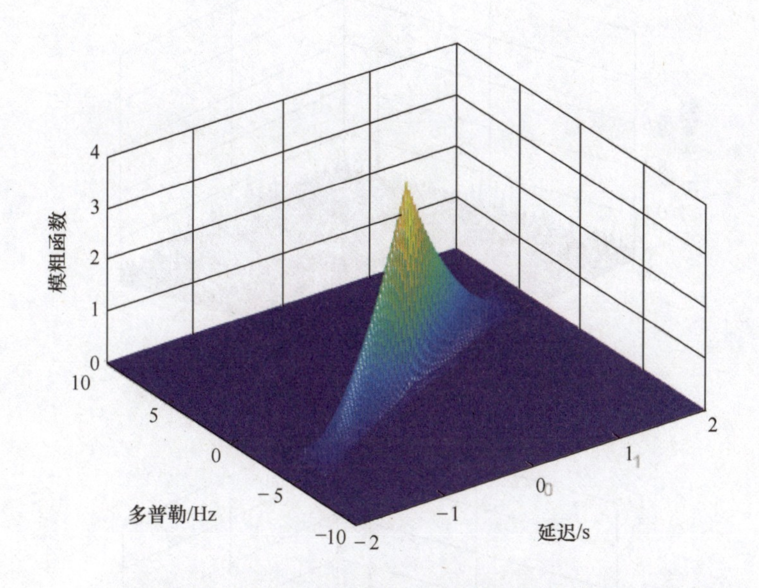

（a）线性调频信号模糊函数三维图

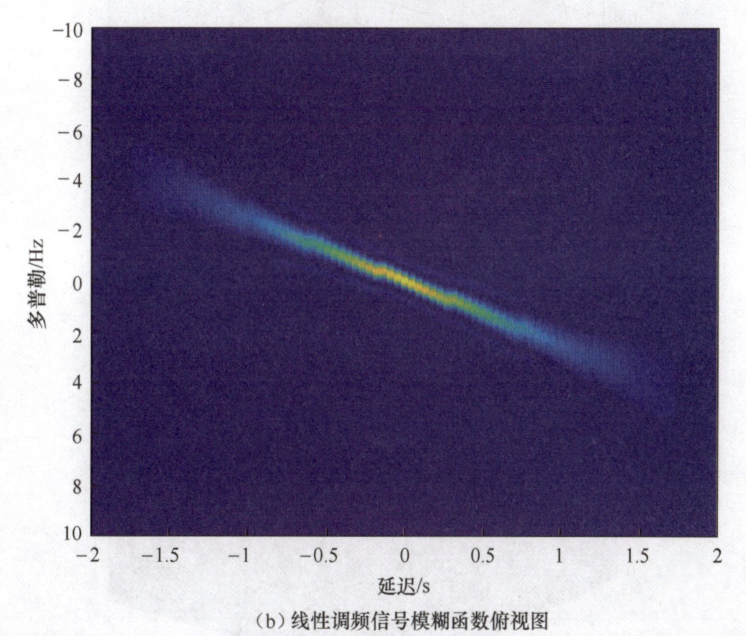

（b）线性调频信号模糊函数俯视图

图 3-1　线性调频信号的模糊函数图

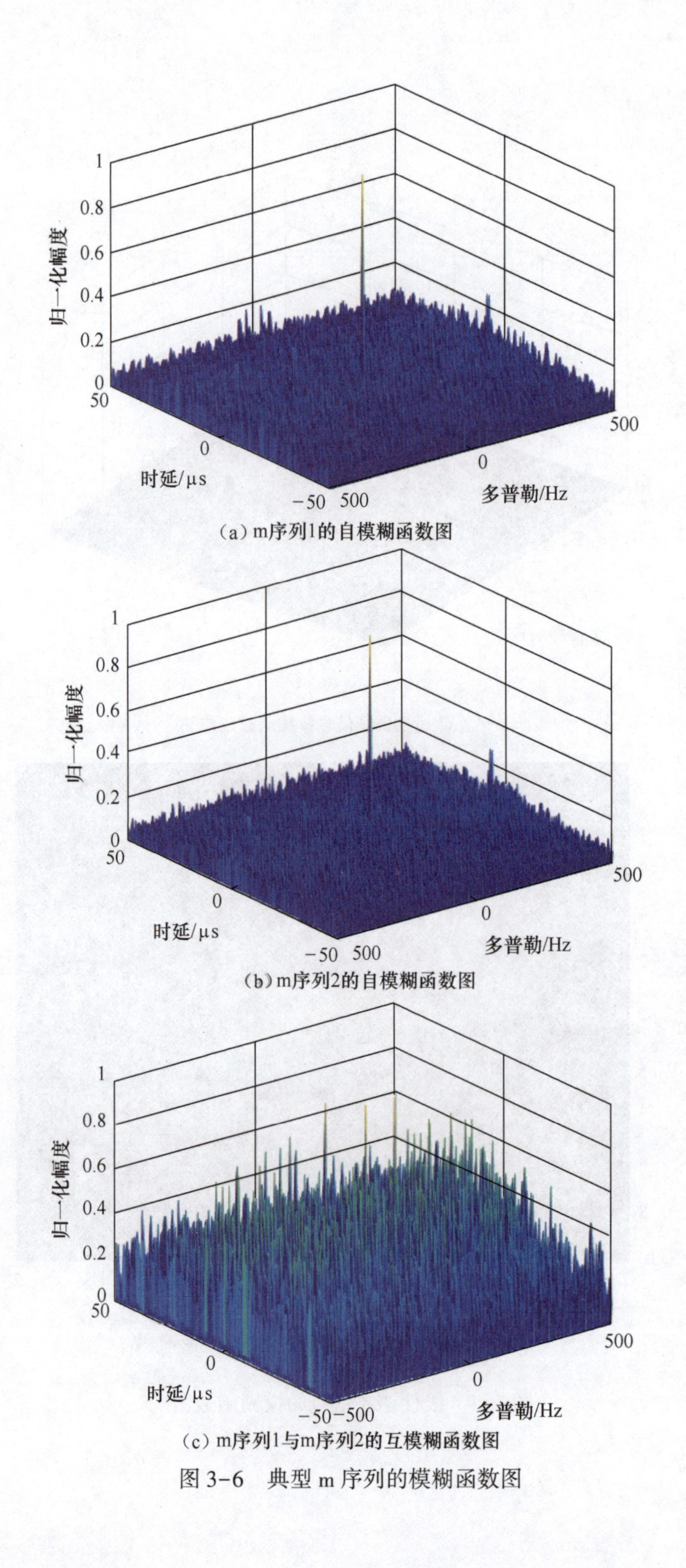

（a）m序列1的自模糊函数图

（b）m序列2的自模糊函数图

（c）m序列1与m序列2的互模糊函数图

图 3-6　典型 m 序列的模糊函数图

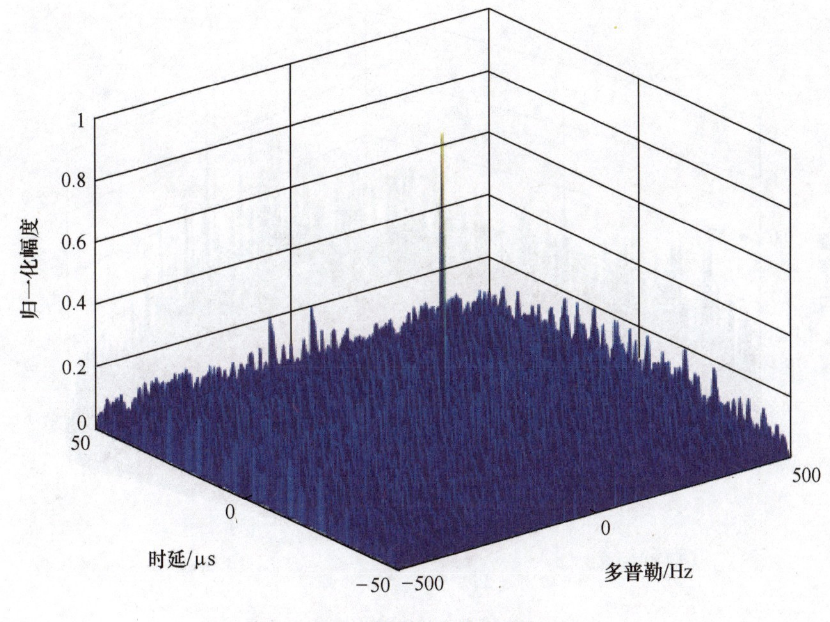

（a）Gold序列1的自模糊函数

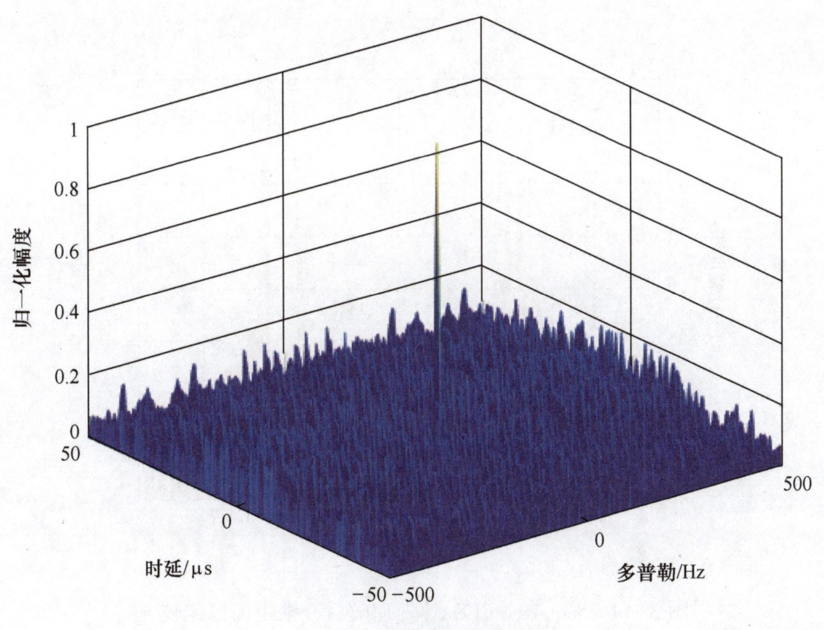

（b）Gold序列2的自模糊函数

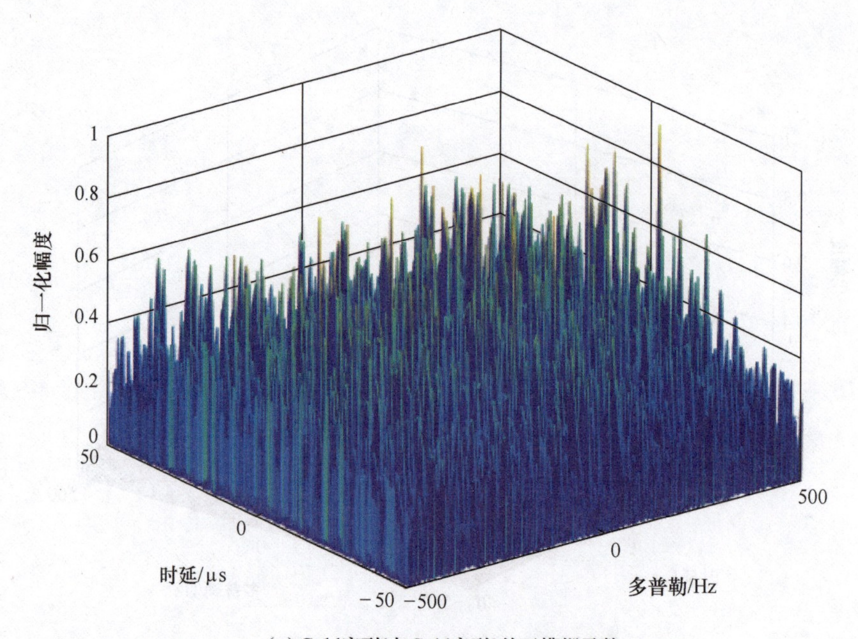

(c) Gold序列1与Gold序列2的互模糊函数

图 3-8　典型 Gold 序列的模糊函数图

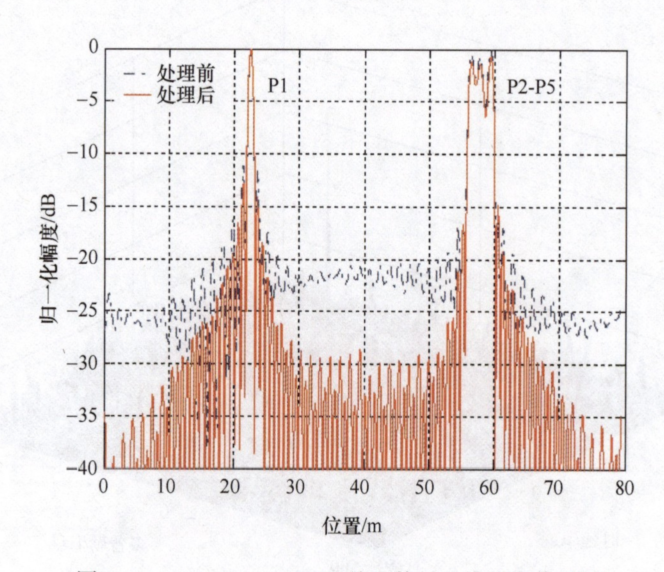

图 3-14　Sequence CLEAN 处理前后一维距离像比较

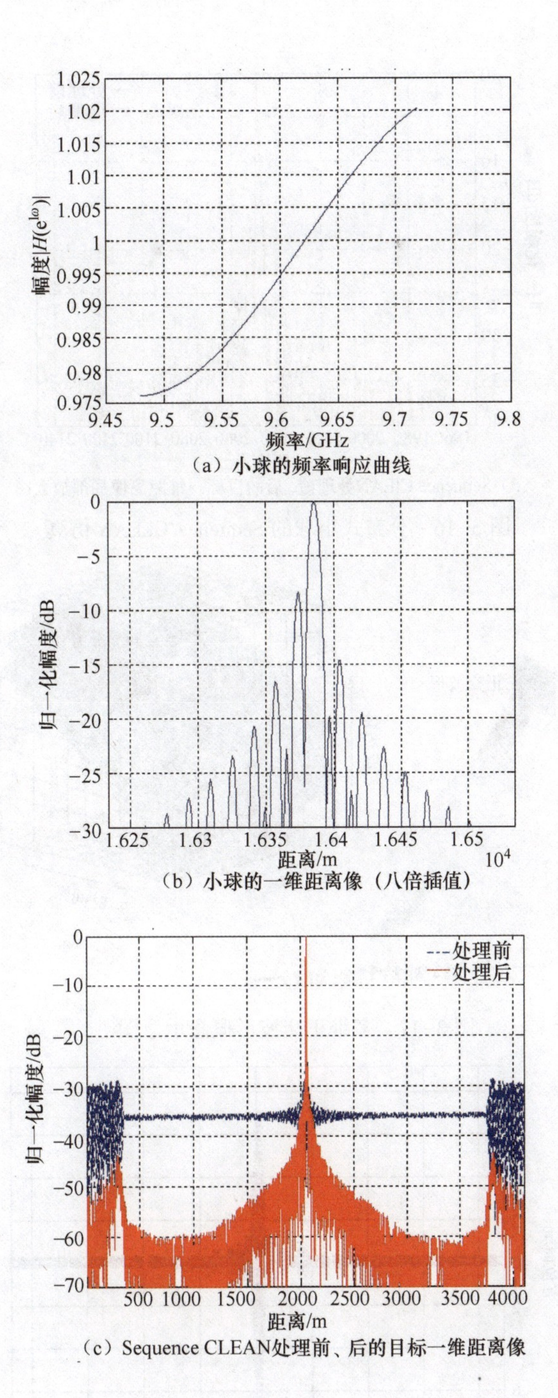

（a）小球的频率响应曲线

（b）小球的一维距离像（八倍插值）

（c）Sequence CLEAN处理前、后的目标一维距离像

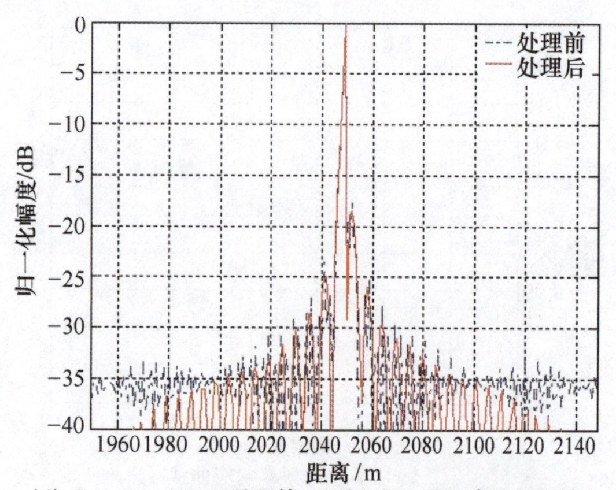

（d）Sequence ClEAN处理前、后的目标一维距离像局部放大图

图 3-16　分布式小球的 Sequence CLEAN 仿真

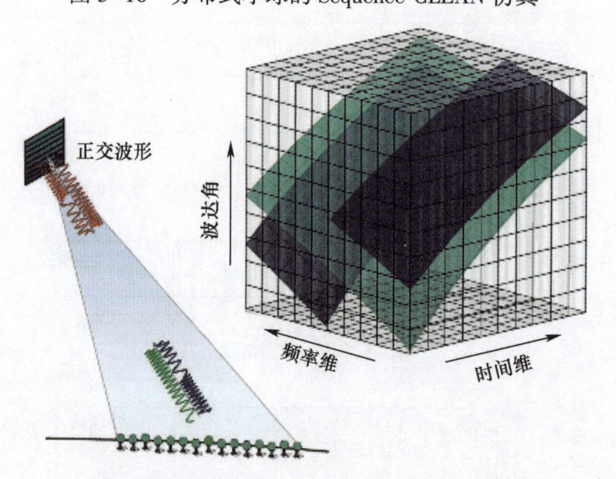

图 3-17　多维正交波形概念示意图[39]

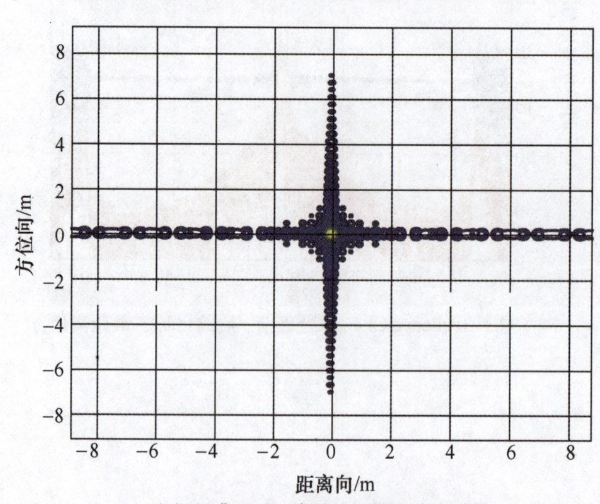

（a）经典OFDM信号的二维点扩展函数

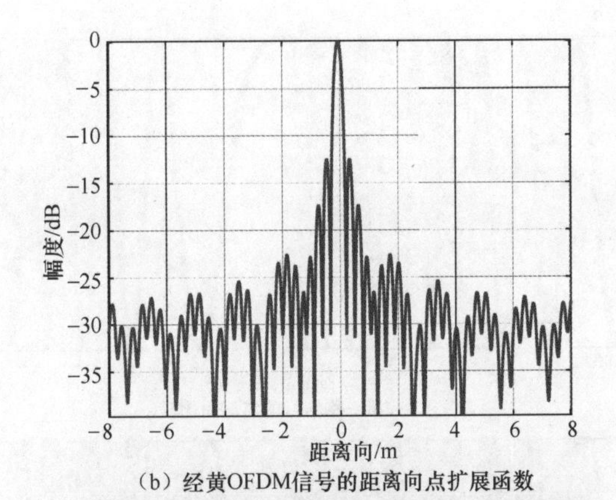

（b）经黄OFDM信号的距离向点扩展函数

（c）参考SAR图像

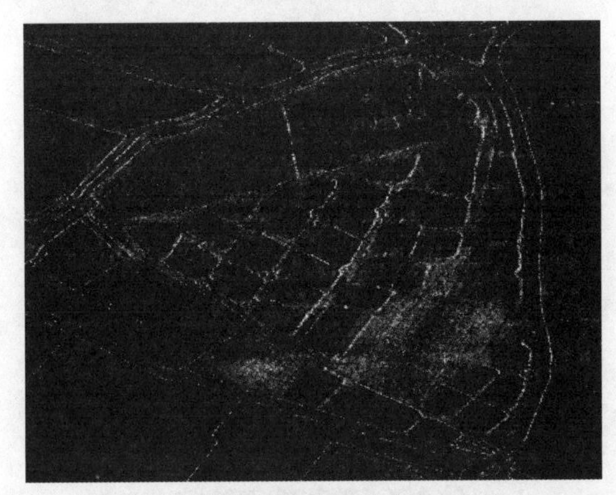

（d）基于经典OFDM信号的SAR图像

图 4-1　经典 OFDM 信号的 SAR 成像结果图

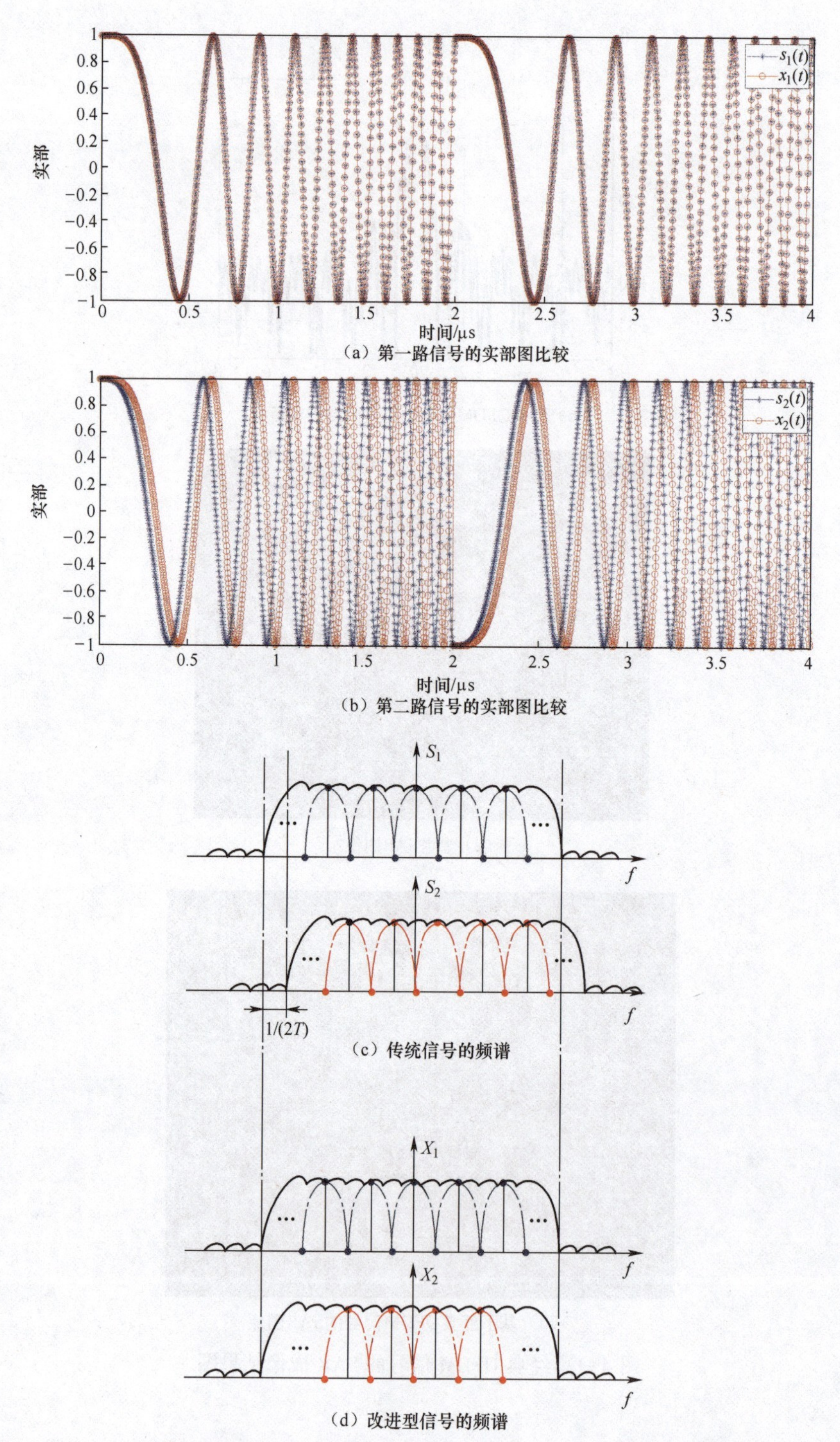

图 4-3　改进型 OFDM chirp 信号与传统 OFDM chirp 信号之间的比较

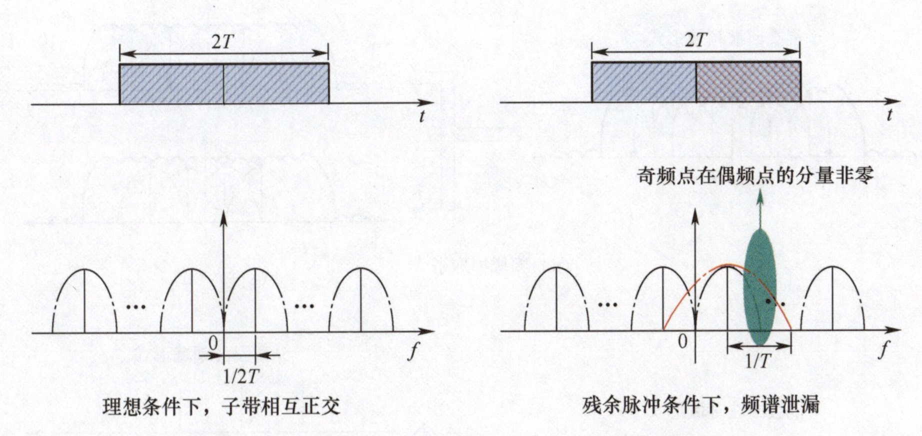

图 4-4　残余脉冲对两路 OFDM chirp 正交性的影响示意图

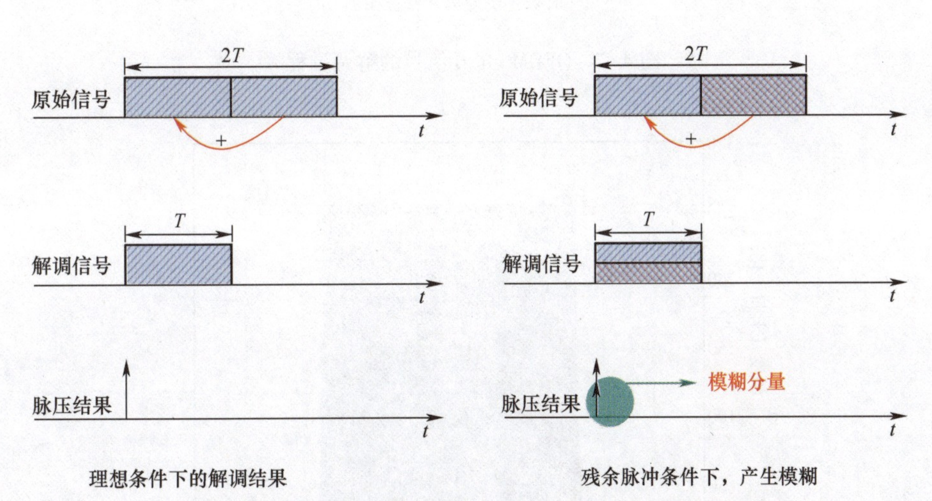

图 4-5　残余脉冲对单路 OFDM chirp 信号构成模糊的示意图

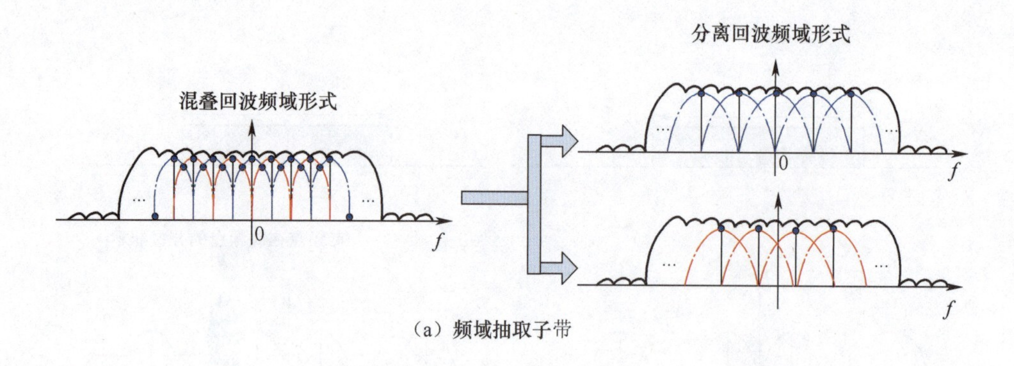

（a）频域抽取子带

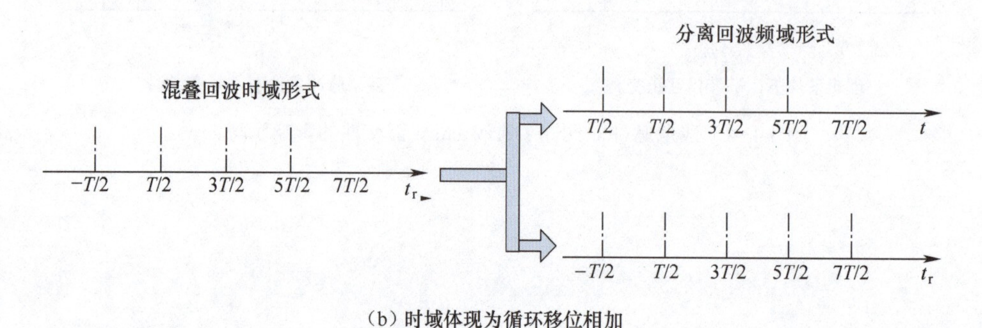

（b）时域体现为循环移位相加

图 4-7　OFDM chirp 信号的解调过程

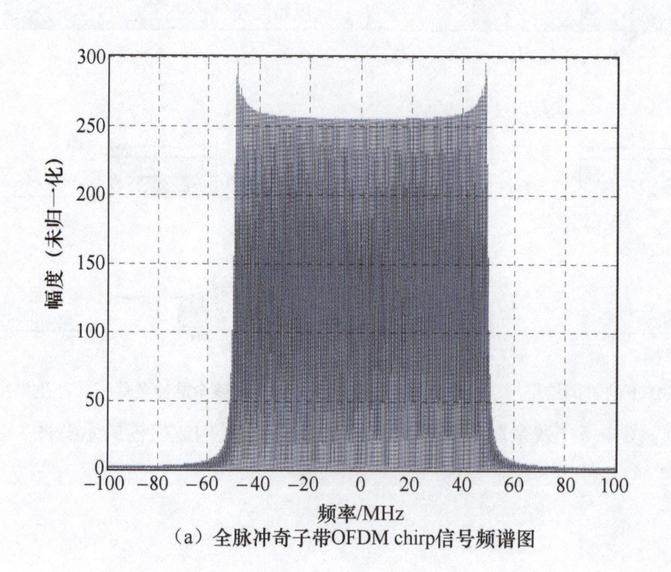

（a）全脉冲奇子带OFDM chirp信号频谱图

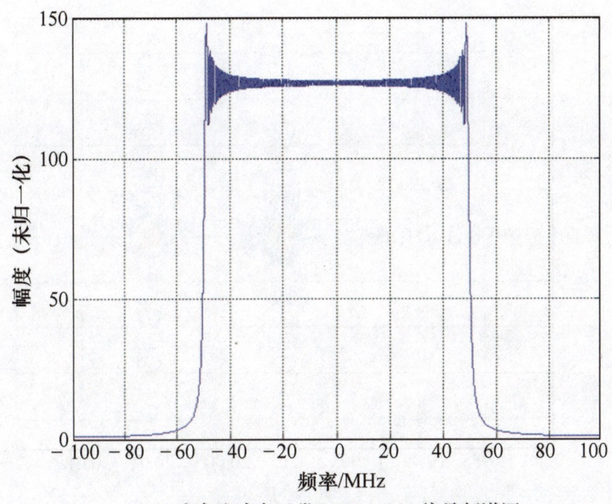

（b）残余脉冲奇子带OFDM chirp信号频谱图

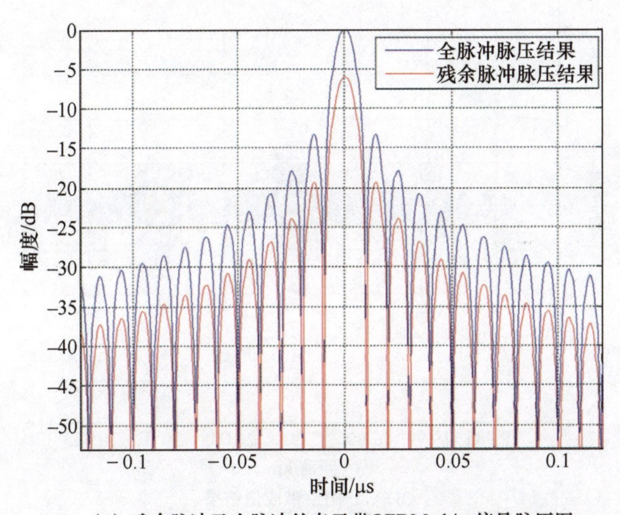

（c）残余脉冲及全脉冲的奇子带OFDM chirp信号脉压图

图 4-9　残余脉冲对 OFDM chirp 信号的影响仿真结果图

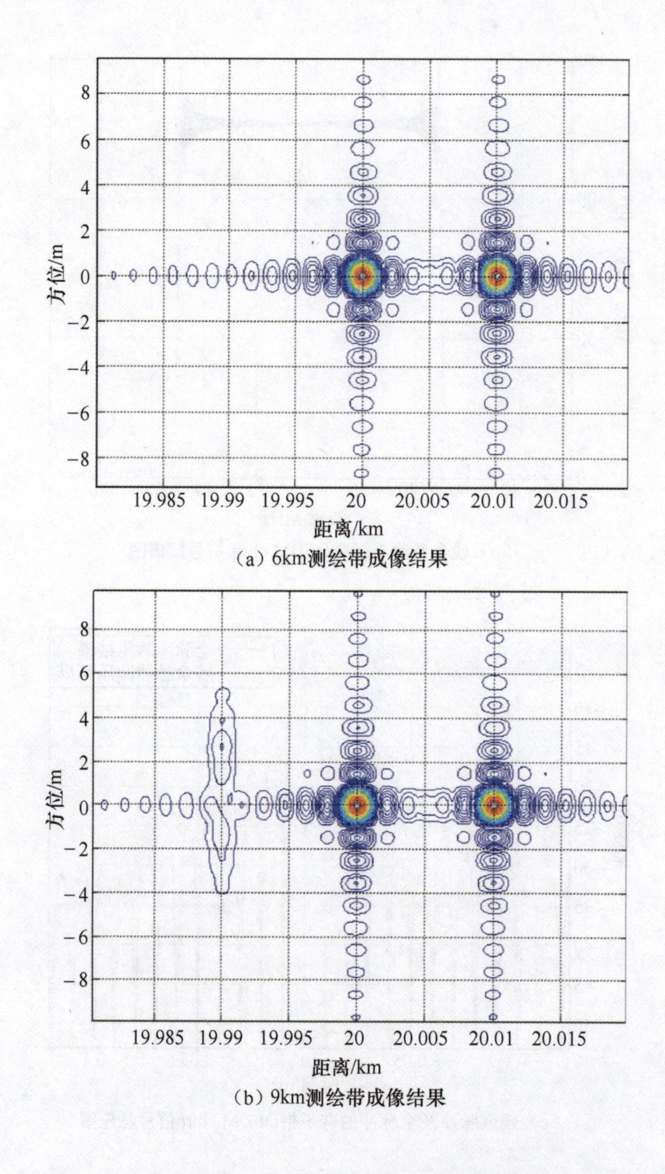

（a）6km测绘带成像结果

（b）9km测绘带成像结果

图 4-10　OFDM chirp 信号解调的测绘带限制仿真结果

图 4-11　SAR 系统挂载图

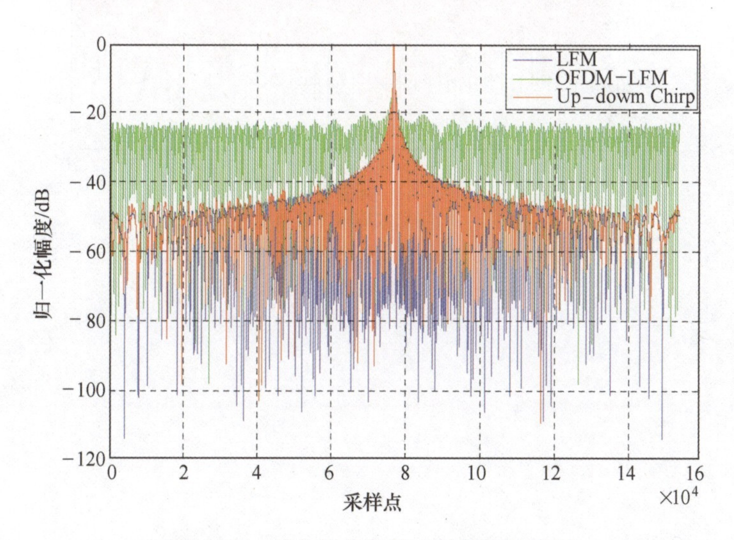

图 4-15　量化误差条件下的脉压结果图

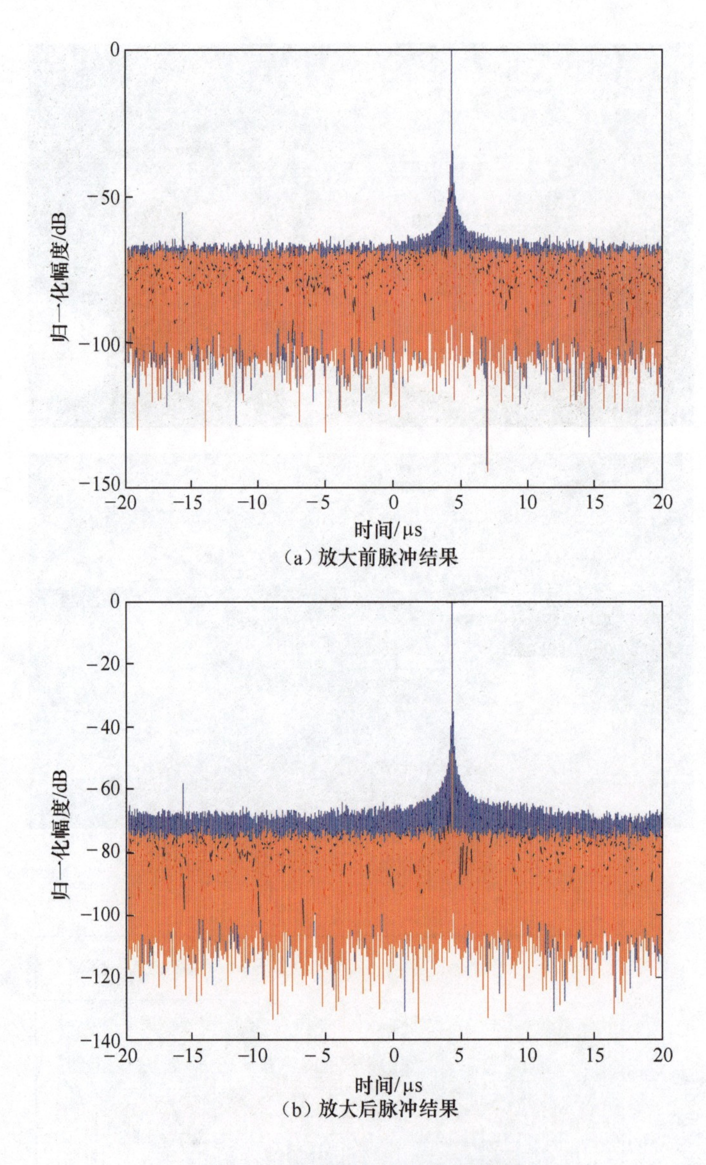

（a）放大前脉冲结果

（b）放大后脉冲结果

图 4-19　浅饱和放大实验结果

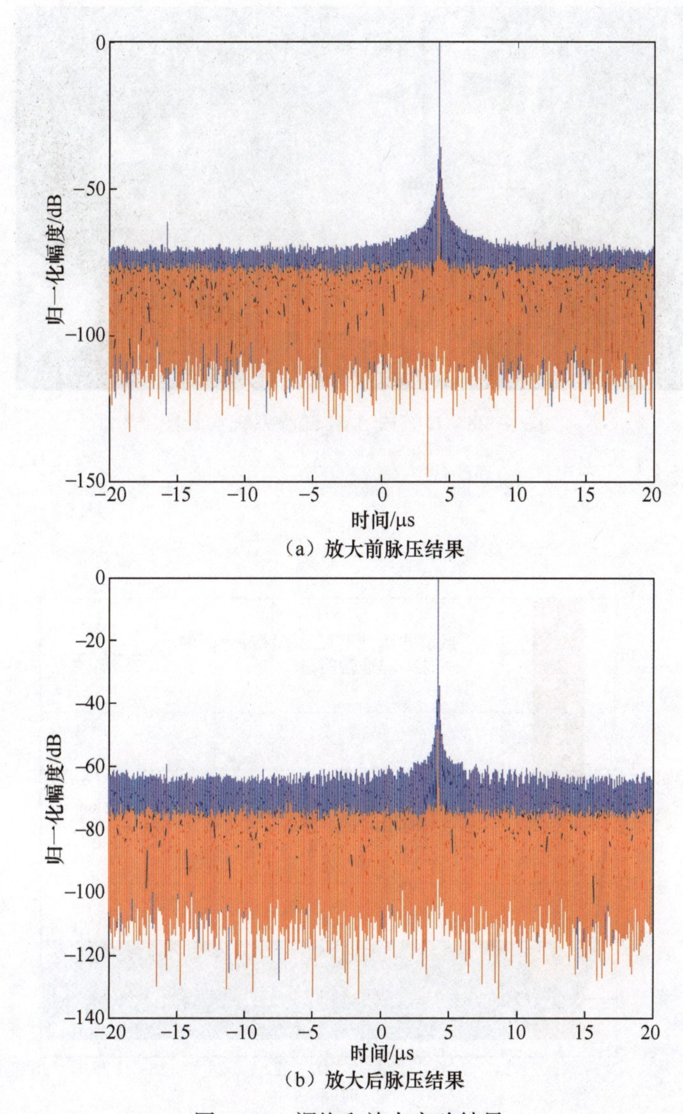

图 4-20　深饱和放大实验结果

图 4-28　C 波段 SAR 试验系统实景图

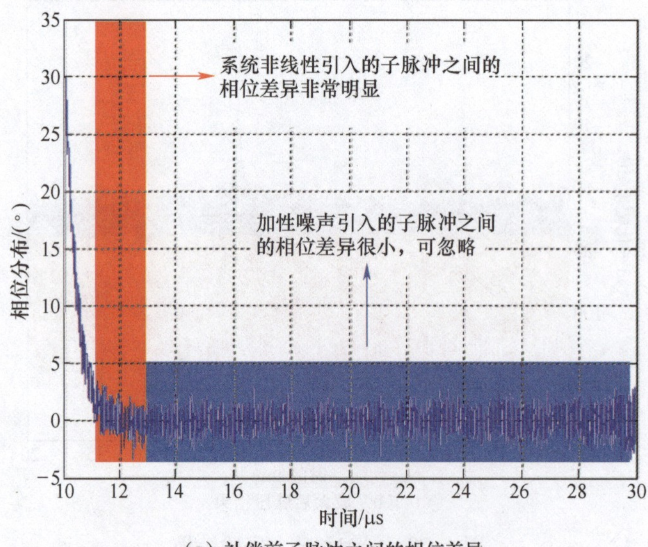

（a）补偿前子脉冲之间的相位差异

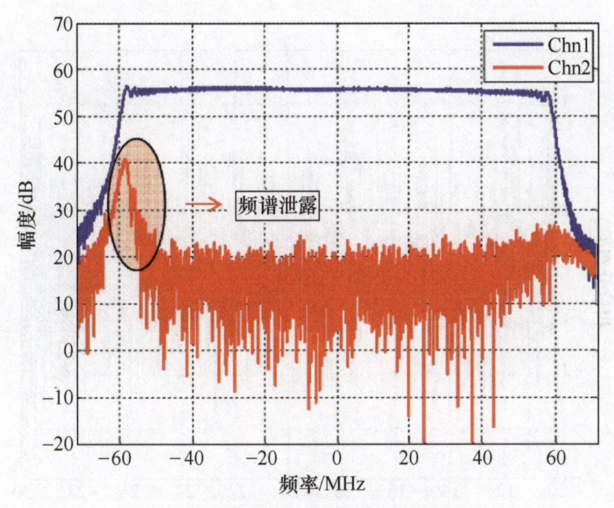

（b）补偿前奇偶子带信号的频谱

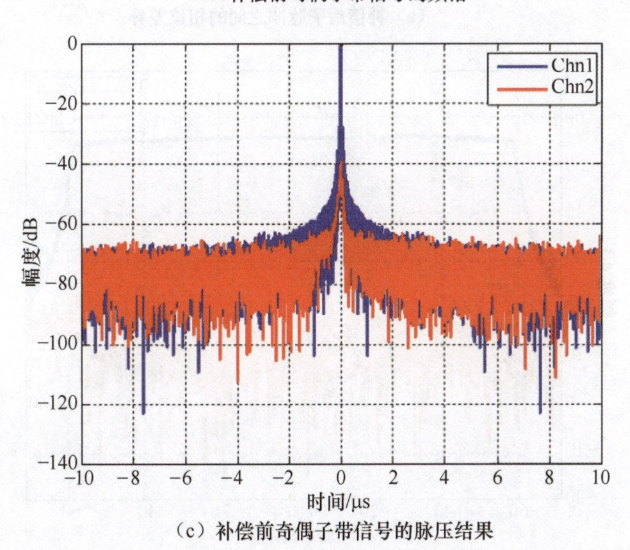

（c）补偿前奇偶子带信号的脉压结果

图 4-29　系统噪声补偿前的试验结果

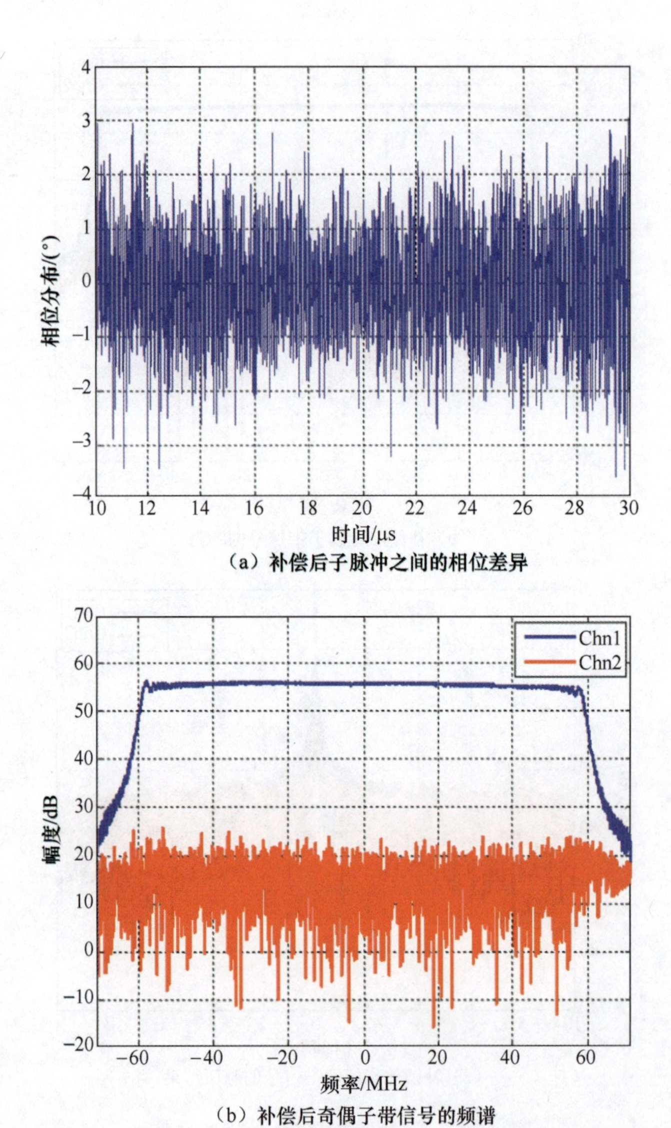

（a）补偿后子脉冲之间的相位差异

（b）补偿后奇偶子带信号的频谱

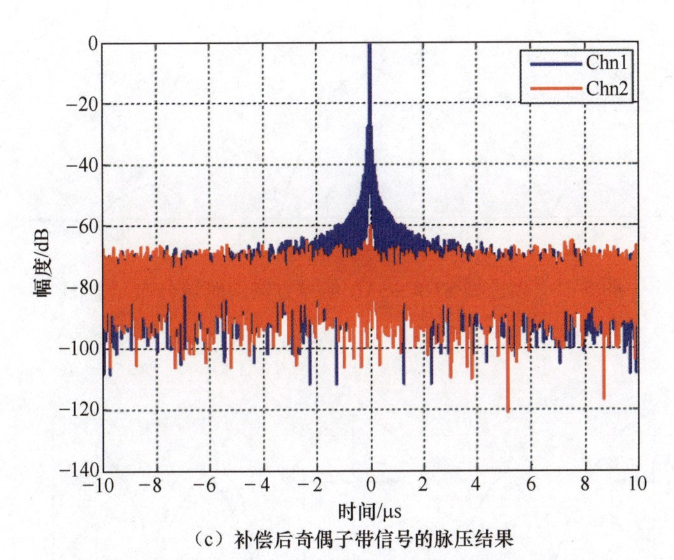

（c）补偿后奇偶子带信号的脉压结果

图 4-30　系统噪声补偿后的试验结果

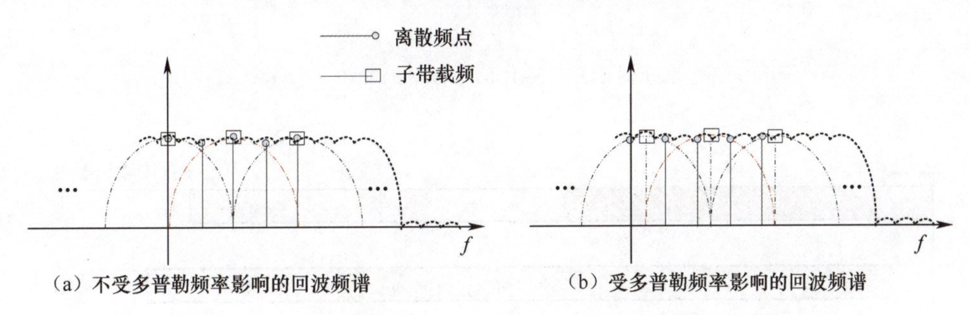

（a）不受多普勒频率影响的回波频谱　　（b）受多普勒频率影响的回波频谱

图 4-31　多普勒频偏影响 OFDM chirp 信号正交性的示意图

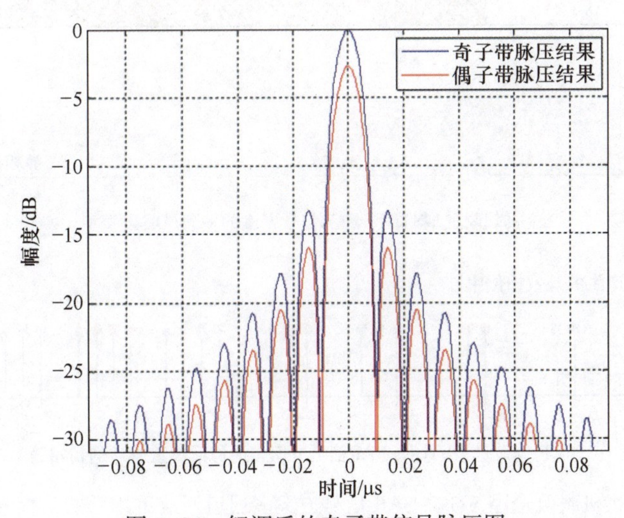

图 4-34　解调后的奇子带信号脉压图

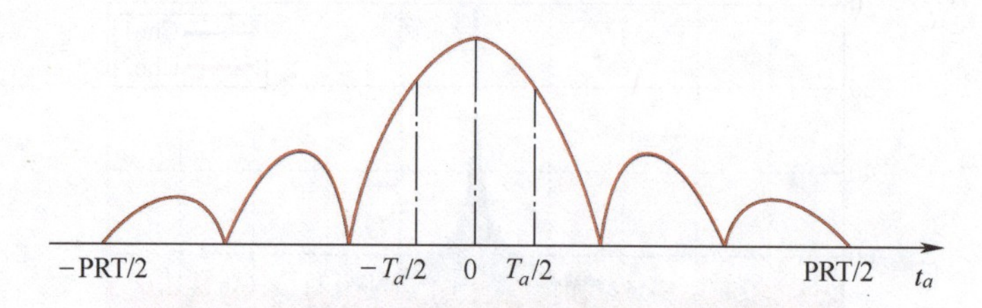

图 5-2　改进型 STBC-SAR 信号方案的时域分布示意图

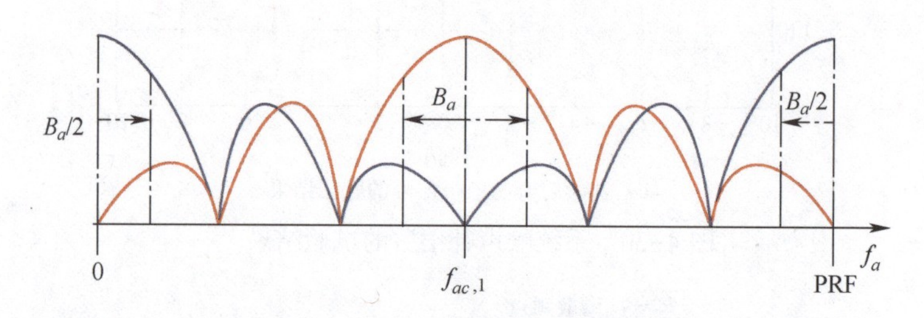

图 5-3　改进型 STBC-SAR 信号方案的频域分布示意图

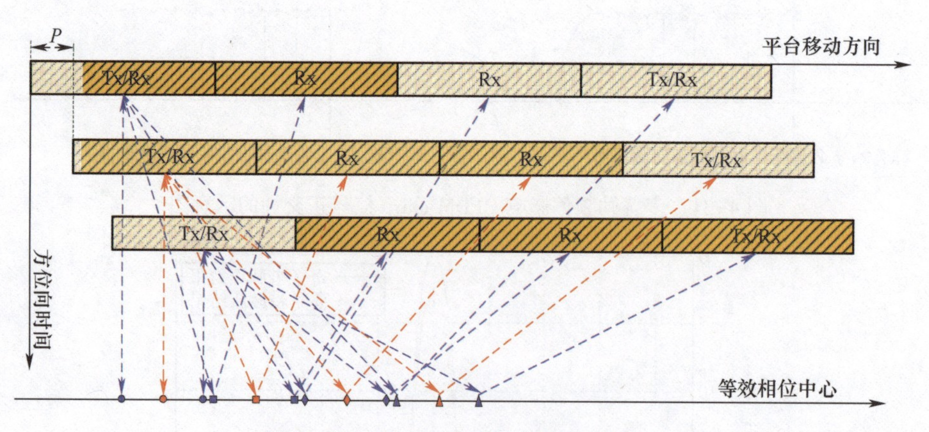

（a）机载改进型STBC-SAR信号方案的多通道收发模型

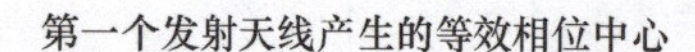

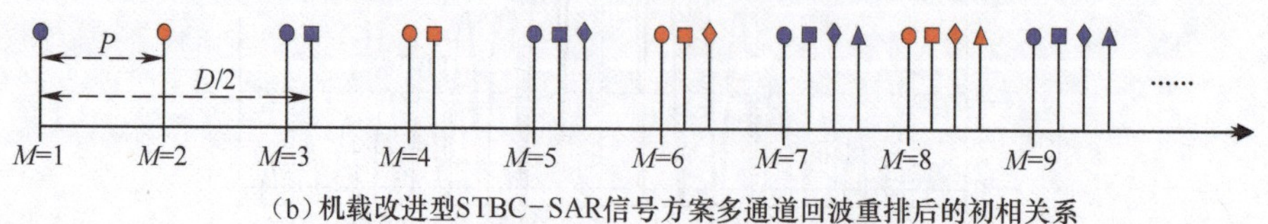

（b）机载改进型STBC-SAR信号方案多通道回波重排后的初相关系

图 5-4　机载改进型 STBC-SAR 信号方案多通道回波重排后的初相分布图

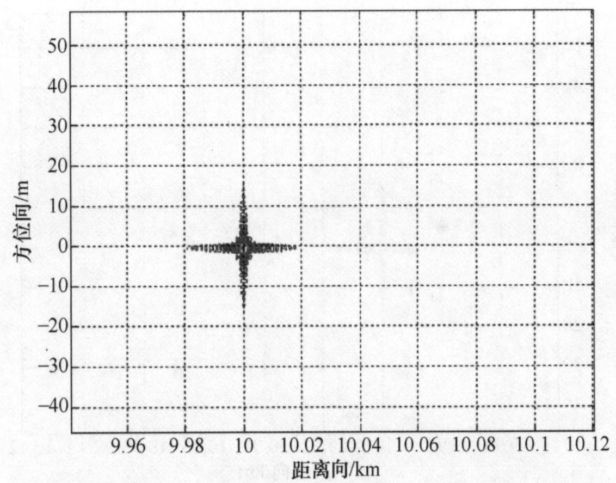

（a）时不变信道下传统STBC-SAR信号方案的点目标仿真结果

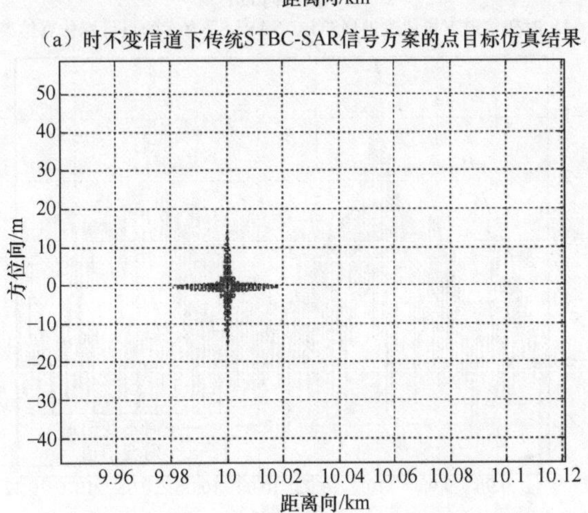

（b）时不变信道下机载改进型STBC-SAR信号方案的点目标仿真结果

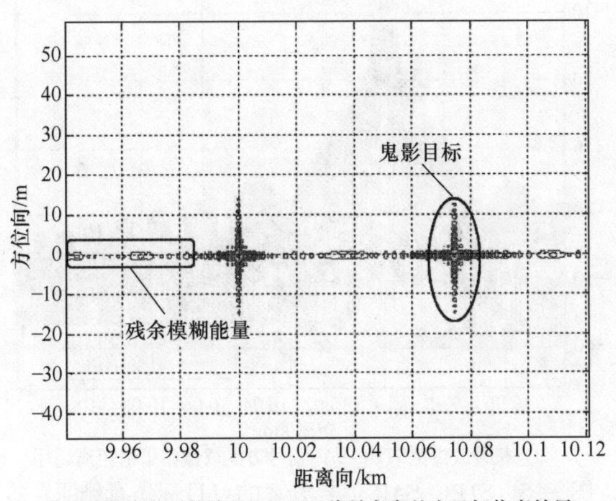

（c）时变信道下传统STBC-SAR信号方案的点目标仿真结果

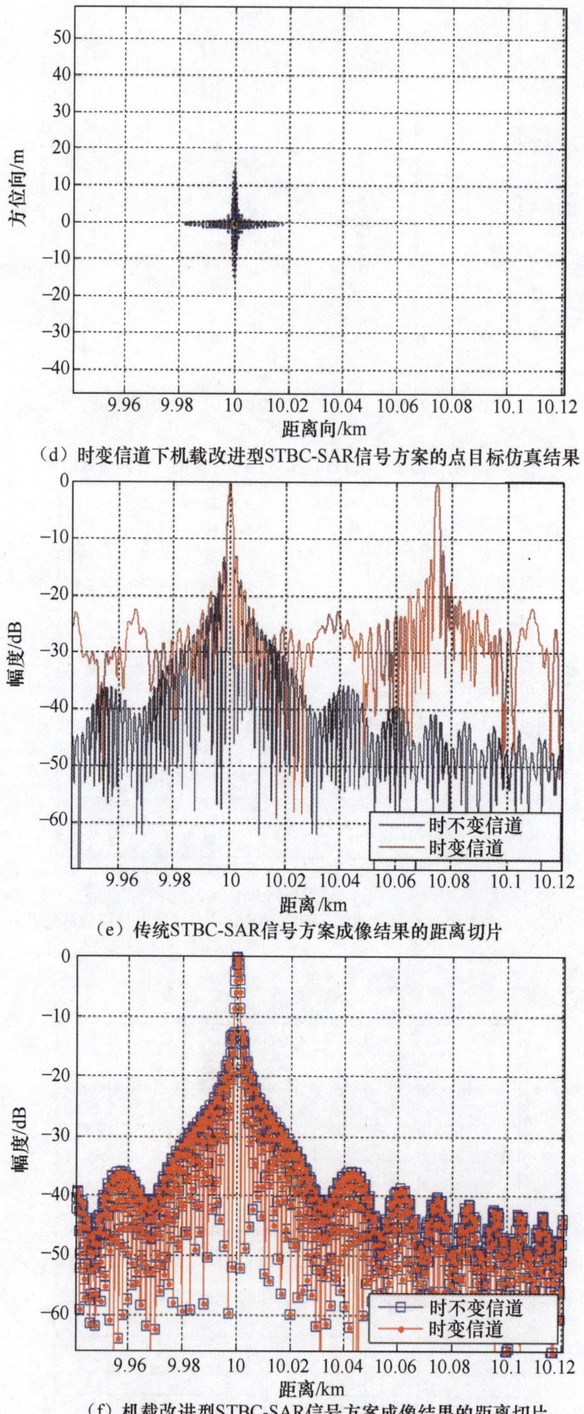

（d）时变信道下机载改进型STBC-SAR信号方案的点目标仿真结果

（e）传统STBC-SAR信号方案成像结果的距离切片

（f）机载改进型STBC-SAR信号方案成像结果的距离切片

图 5-5　STBC-SAR 信号方案的点目标仿真结果

（a）时不变信道下传统STBC-SAR信号方案的分布式目标仿真结果

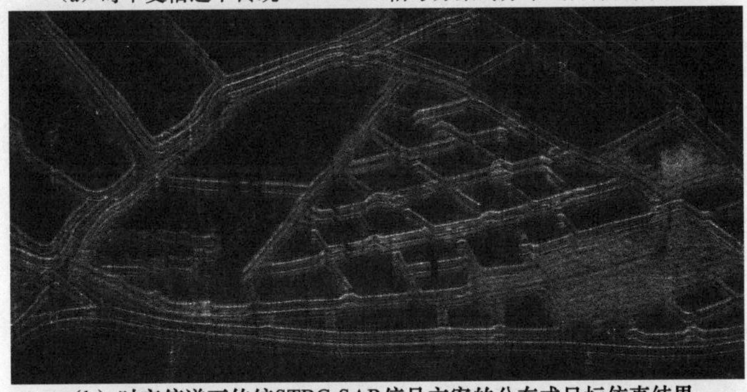

（b）时变信道下传统STBC-SAR信号方案的分布式目标仿真结果

（c）时不变信道下机载改进型STBC-SAR信号方案的分布式目标仿真结果

（d）时变信道下机载改进型STBC-SAR信号方案的分布式目标仿真结果

图 5-6 STBC-SAR 信号方案的分布式目标仿真结果

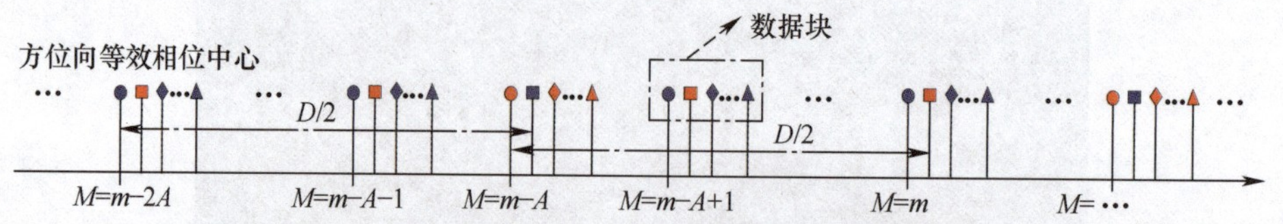

图 5-7　星载改进型 STBC-SAR 信号方案多通道回波重排后的初相关系

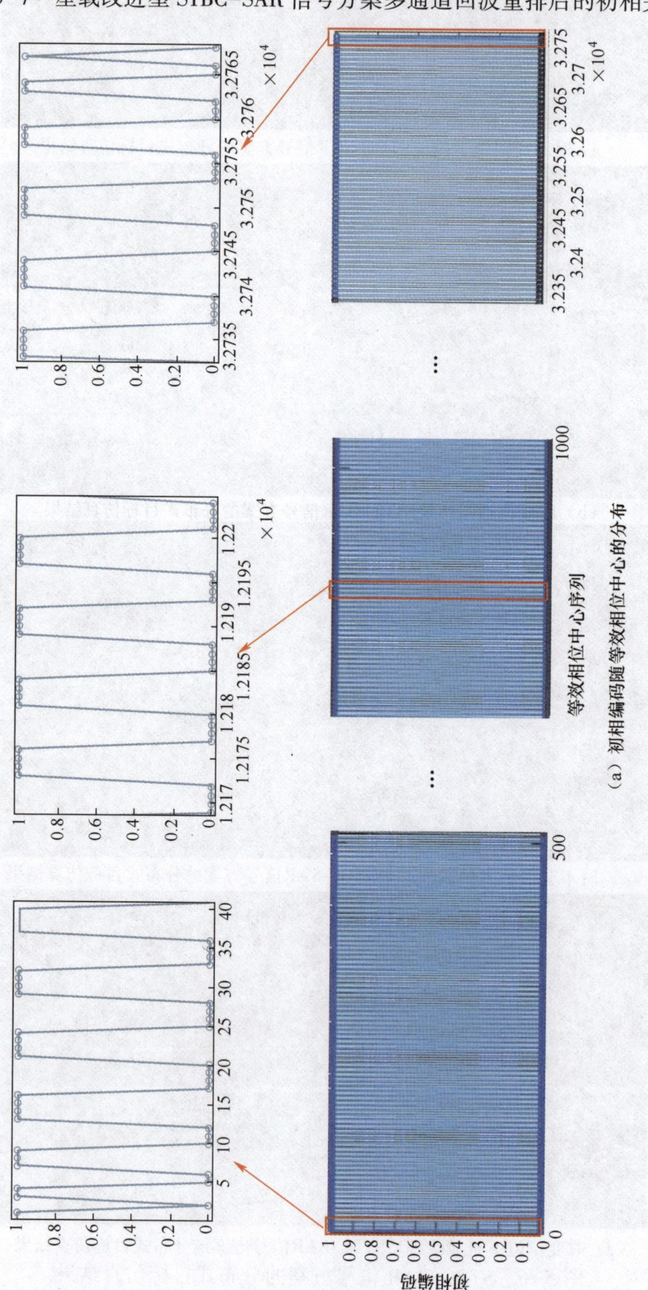

（a）初相编码随等效相位中心的分布

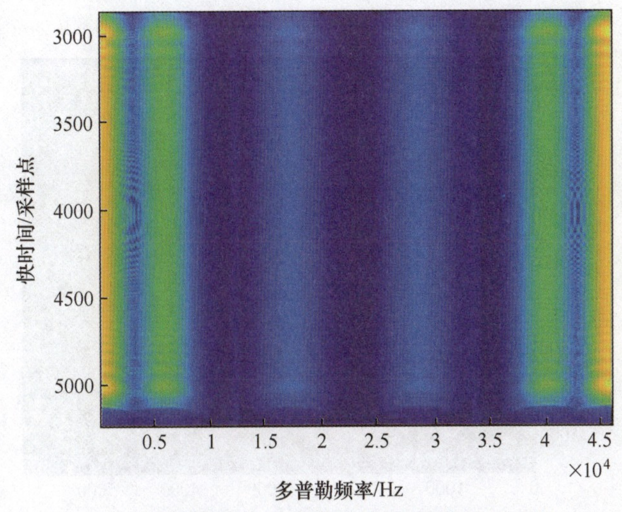

（b）多通道数据重排后的距离多普勒域回波分布图

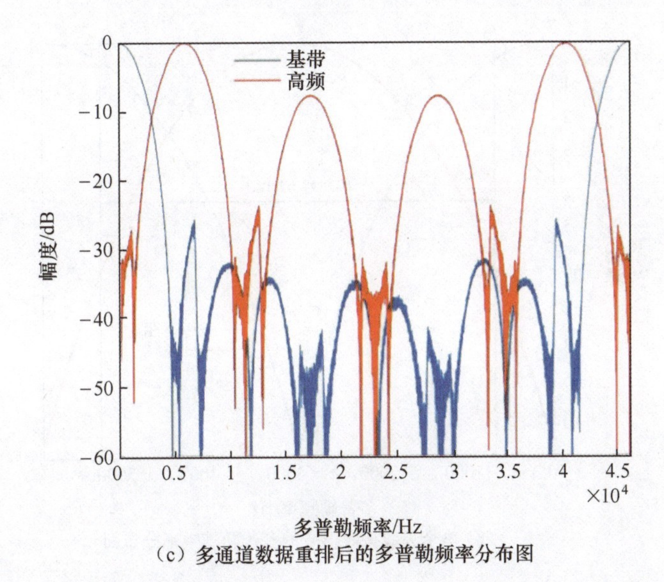

（c）多通道数据重排后的多普勒频率分布图

图 5-12　机载改进型 STBC-SAR 信号方案的多通道联合处理仿真结果

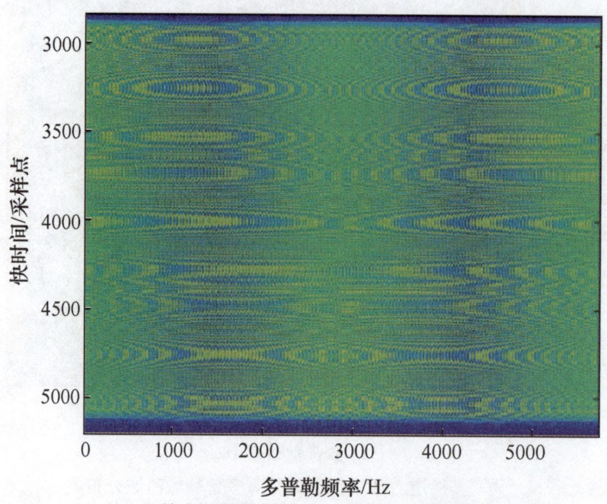

(a) 单个天线接收信号的距离多普勒域回波分布图

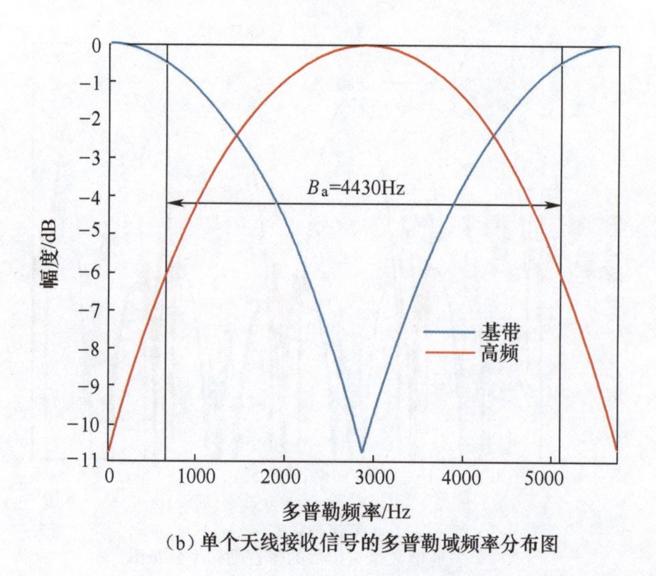

(b) 单个天线接收信号的多普勒域频率分布图

图 5-13　星载改进型 STBC-SAR 信号方案单个天线的仿真结果

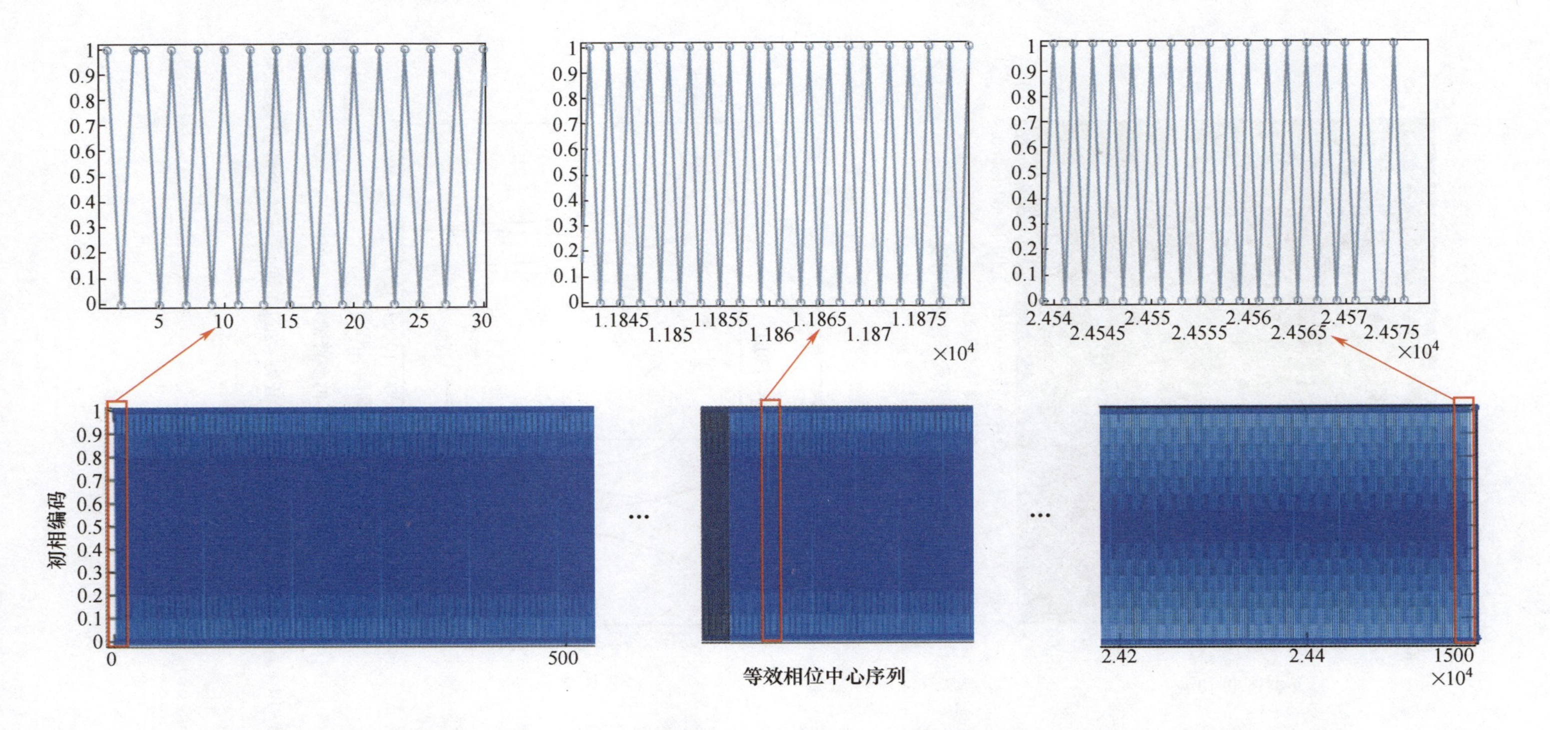

（a）初相编码随等效相位中心的分布

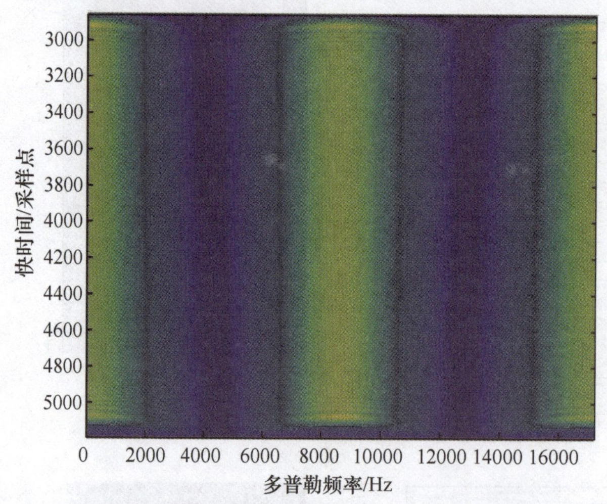

（b）多通道数据重排后的距离多普勒域回波分布图

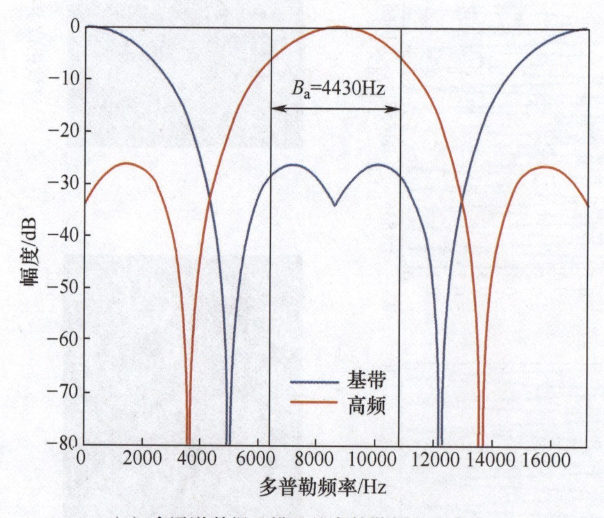

（c）多通道数据重排后的多普勒频率分布图

图 5-14　星载改进型 STBC-SAR 信号方案的多通道联合处理仿真结果

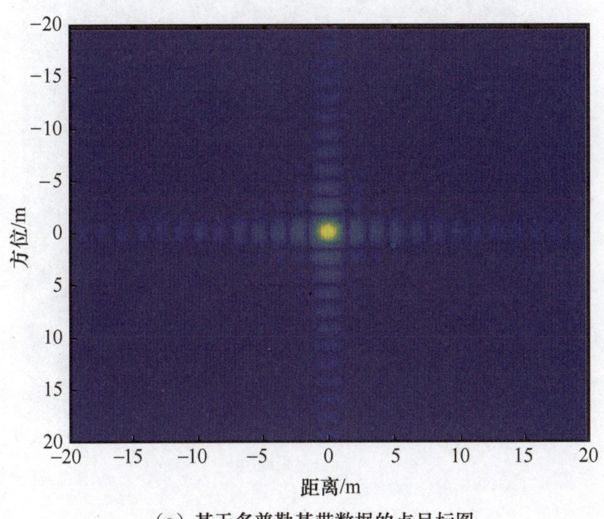

（a）基于多普勒基带数据的点目标图

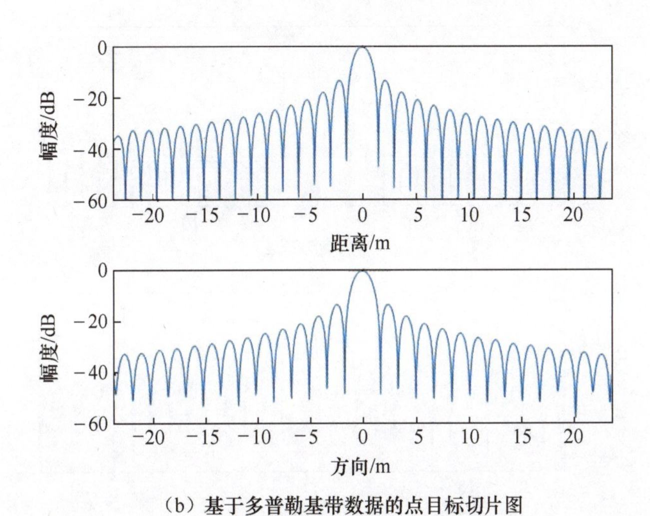

（b）基于多普勒基带数据的点目标切片图

图 5-15　星载改进型 STBC-SAR 信号方案的多普勒基带数据点目标仿真结果

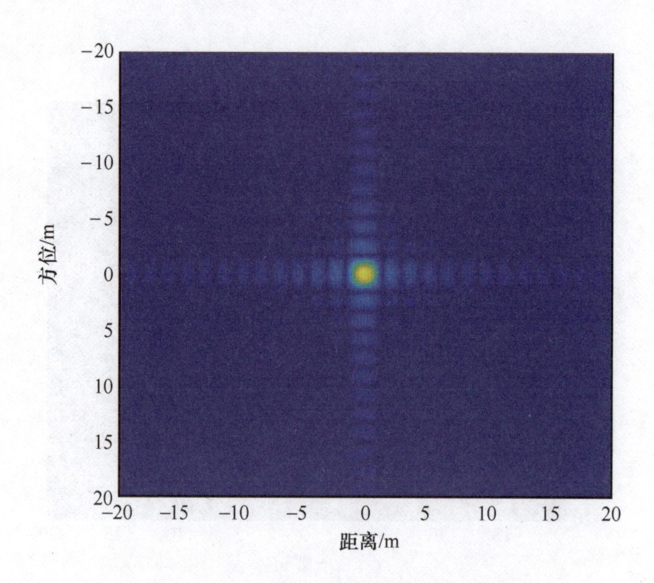

（a）基于多普勒高频数据的点目标图

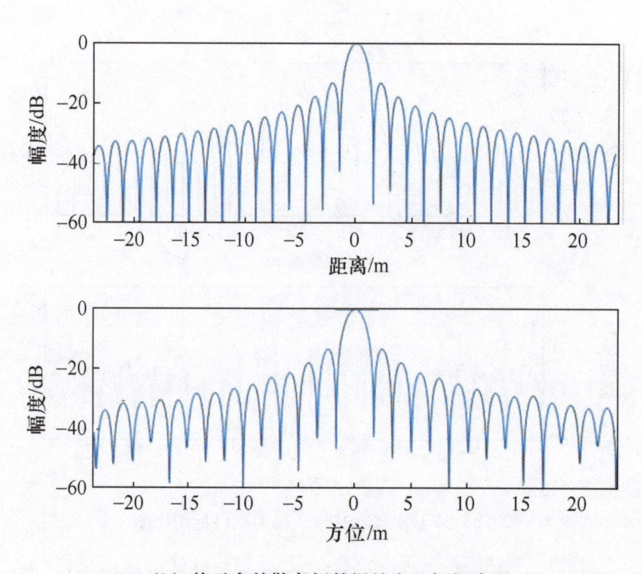

（b）基于多普勒高频数据的点目标切片图

图 5-16 星载改进型 STBC-SAR 信号方案的多普勒高频数据点目标仿真结果

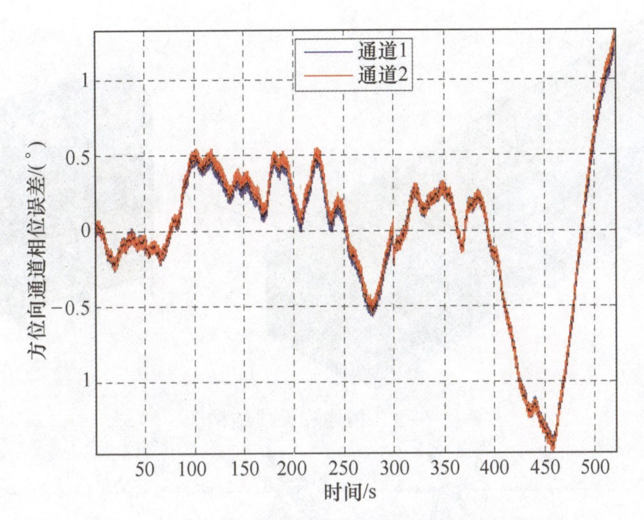

图 5-18　SAR 系统脉间通道相位误差提取结果

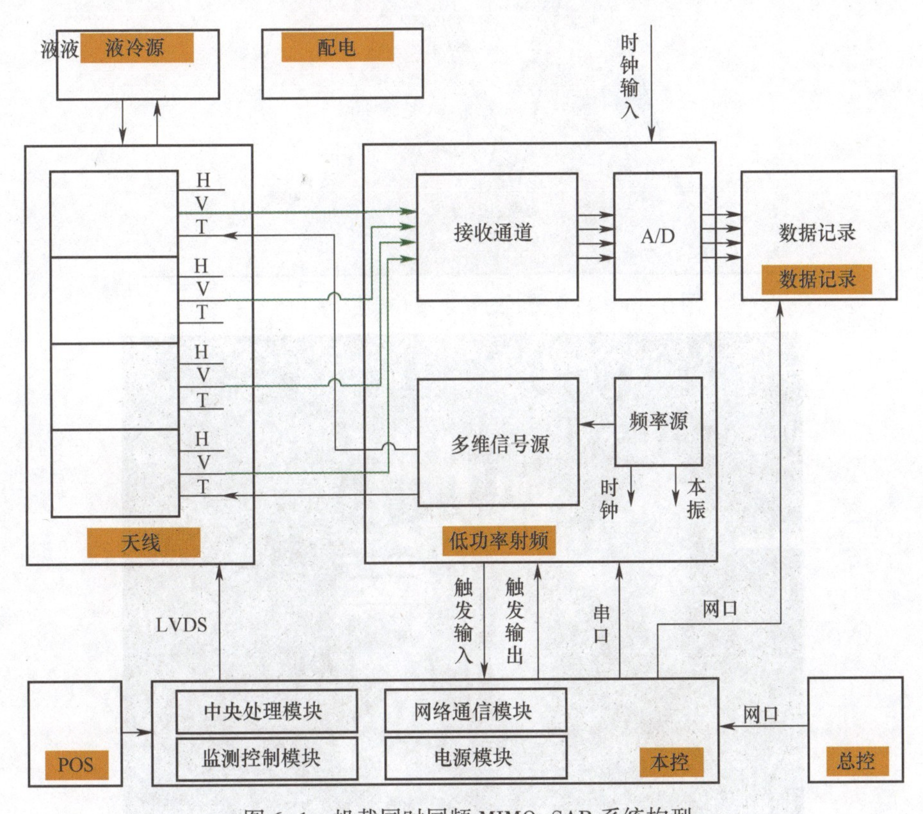

图 6-1　机载同时同频 MIMO-SAR 系统构型

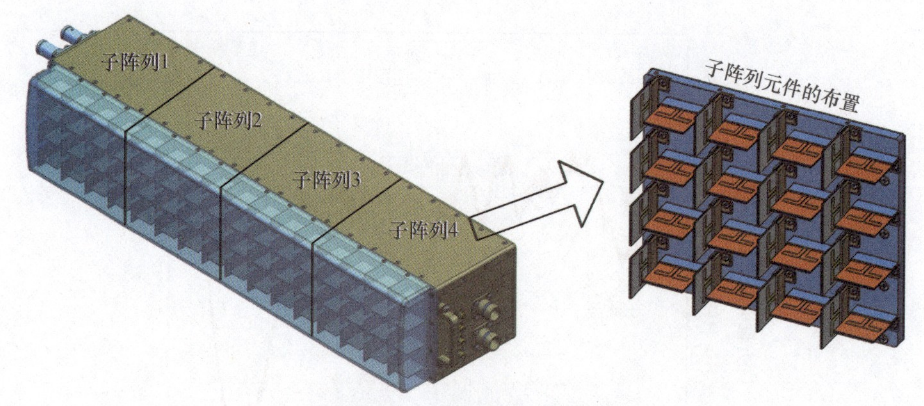

图 6-3　相控阵天线结构图

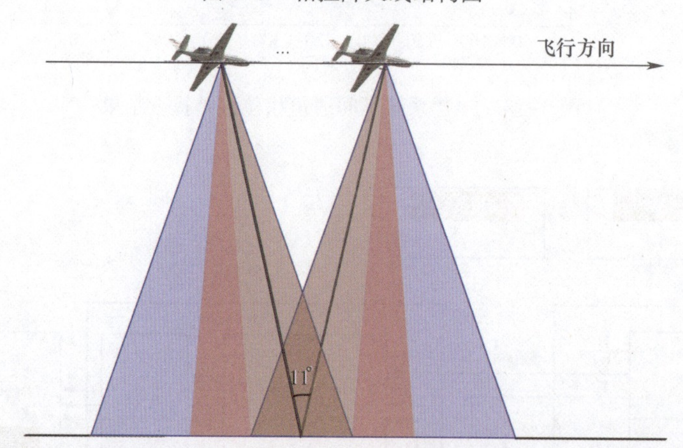

图 6-13　多模式下的聚束模式方位向几何关系

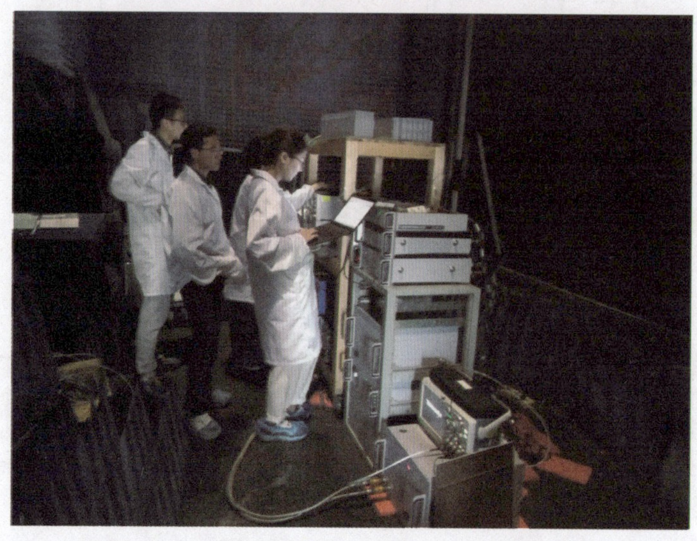

图 6-16　机载同时同频 MIMO-SAR 系统测试图

（a）机载同时同频 MIMO-SAR 系统舱内图

（b）机载同时同频 MIMO-SAR 天线正面图

（c）机载同时同频 MIMO-SAR 天线反面图

图 6-17　机载同时同频 MIMO-SAR 系统挂载图

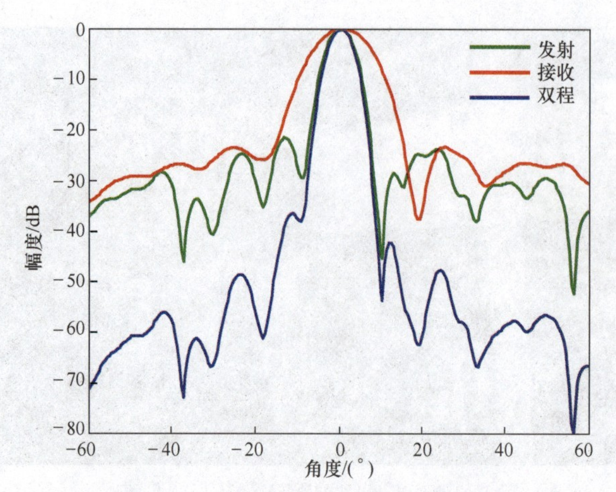

图 6-18　相控阵天线方位向方向图

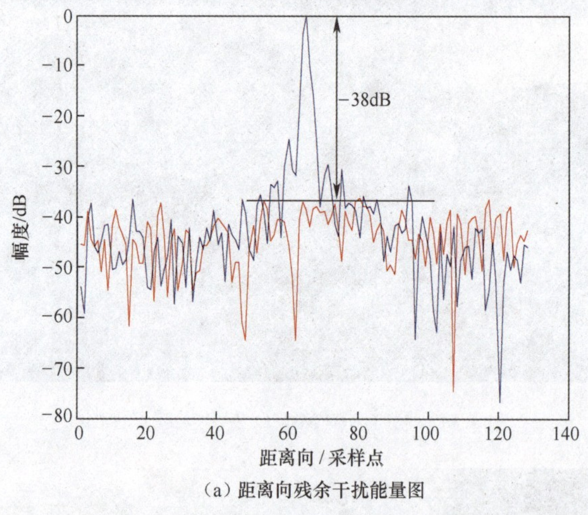

（a）距离向残余干扰能量图

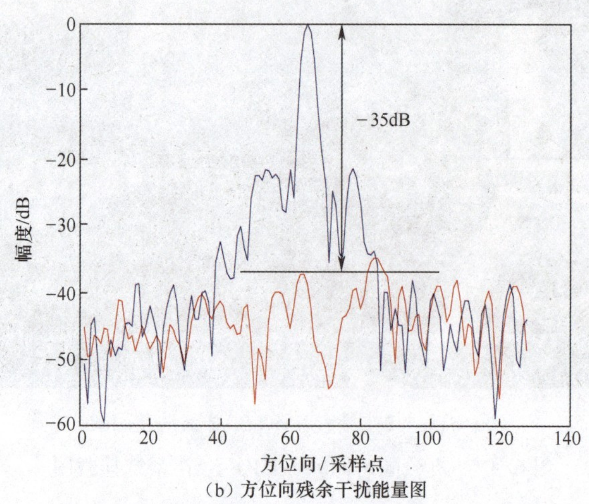

（b）方位向残余干扰能量图

图 6-19　机载改进型 STBC-SAR 信号方案残余干扰能量示意图

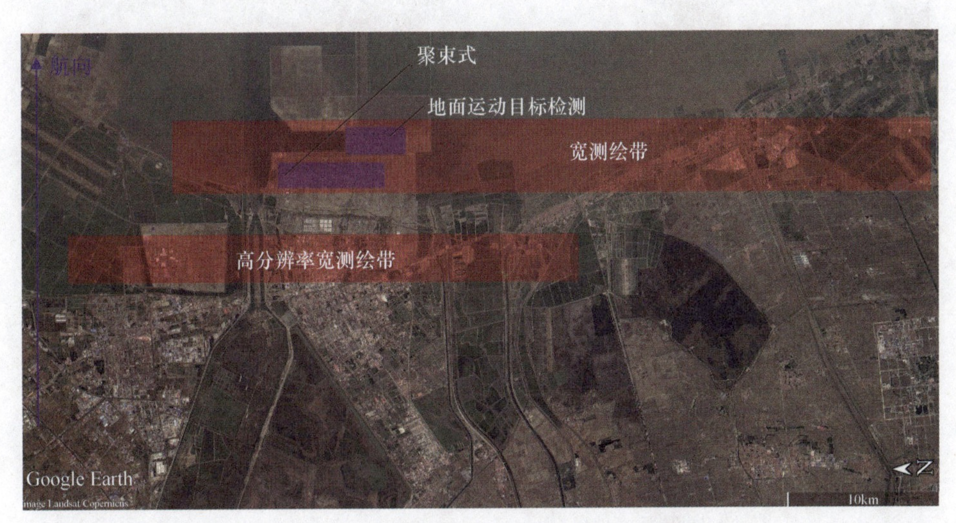

图 6-20　机载 MIMO-SAR 飞行试验区域图

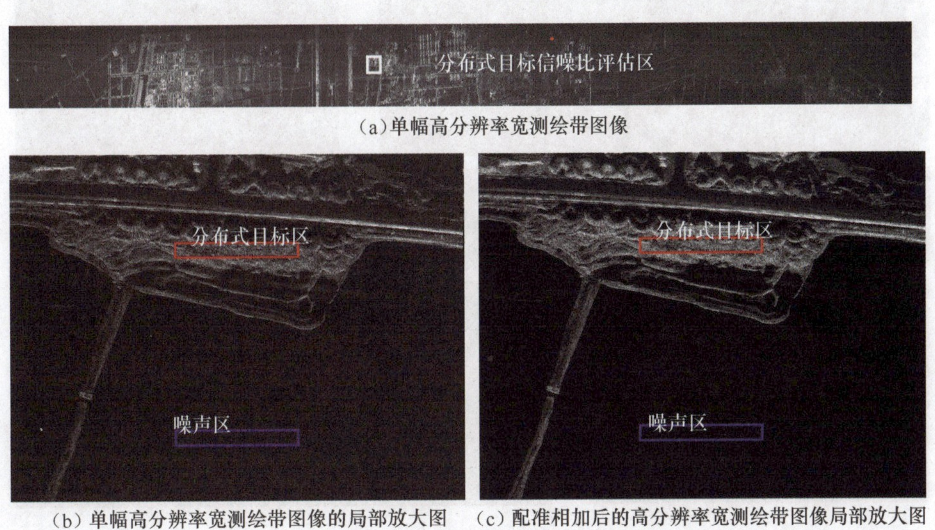

(a)单幅高分辨率宽测绘带图像

(b)单幅高分辨率宽测绘带图像的局部放大图　(c)配准相加后的高分辨率宽测绘带图像局部放大图

图 6-23　高分辨率宽测绘带信噪比对比分析图

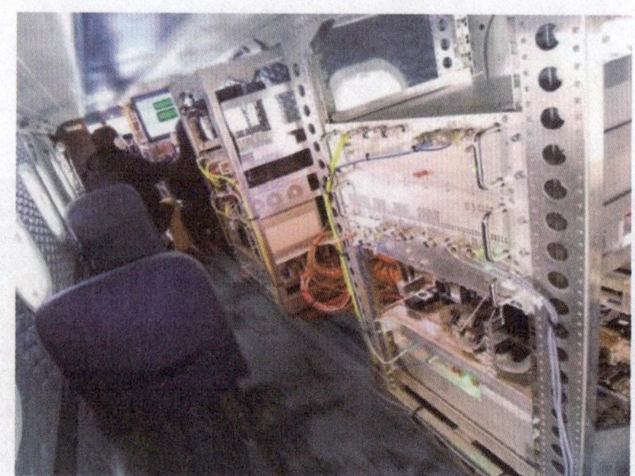

	X	C	S	L	P
RF[GHz]	9.6	5.3	**3.25**	1.325	0.35/0.45
Bw[MHz]	760	400	**300**	150	100/50
PRF[kHz]	5	5	5	10	10
PT[kW]	2.5	2.2	2.2	0.9	0.9
Rg res.[m]	0.2	0.4	0.5	1.0	1.5
Az res.[m]	0.2	0.3	0.35	0.4	1.5
Rg cov.[km]		12.5	(at max. bandwidth)		
Sampling	8 bit real,1000MHz				
Channels	4	2	2	2	1
Data rate	247 MByte/s(per channel)				

图 6-25　德国 F-SAR 系统与性能指标

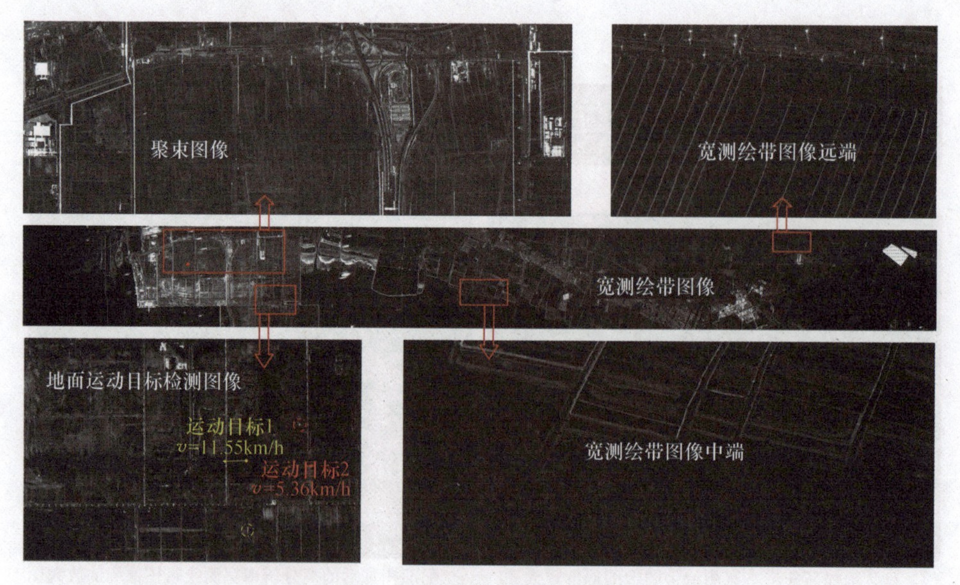

图 6-26　多模式成像结果

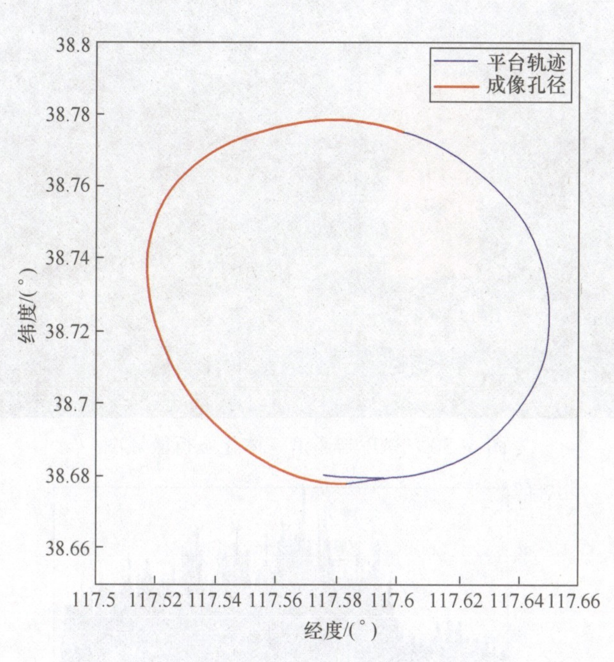

图 6-28　平台飞行轨迹

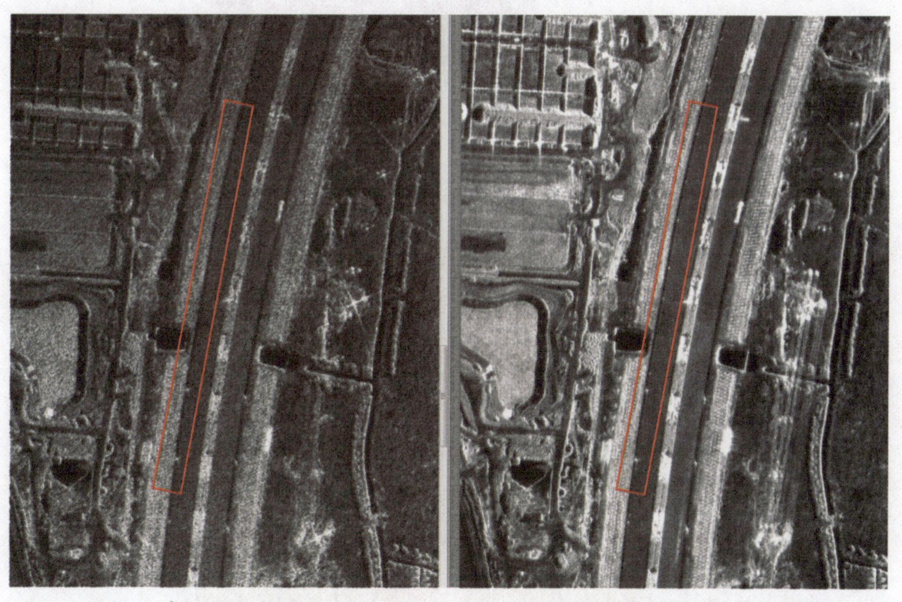

(a) 4°子孔径SAR图像　　(b) 50°孔径SAR非相干合成图像

图 6-29　圆周 SAR 模式成像结果

图 6-30　SAR 与通信一体化飞行区域图

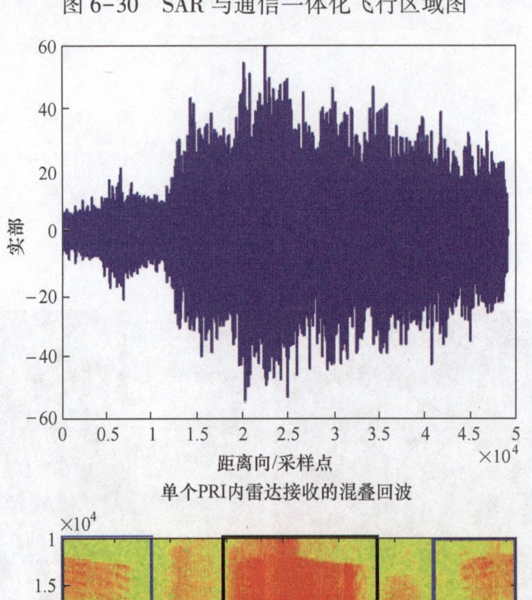

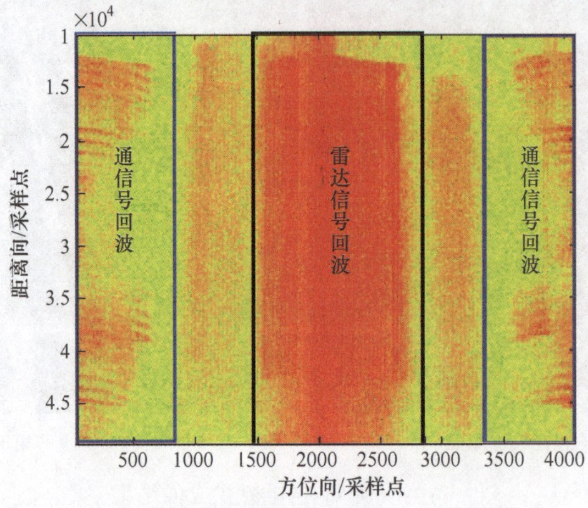